KB186352

테슬라에 관한 진실

테슬라에 관한 진실

테슬라가 없었다면 지금의 세계는 어떻게 되었을까

크리스토퍼 쿠퍼 지음 | 진선미 옮김

YANG 양문 MOON

CONTENTS

1916년 뉴욕 사무실에 서 있는 니콜라 테슬라

20세기의 시작과 함께 출판된 《니콜라 테슬라의 발명, 연구, 그리고 저작들》을 읽다 보면,

누구나 그 책에 기록된 실험과정의 아름다움에 감동하고,

테슬라의 특출한 상상력에 입이 벌어진다.

그는 보통 사람이라면 손을 들어버렸을 어려움을 삶의 초창기부터 헤쳐나갔다.

우리는 40년 전 한 소년이 전기를 연구해야겠다고 결심하게 만든 영감을 짐작할 수 있다.

심오하고도 확고한 계시였을 것이다.

-에드윈 암스트롱, AM과 FM 전파 발명가 [1]

머리말 | 테슬라가 없었다면 지금의 세계는 어떤 모습일까

19세기 철학자 존 스튜어트 밀(John Stuart Mill)은 '위인론(偉人論)'으로 유명하다. 어떤 개인이나 집단의 노력으로 역사가 결정되는가? 많은 상황에서 어떤 한 사람이 역사의 흐름을 바꿀 수 있다는 것이 밀의 논점이다. 아이작 뉴턴, 갈릴레오 갈릴레이, 나폴레옹, 아돌프 히틀러, 윈스턴 처칠, 월트 디즈니, 토머스 에디슨, 넬슨 만델라, 스티브 잡스 등이 떠오른다. 크리스토퍼 쿠퍼(Christopher Cooper)는 《테슬라에 관한 진실 *The Truth About Tesla*》에서 이런 질문을 던진다. 니콜라 테슬라가 없었다면 지금 세계는 어떤 모습을 하고 있을까?

간단한 질문이지만 이 책의 핵심일 뿐만 아니라 발명 그 자체의 과정과 현대적 시대의 개막에 테슬라가 끼친 역할에 대한 질문이기도 하다. 쿠퍼는 어떤 사람이 그의 시대에 한 역할을 지금의 감각으로 이해하려 해서는 안 된다고 지적한 연방대법관 윌리 러틀리지(Wiley Rutledge)의 말을 인용한다. 그 시대 사람들의 생각을 알아보는 것이 더 중요하다. 수많은 발명이 이루어지는 과정에서 테슬라가 한 역할이 무엇인지 밝혀가는 과정에 나 자신도 그와 같은 방식으로 접근한다.

유도모터와 테슬라의 회전 자기장 발견 사례에서 볼 수 있듯이, 상(相, phase)의 차이가 있는 두 회로를 사용하면 회전력이 생긴다는 사실을 처음 발견한 사람은 테슬라가 아니었다. 월터 베일리(Walter Baily)는 그보다 앞섰고, 갈릴레오 페라리스(Galileo

Ferraris)는 테슬라나 베일리와는 별개로 같은 생각을 한 사람이다.

여기에서 두 가지를 기억해야 한다. 첫째, 테슬라가 1888년 5월에 자신의 유도모터와 교류(AC) 다상 시스템을 세계에 내놓기 전에는 어떤 기술이 있었나? 둘째, 당시 사람들은 테슬라의 발명에 대해 어떻게 말했나?

이러한 문제는 교류 전류의 특성과 관련된다. 전류는 1초에도 흐름의 방향이 수없이 바뀐다. 이러한 전류를 한 방향으로만 흐르게 하기 위해 정류자를 이용하는데, 정류자는 역방향 전류를 없애주지만 효율성을 크게 떨어지게 한다. 당시의 모든 직류(DC) 혹은 교류(AC) 전송시스템은 이처럼 효율성을 떨어뜨리는 정류자를 이용했다. 반면에 테슬라 시스템은 정류자 없이 작동했다. 그러나 베일리나 페라리스는 모두 동일한 목표에 도달하고도 특허까진 생각하지 못했다.

따라서 테슬라가 1888년 컬럼비아대학 전기전공자들 앞에서 연설하기 전에, 대부분의 사람들은 직류 혹은 교류 전기는 1.6킬로미터 정도만 송전할 수 있고 거리가 멀어지면 전력이 떨어져서 조명용으로만 이용할 수 있다고 생각했다. 전력을 이용하는 공장을 지으려면 폭포를 따라 위치하거나 공장 인근에 석탄발전소를 지어야 했다.

테슬라는 강연 직후, 자신의 40개 특허가 있는 교류 다상 시스템과 유도모터를 막대한 금액에 웨스팅하우스에 팔았고, 그로부터 3년이 지난 1891년 봄에 웨스팅하우스는 콜로라도 텔류라이드에서 약 4.2킬로미터 떨어진 곳으로 송전했다. 경이로운 업적이었다. 하지만 곧 퇴색되었다. 같은 해에 오리콘(Oerlikon)사의 영국 엔지니어 찰스 브라운(Charles Brown)과 알게마이네 전기회사(Allgemeine Elektrizitats Gesellschaft, AEG)의 미하일 도브로볼스키(Mikhail Dobrovolsky)가 스위스 라우펜에서 174킬로미터 떨어진 독일 프랑크푸르트까지 성공적으로 송전한 것이다. 도브로볼스키는 그 발명이 자신의 업적이라 주장했지만, 누구보다 성실하고 권위 있는 엔지니어였던 브라운은 테슬라 특허가 자신보다 먼저였다고 딱 잘라 말해버렸다.[2]

6년 후 웨스팅하우스는 그 시스템을 나이아가라에 설치했다. 폭포의 재생 가능 청정에너지를 이용하는 수력발전소는 사방으로 645킬로미터 범위에 있는 북동지역

전체에 전기를 공급했다. 수백만 가정에서 조명을 밝히고 전기제품을 사용하며, 수천 킬로미터의 거리에 가로등이 켜졌다. 이러한 발전에서 테슬라가 한 정확한 역할에 대해서는 지금도 논란이 있지만, 그는 나이아가라폭포 발전소 개막식에 발명가의 자격으로 초대되어 연설했으며, 9개 특허에 대한 장식판에 그의 이름이 새겨져 있다.

타운젠드 판사는 비슷한 사건에 대한 판례를 이용하며 오늘날 '명확성의 원칙(doctrine of obviousness)'이라는 논리에 대해 이렇게 언급했다.

"새로운 장치가 단순하게 보일 때 숙련되지 않은 사람은 그 주제에 익숙한 누구나 만들 수 있을 것으로 생각한다. 하지만 같은 분야에서 노력하는 수십 명, 아니 수백 명이 있어도 그 이전에는 누구도 만들지 못했다는 것이 결정적인 대답이다."[3]

테슬라의 경우가 바로 이런 상황에 해당한다.

쿠퍼는 여러 각도에서 이 문제를 다루며, 무선통신 발명가가 누구인지 하는 문제에까지 접근한다. 발명은 많은 개인들이 함께한 산물이라는 생각이 이 책의 중심 주제다. 테슬라는 분명히 나이아가라폭포에 발전소를 혼자 만들지 않았다. 웨스팅하우스의 인력이 그 일을 했으며, 많은 최고 엔지니어들이 수백 가지의 기술적 결정을 내렸을 것이다. 그리고 특허 장식판에는 테슬라와 함께 다른 세 명의 발명가 이름도 새겨져 있다. 앨버트 슈밋(Albert Schmid), 아서 케널리(Arthur Kennelly), 그리고 윌리엄 스탠리(William Stanley)가 그들이다.

무선, 즉 전선 없이 전기 신호를 처음으로 전송한 사람은 분명히 테슬라가 아니다. 쿠퍼가 지적한 것처럼, 테슬라와 매우 비슷한 시스템을 그보다 20년 전에 말론 루미스(Mahlon Loomis)가 개발했다. 이 시스템은 특허를 취득했을 뿐만 아니라 의회의 법률로 재정 지원까지 받았다. 그러나 독일의 저명한 엔지니어이자 테슬라와 마르코니와 동시대인인 아돌프 슬라비(Adolf Slaby)가 테슬라를 '무선의 아버지'로 부른 데는 이유가 있어야 한다. 그리고 동시에 컬럼비아대학과 존스홉킨스대학에서 공부한 물리학자이자 전기엔지니어로 전파엔지니어연구소 소장을 역임한 존 스톤(John Stone)

이 1916년 법정에서 현재의 전파 시스템은 "테슬라가 개발한 기술에서 출발해 발전해왔다."[4]고 증언한 데도 이유가 있어야 한다.

디포리스트(DeForest)와 굴리엘모 마르코니(Guglielmo Marconi) 같은 사람들이 전 세계로 기술을 보급했기 때문에 전파 기술이 발전한 것은 분명하다. 하지만 여전히 의문이 남는다. 그러면 발명가는 누구인가? 테슬라가 1892년 런던과 파리에서 왕립학회 강연을 하기 이전인 1891년, 컬럼비아대학에서 행한 유명한 강의, 필라델피아와 세인트루이스에서 수천 명을 대상으로 한 강연, 그리고 1893년 시카고 세계박람회에서 행한 강연에는 과학계의 많은 엘리트들이 참석했다. 노벨상 수상자인 조지프 톰슨, 로드 레일리 경, 그리고 로버트 밀리컨 외에도 로드 캘빈 경, 앙드레 블롱델, 제임스 듀어, 존 플레밍, 헤르만 폰 헬름홀츠, 일라이셔 그레이, 윌리엄 크룩스 경, 올리버 로지, 윌리엄 프리스 경, 알렉산더 벨, 그리고 엘머 스페리 등 쟁쟁한 인물들이 참석했다.

테슬라는 윌리엄 크룩스(William Crookes)와 하인리히 헤르츠(Heinrich Hertz) 같은 선행 학자들의 연구를 확장하여 라디오용 진공관 시제품과 고주파 발진기를 시연했는데, 무선으로 다른 주파수를 보내서 주파수에 따라 다른 냉음극관을 밝히는 시스템이었다. 주파수를 조합하여 전송하고 이에 반응하도록 회로를 구성한 시스템을 선보임으로써 수많은 획기적 발명의 씨를 뿌렸다. 형광등, 네온등, 자이로스코프, 리모컨, 로보틱스(robotics, 로봇+테크닉스(공학)의 합성어로, 로봇에 관한 기술 공학적 연구를 하는 학문—옮긴이), 무선통신, TV 전송, 휴대전화기술, 무선유도시스템 등의 필수 요소도 여기에 포함된다.

이러한 발전들 모두가 테슬라 한 사람의 공로일까? 이 책에 제시된 핵심 질문이 이것이다. 저자 크리스토퍼 쿠퍼는 어떤 창조작업이든 발명가 한 사람만 있는 경우는 매우 드물다고 설명한다. 그리고 이 책은 이러한 발명의 역사에서 테슬라가 한 역할을 살펴볼 뿐만 아니라, 여러 가지 다른 획기적 창조작업에 기여한 다른 핵심적 발명가의 역할도 살펴본다. 전화 발명에서 알렉산더 벨, 그리고 비행기 발명에서 라이트 형제 등이 한 역할이다.

이 책은 테슬라의 생애라는 창을 통해 더 큰 그림을 보여준다. 발명이 어떻게 창조되며, 발명이 발전하는 과정에 각 개인이 한 역할을 역사는 어떻게 해석하는지 흥미로운 이야기를 들려준다.

마크 세이퍼(Marc J. Seifer) 박사

《천재: 니콜라 테슬라의 생애와 그의 시대》의 저자

뉴브런즈윅 마르코니 전파국에서 테슬라(왼쪽에서 아홉번째)와 아인슈타인(그의 오른쪽), 찰스 스타인메츠(그의 왼쪽) 등

전신이나 증기기관, 축음기, 전화, 혹은 다른 여러 중요한 것의 발명에는 수천 명이 관여합니다.

그리고 그중 마지막 사람만 그 발명의 명예를 얻고 다른 이들은 잊혀집니다.

기존의 지식에 아주 조금만 더해 넣은 사람입니다.

그가 한 일은 이것뿐입니다. 발명의 99퍼센트는 그보다 앞서 나온 지식에서 얻습니다.

그렇습니다. 표절이라 할 수 있습니다. 그러므로 우리는 겸손해야 합니다.

하지만 사람들이 실제로 이렇게 생각하는 경우는 거의 없습니다.

-마크 트웨인이 헬렌 켈러에게 보낸 편지, 1903년 3월 17일

1
고독한 천재의 신화

작가는 모두 발명가라 할 수 있다. 뛰어난 발명가처럼 뛰어난 작가도 다른 작가로부터 영감을 받는다. 여기에 실린 모든 사실과 이야기는 기존에 출판된 전기에서 언급하였거나 인터넷 검색으로 찾을 수 있는 것들이다. 이 책의 내용 중 새로운 것은 어느 한 가지도 없지만, 이전에는 니콜라 테슬라의 이야기를 한 번도 이렇게 서술하지는 않았다. 대부분의 독창적 생각이 그렇듯이, 테슬라에 관한 진실도 항상 모든 사람, 즉 열광적 추종자와 따지기 좋아하는 보통 사람에까지 모두가 찾아낼 수 있는 곳에 존재했다. 통상적 방식에서 한 발짝만 넘어서면 찾을 수 있는 정보다.

그리고 바로 이것이 핵심이다. 혁신은 역사와 마찬가지로 얽히고설켜서 진행된다. 그 과정에는 사람들의 열정과 혼란 그리고 그들의 흠결이나 기이한 언행도 함께 한다. 우리는 혁신이 하늘에서 떨어지듯 갑자기 이루어지는 것이며, 우리 중 탁월하게 뛰어난 존재가 밝혀내는 혁명적 개념으로 사회가 급속히 진보한다고 생각하길 좋아한다. 무엇보다도, 인류의 역사는 기술의 시대에 기록되었다. 청동기시대로부터 증기기관에 이르는 시대다. 증기기관은 물을 끓여 산업혁명 전체에 동력을 공급했다. 이렇게 보면 역사가 깨끗하고 간단할 수 있다. 하지만 우리가 살아가는 역사는 전혀 다르다. 과거의 작은 발전이 하나둘씩 쌓여서 아주 힘들게 진보하였으며, 이 과정에서 경이로운 호기심뿐만 아니라 이기심도 서로 부딪치고 경쟁한다. 탐욕과 영광을 위해 나날이 벌어지는 수많은 경쟁들을 모두 가려버리고 단순한 역사를 쓸 수는 있지만, 이러한 경쟁들에 의해서 우리의 삶이 의미 있게 되는 것이다.

특허와 특권

1943년 때 이른 폭염이 내리쬐던 6월의 어느 날 오후, 연방대법원은 미국 마르코니 전신회사가 미국 정부를 상대로 벌인 소송에 최종판결을 내렸다. 전파 발명자가 누구인지를 두고 10년 이상 끌어온 법정 전쟁이었다. 엄격히 말하면, 이탈리아인 발명가 마르코니와 그의 미국 지사가 미국 기업을 상대로 1904년 획득한 전파특허 침해의 손실을 보상받기 위해 마지막으로 시도한 소송이었다. 1901년 12월 마르코니가 영국에서 전송한 무선신호를 대서양 너머 북아메리카 뉴펀들랜드에서 잡아내는 데 성공했다고 발표한 이후, 그는 전파의 아버지로 불렸다. 그 직후부터 마르코니는 그가 사용한 모든 방법과 장치에 특허를 신청하여 자신의 이익을 방어하기 시작했다.

처음에는 미국 특허국에서 마르코니의 특허 신청을 거부했다. 1900년 테슬라에게 전선을 이용하지 않는 '전기에너지 전송 시스템' 특허를 승인하였다는 이유였다. 이 세르비아인 발명가는 자신의 특허가 '인식 가능한 메시지를 아주 먼 거리까지 전송'하는 데 이용될 수 있다고 주장했다.[1] 마르코니는 테슬라의 그 시스템에 대해 들어본 적도 없다고 침해를 부정했지만, 1903년 10월, 미국 특허심사관은 마르코니의 이와 같은 주장이 명백히 거짓임을 확인했다.[2] 그러나 그로부터 불과 1년 만에—현재까지도 그 이유가 미스터리로 남아 있지만—특허국은 처음 결정을 뒤집고 마르코니에게 전파기술의 핵심 요소에 대한 특허를 승인했다.[3] 엎친 데 덮친 격으로 노벨상위원회는 테슬라가 아니라 마르코니를 1909년 노벨물리학상 수상자로 선정했다.

1915년 테슬라는 더 이상 참지 못하고 마르코니의 특허 무효화를 요구하는 소송을 직접 제기했다.[4] 그러나 당시 테슬라는 파산 직전 상태에서 재력가들에게 빌린 돈으로 생활하고 있었다. 전기의 힘으로 날아가는 기계나 전 세계에 전기를 무선으

굴리엘모 마르코니

로 보낼 수 있다는 등의 천지를 개벽할 발명을 했다고 주장하며 끌어들인 사람들이었다. 테슬라가 가진 돈으로는 비용이 많이 드는 특허소송은 고사하고 생활하기에도 부족했다.

아무튼 테슬라의 앞을 가로막은 돈 문제는 누구도 예견하지 못한 역사적 사건 때문에 더 심각해졌다. 1917년, 제1차 세계대전이 절정에 달하자 미국 정부는 자국의 전파 생산업자들이 소유한 모든 특허를 압수 조치했다. 까다롭고 값비싼 특허권 비용 없이 군이 전쟁 관련 기술을 사용하려는 목적이었다. 1년 후 전쟁이 끝나지만 군은 전파 시스템을 계속해서 국가의 통제 아래 두고자 했다. 해군 제독 윌리엄 불러드는 제너럴일렉트릭(GE) 경영진과 만나 대협상을 시도했다. GE가 마르코니회사(그리고 그 회사의 미국 지사인 아메리카 마르코니 무선전신회사)에 AM 전파송신기 판매를 중단한다면, 미국 정부가 소유하고 GE가 운영하는 지사의 장거리 전파 독점권을 포기할 수 있다는 제안이었다. GE 경영진은 이에 동의했다. 그리고 즉시 마르코니 무선전신의 지배지분을 인수하고 미국전파회사(RCA)를 합병했는데, 그 이후 미군은 그 회사에 전쟁 중 압류한 전파 터미널에 대한 모든 권리를 승인해주었다. 그래서 1919년 가을에는 마르코니 무선전신이 마르코니의 특허를 방어해야 할 이유를 가진 강력한 기업가들 손에 들어갔다.

그 과정에서 테슬라는 파탄에 이르렀다. 신경쇠약으로 고생했으며, 무선 특허는 무효가 되고, 여기에 대항해 소송을 제기할 자금도 없었다. 그러나 테슬라의 패배로 마르코니의 특허 강화 조치가 끝난 건 아니었다. 미국 청구재판소에 자체적인 특허 침해 소송을 제기한 것이다. 27년 후, 이 소송은 연방대법원까지 올라갔고, 그해 초여름의 폭염 속에서 까다로운 이 문제를 한번에 완전히 종결하는 방법을 두고 대법원에서는 격론을 벌였다.

주심 재판관 할런 스톤은 다섯 명의 다수 의견을 대표해 테슬라가 실제로 마르코니의 전파 시스템 중 최소한 네 개 요소를 예견했다고 판단했다. 이를 두고 대부분의 사람은 테슬라의 업적이 인정받았다고 생각한다.[5] 그러나 그 판결은 테슬라 지지자의 주장을 거의 받아들이지 않은 것이었다. 거의 60쪽에 달하는 판결문 중 테슬라의 역할은 4쪽 분량에 지나지 않으며, 판결문 대부분은 테슬라가 아닌 다른 발명가의 업적이 마르코니 시스템의 필수적 요소에 얼마나 많이 반영되었는지를 분석한 내용으로 구성되었다. 다른 발명가는 미국 물리학자 존 스톤과 영국발명가 존 플레밍과 올리버 로지 등이었다.

펠릭스 프랑크푸르터 판사는 몇 주 동안이나 이 문제와 씨름하고 다수 의견 초안을 읽어본 다음 판결문 서명을 거부했다. (프랑크푸르터 판사는 오웬 로버츠 판사와 함께 반대의견을 냈다. 법정 의견은 판사 5명의 다수 의견과 3명의 반대 의견, 그리고 판사 1명은 의견을 기피하는 것으로 갈렸다.) 성격이 매우 신중한 그는 반대의견에서 과학적 혁신이 어떻게 일어나는지 지적하는 글로 법정을 경고했다.

과학적 발견은 자연의 법칙을 발견하는 것이며 자연과 마찬가지로 하루아침에 갑자기 비약하는 것이 아니다. 뉴턴이나 아인슈타인, 하비, 그리고 다윈의 업적도 과거와 선배들의 토대 위에서 이루어졌다. 위대한 발견이나 발명은 구름처럼 외롭게 방황하다 이루어지는 게 아니다. 위대한 발명은 언제나 발전 과정의 일부였으며, 이전까지 과정이 축적된 순간이다. 발견을 낳은 생각의 역사 기록을 보면, 어떤 한 사람이 세계에 처음으로 발표한 생각은 그와 관련된 개념이 '떠돌면서' 발명이나 발견으로 이어지길 기다리며 성숙되고 있었다는 것을 알 수 있다. 문제는 새로운 지식의 선언이 과거의 지식으로부터 얼마나 의미 있는 도약인가 하는 것이다.[6]

펠릭스 프랑크푸르터 판사

프랑크푸르터 판사는 계속해서, 20세기 중반의 미국을 만든 기술이 가진 거대한 변화의 힘은 기존의 미국 특허법률 중 많은 부분을 무용지물로 만들었으며 이는 의심할 수 없는 사실이라고 주장했다. 대법원의 그 결정으로부터 70년 이상이 지난 지금도 미국 특허법률의 많은 부분은 여전히 혁신이 천재의 산물이라는 신화에 현혹된 채로 유지되고 있다. 그 천재가 거의 혼자서 난제를 붙잡고 늘어진 결과이며, 세상을 바꿀 정도의 무엇이 머리에 떠오르면 그 권리를 혼자 독점할 수 있다는 약속이 그 추진력이라는 생각이다. 미국 특허법률에 내재한 기본적 가정은, 발명가의 노력이 낳은 경제적 열매에 대해 일정 기간 완전한 지배권을 인정해주지 않으면 그들이 혁신을 추구하지 않는다는 것이다. 에이브러햄 링컨의 말에서 이러한 가정을 분명히 확인

미국 특허사무소

할 수 있다. 그는 원래의 특허국 건물 북쪽 출입구 위에 이렇게 글을 새겨넣었다.

"특허체계는 재능의 불에 관심이라는 연료를 더한다."[7]

최근에는 미국의 특허보호 체계가 혁신의 추진력인지 아니면 걸림돌인지 많은 논의를 벌였다. 이 문제는 배심원들이 다룰 범위를 벗어난 것으로 보인다. 특허제도로 경제적 이익이 지속되기 때문에 발명의 원동력이 된다고 분석하는 사회학적 연구가 많은 것은 사실이다.[8] 예를 들어, 특허보호가 없는 국가에서는 개인이 새로운 것을 발명하거나 스스로 좀 더 효과적인 방법을 찾으려 하기보다는 단순히 남을 모방하려는 생각을 한다는 연구 결과가 있다.[9] 2008년, 경제협력개발기구(OECD)에서 수행한 연구는 특허보호 제도가 강력할 때 연구개발(R&D) 지출이 늘어나며 특히 기술수준이 높은 국가에서 이런 경향이 강하다고 결론 내렸다.[10] 그 연구는 R&D 지출이 발명과 관련된 노력을 반영한다는 가정에서 출발했다.

그러나 현대 특허체계의 배경이 된 이 가정은 사회학자나 경제학자로부터 비판을 받는다. 그들은 특허가 혁신을 낳는다는 이론은 왜곡되었거나 오류이며 경험적 증거로 볼 때 그 정반대라고 주장한다. 특허보호제도가 협력을 꺼리게 만들어 혁신을 방해한다는 학술 문헌도 많다. 예를 들어, MIT와 하버드경영대학원의 연구진은 이윤이 없어지면 R&D에 투자할 동기가 줄어드는지를 연구했는데, 놀라운 결과가 나왔다. 그 결과에 따르면, 현대의 발명가(개인과 기업 모두)는 공개 플랫폼의 무료 공유 정보에서 생성되는 추가적인 혁신을 선택하기 위해 자발적으로 배타적인 지적재산권을 쉽게 포기하는 경향이 있었다.[11] 혁신의 최첨단에 있는 발명가들도(강력한 이윤동기가 있을 때) 단순히 좋은 어떤 것을 혼자서만 통제하기보다는 협력하여 최선의 아이디어를 만들어내는 데 더 큰 가치가 있다고 인식해가고 있다. 또 다른 연구진은 특허제도가 있는 곳과 없는 곳에서 경쟁적 발명가의 행동을 시뮬레이션하는 인터랙티브 게임을 구성했다. 그 결과 발명가들이 자유롭게 아이디어를 공유하는 공개 시스템보다 특허보호가 있는 시스템에서 혁신의 속도가 훨씬 느렸다.[12]

특허제도를 부정하는 사람들에게는 경쟁보다는 협력이 혁신을 가져올 (그리고 혁신이 더 빨라질) 가능성이 크다고 생각하는 이유가 있다. 첫째, 현대의 혁신에는 사회심리학자인 딘 사이먼턴 박사가 '행복한 조합(happy combinations)'이라 부른 어떤 것이 포함된다.[13] 아이디어들 사이의 우연한 연결성이 발명가에게 운 좋게 걸려드는 현상이다. 더 많은 사람과 정보를 공유할수록 다른 관점을 가진 사람들이 다른 연결을 생각하여 더 많은 행복한 조합을 발견할 것이다. 그리고 더 좋은 생산물을 만들 수 있는 새로운 조합의 결과가 좋은 발명이라 할 수 있다. 그러면 협력하여 빠르게 좋은 아이디어를 발굴하고 유용하지 못한 아이디어는 폐기하면서, 놀랄 만한 혁신을 이루는 데 필요한 반복 과정을 가속화할 수 있다.[14]

천재의 신화

이 책은 특허보호가 혁신을 촉진하는지 혹은 협력을 방해하는지 논쟁을 하는 것이 목적은 아니다. 하지만 미국 특허법과 같은 주류 역사나 일반적인 생각이 어떻게, 혁신의 진정한 성격을 숨겨서 발명의 과정을 신화로 날조하고, 특정한 발명가의 인성 숭배를 조장하는지 살펴볼 것이다. 2014년 혁신의 권위자 조슈아 셴크는 《뉴욕타임스》에 기고한 글에서 '천재'의 종말을 선언했다.[15] 천재라는 용어는 최소한 한 개인을 설명하는 방법이 될 수 없다는 것이다. 우리는 발명이 외떨어진 창조자의 생산물이고 그는 역사의 물결에 대항하여 진실한 한 가지 아이디어를 만들기 위해 애쓰는 고독한 천재라고 생각해왔으며, 센크는 이와 같은 관점에 정면으로 문제를 제기하는 사회학자들 중 한 명이다. 창조성은 사회적 상호작용의 결과라는 증거가 수없이 많지만, 보통 사람은 여전히 창조적 천재는 배워서 되는 것이 아니라고 생각한다. 천재로 타고나거나 그렇지 않든가 둘 중 하나다. 사회적 환경이 창조과정을 방해한다는 생각도 창조성과 관련해 흔히 보는 신화다.[16] 사회학자 알폰소 몬투오리와 로널드 퍼서는 이와 같은 생각을 고독한 천재라는 신화로 표현했다.

> 창조성에 대한 이와 같은 현대의 관점은 예술가나 천재를 문화적 영웅으로 숭배한다. 한계를 뛰어넘어 뭔가 새롭고 근본적인 것을 이룩하면서 구태의연한 대중을 깨우치기 때문이다. 이를 위해서는 그 창조적 개인이 주위 환경으로부터 분리된 존재가 되어야 한다. 그 결과 정신적 고립이 생기고, 이는 그 창조적인 개인의 '기이한', '정신분열적인' 행동으로 인식되고, 천재의 특성으로 보거나 낭만적으로 미화된다.[17]

책이나 잡지, 영화와 TV까지 현대의 미디어는 우리를 이러한 신화 속에 빠지게 한다. 한 명의 위대한 정신이 자신을 가로막는 모든 경제적·사회적 세력을 영웅적으로 극복하는 이야기가 많은 호응을 얻는다. 그러나 그것은 혁신이 가진 복잡성을 감출 뿐만 아니라 사회발전에 기여한 수많은 사람의 노력을 무시하는 것이다. 특별히 진지한 역사가가 아니면 아무도 알아주지 않는 노력이다. 신화는 또한 많은 사람이 함께한 노력을 승리자와 패배자의 게임의 역사로 바꿔버리는데, 특허 법률과 같이 부정확하고 조잡한 장치를 이용해서 판테온 신전에 오를 위대한 인간을 결정한다. 법률적 결과만을 불멸의 진실로 본다면, 닭싸움으로 결정된 성인에게 시성식을 하는 것과 다를 바 없는 역사관이다.

고독한 천재라는 신화는 최근 니콜라 테슬라라는 세르비아인 발명가의 역사적 귀환에서도 되풀이되었다. 그는 레이더부터 전자레인지까지 수많은 발명을 했지만, 토머스 에디슨과 세기의 대결 그리고 자신의 넓은 아량 때문에 곤궁에 빠지고 역사의 뒷전으로 밀려나 비둘기 옆에서 세상을 떠난 천재로 이야기된다. 테슬라를 복권시켜 올바른 자리를 찾아주려는 노력이 유행처럼 번지고 있다. 단지 시대를 앞서 갔다는 이유로 박해받은 천재들의 반열에 올라야 한다는 것이다. 사실 테슬라 열풍은 최근에 절정에 달했는데, 전기자동차나 수많은 기록물과 인터넷 블로그에 그 이름이 등장하였으며, 테슬라가 지구 전체에 무료 전력을 무선으로 보내려고 그 기지를 건설하려 했던 롱아일랜드 부지에 테슬라박물관을 세우려는 노력도 진행 중이다. 최근에 나온 테슬라 일대기에서 이 전기엔지니어를 '마법사', '조명의 신', 그리고 '20세기를 발명한 사람' 등으로 칭송하는 것을 보면 그 열풍이 어느 정도인지 짐작할 수 있다.

이 책은 테슬라에게 씌워진 신화를 걷어올리지만 그를 세계에서 가장 탁월한 전기 발명가 중 한 명이라는 역사적 위치에서 끌어내리려 하거나 비방하려는 의도가 아니다. 오히려 니콜라 테슬라의 신화를 벗겨내어 혁신의 역사가 어떻게 고독한 천재의 신화로 바뀌고 신중한 학자들까지도 그렇게 말하게 되었는지 설명한다. 테슬라 이야기는 역사에서 잊혀지는 사람을 되살려 찬양하려는 열망에 편승해 그의 인성이 어떻게 숭배 대상으로 가공되는지 보여줄 것이다. 지나친 열망은 자신이 바로잡으려는 오류를 되풀이하는 결과를 초래할 우려가 있다. 신중함보다 열정이 앞서면, 역사를 바로잡으려는 사람이 오히려 무의식적으로 역사의 왜곡에 한몫할 것이다.

이와 같은 교훈을 얻는 데는 테슬라가 이상적인 모델이다. 많은 전기작가들은 특허소송에서의 승리와 그의 위대성을 동일시한다. 많은 사람은 테슬라가 다상(多相) 교류 모터를 발명했다고 생각한다. 그가 특허소송에서 이겼기 때문이다. 전파도 마찬가지다(최종적으로). 이들은 고독한 천재의 신화에 어울리지 않으면 특허체계도 비난한다. 테슬라가 특허전쟁에서 패했을 때는 강력한 이해관계가 법률체계를 흔들었기 때문이라고 한다. 최소한 그 당시에는 체계가 흔들렸다고 말한다. 그러나 강력한 이해관계가 작용해서 법정이 테슬라를 천재로 인식하지 못하게 막았다고 비난한다면, 잘못된 판결로 테슬라 손을 들어준 법정에 대해서는 어떻게 비난해야 할까?

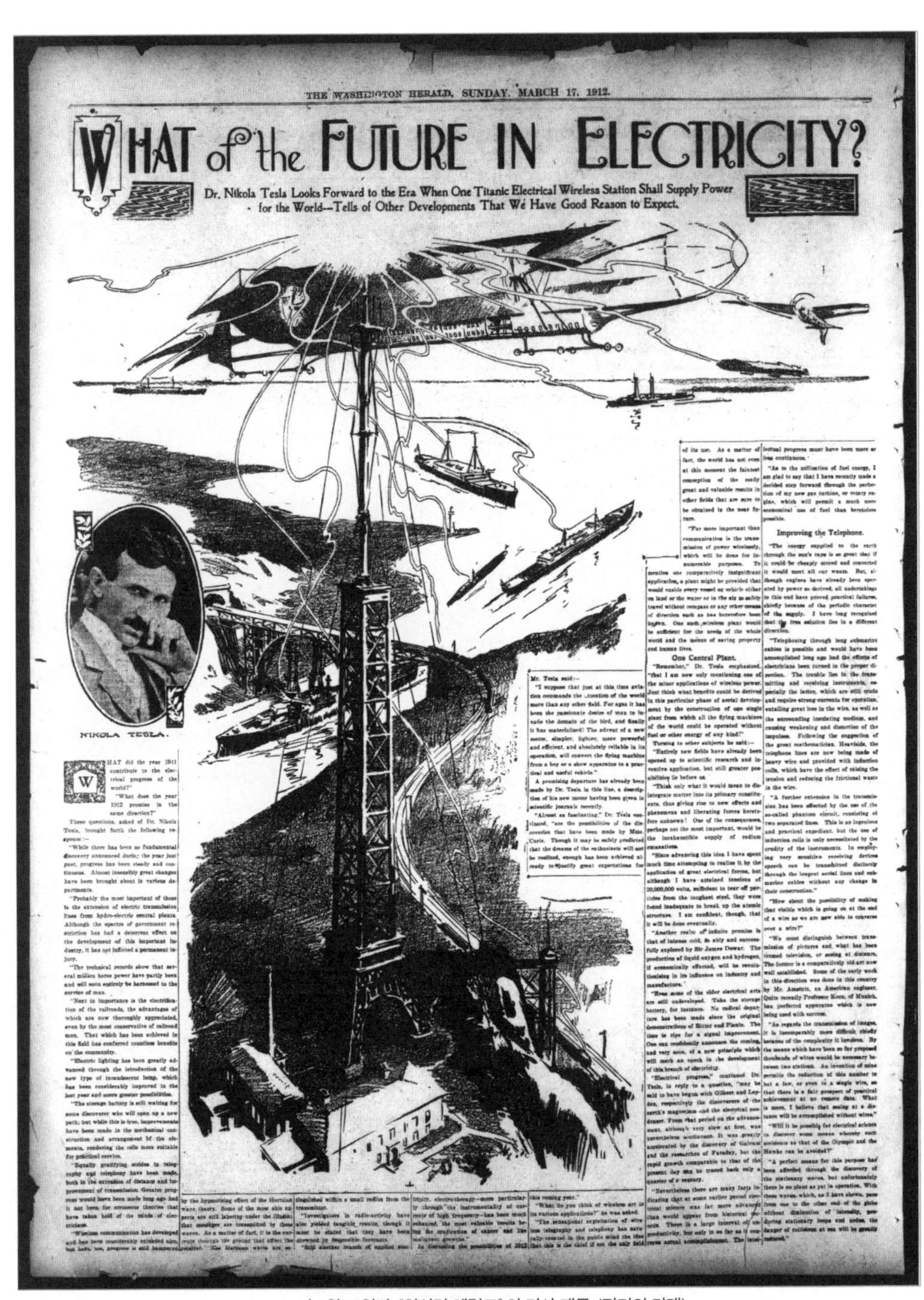

THE WASHINGTON HERALD, SUNDAY, MARCH 17, 1912.

WHAT of the FUTURE IN ELECTRICITY?

Dr. Nikola Tesla Looks Forward to the Era When One Titanic Electrical Wireless Station Shall Supply Power for the World--Tells of Other Developments That We Have Good Reason to Expect.

NIKOLA TESLA.

"WHAT did the year 1911 contribute to the electrical progress of the world?"

"What does the year 1912 promise in the same direction?"

These questions, asked of Dr. Nikola Tesla, brought forth the following response:—

"While there has been no fundamental discovery announced during the year just past, progress has been steady and continuous. Almost insensibly great changes have been brought about in various departments.

"Probably the most important of these is the extension of electric transmission lines from hydro-electric central plants. Although the spectre of government restriction has had a deterrent effect on the development of this important industry, it has not inflicted a permanent injury.

"The technical records show that several million horse power have partly been and will soon entirely be harnessed to the service of man.

"Next in importance is the electrification of the railroads, the advantages of which are now thoroughly appreciated, even by the most conservative of railroad men. That which has been achieved in this field has conferred countless benefits on the community.

"Electric lighting has been greatly advanced through the introduction of the new type of incandescent lamp, which has been considerably improved in the last year and offers greater possibilities.

"The storage battery is still waiting for some discoverer who will open up a new path; but while this is true, improvements have been made in the mechanical construction and arrangement of the elements, rendering the cells more suitable for practical service.

"Equally gratifying strides in telegraphy and telephony have been made, both in the extension of distance and improvement of transmission. Greater progress would have been made long ago had it not been for erroneous theories that have taken hold of the minds of electricians.

"Wireless communication has developed and has been considerably extended also, but here, too, progress is still hampered

Mr. Tesla said:—

"I suppose that just at this time aviation commands the attention of the world more than any other field. For ages it has been the passionate desire of man to invade the domain of the bird, and finally it has materialized! The advent of a new motor, simpler, lighter, more powerful and efficient, and absolutely reliable in its operation, will convert the flying machine from a toy or a show apparatus to a practical and useful vehicle."

A promising departure has already been made by Dr. Tesla in this line, a description of his new motor having been given in scientific journals recently.

"Almost as fascinating," Dr. Tesla continued, "are the possibilities of the discoveries that have been made by Mme. Curie. Though it may be safely predicted that the dreams of the enthusiasts will not be realized, enough has been achieved already to justify great expectations for

of its use. As a matter of fact, the world has not even at this moment the faintest conception of the really great and valuable results in other fields that are sure to be obtained in the near future.

"Far more important than communication is the transmission of power wirelessly, which will be done for innumerable purposes. To mention one comparatively insignificant application, a plant might be provided that would enable every vessel or vehicle either on land or the water or in the air to safely travel without compass or any other means of direction such as has heretofore been known. One such wireless plant would be sufficient for the needs of the whole world and the means of saving property and human lives.

One Central Plant.

"Remember," Dr. Tesla emphasized, "that I am now only mentioning one of the minor applications of wireless power. Just think what benefits could be derived in this particular phase of aerial development by the construction of one single plant from which all the flying machines of the world could be operated without fuel or other energy of any kind!"

Turning to other subjects he said:—

"Entirely new fields have already been opened up to scientific research and inventive application, but still greater possibilities lie before us.

"Think only what it would mean to disintegrate matter into its primary constituents, thus giving rise to new effects and phenomena and liberating forces heretofore unknown! One of the consequences, perhaps not the most important, would be the inexhaustible supply of radium emanations.

"Since advancing this idea I have spent much time attempting to realize it by the application of great electrical forces, but although I have attained tensions of 20,000,000 volts, sufficient to tear off particles from the toughest steel, they were found inadequate to break up the atomic structure. I am confident, though, that it will be done eventually.

"Another realm of infinite promise is that of intense cold, so ably and successfully explored by Sir James Dewar. The production of liquid oxygen and hydrogen, if economically effected, will be revolutionizing in its influence on industry and manufacture.

"Even some of the older electrical arts are still undeveloped. Take the storage battery, for instance. No radical departure has been made since the original demonstrations of Ritter and Planté. The time is ripe for a signal improvement. One can confidently announce the coming, and very soon, of a new principle which will mark an epoch in the development of this branch of electricity.

"Electrical progress," continued Dr. Tesla, in reply to a question, "may be said to have begun with Gilbert and Leyden, respectively the discoverers of the earth's magnetism and the electrical condenser. From that period on the advancement, although very slow at first, was nevertheless continuous. It was greatly accelerated by the discovery of Galvani and the researches of Faraday, but the rapid growth comparable to that of the present day can be traced back only a quarter of a century.

"Nevertheless there are many facts indicating that at some earlier period electrical science was far more advanced than would appear from historical records. There is a large interval of unproductivity, but only in so far as it concerns actual accomplishment. The intellectual progress must have been more or less continuous."

"As to the utilization of fuel energy, I am glad to say that I have recently made a decided step forward through the perfection of my new gas turbine, or rotary engine, which will permit a much more economical use of fuel than heretofore possible.

Improving the Telephone.

"The energy supplied to the earth through the sun's rays is so great that if it could be cheaply stored and converted it would meet all our wants. But, although engines have already been operated by power so derived, all undertakings to this end have proved practical failures, chiefly because of the periodic character of the supply. I have long recognized that the true solution lies in a different direction.

"Telephoning through long submarine cables is possible and would have been accomplished long ago had the efforts of electricians been turned in the proper direction. The trouble lies in the transmitting and receiving instruments, especially the latter, which are still crude and require strong currents for operation, entailing great loss in the wire, as well as the surrounding insulating medium, and causing weakening and distortion of the impulses. Following the suggestion of the great mathematician, Heaviside, the telephone lines are now being made of heavy wire and provided with induction coils, which have the effect of raising the tension and reducing the frictional waste in the wire.

"A further extension in the transmission has been affected by the use of the so-called phantom circuit, consisting of two separated lines. This is an ingenious and practical expedient, but the use of induction coils is only necessitated by the crudity of the instruments. In employing very sensitive receiving devices speech can be transmitted distinctly through the longest aerial lines and submarine cables without any change in their construction."

"How about the possibility of making that visible which is going on at the end of a wire as we are now able to converse over a wire?"

"We must distinguish between transmission of pictures and what has been termed television, or seeing at distance. The former is a comparatively old art now well established. Some of the early work in this direction was done in this country by Mr. Amstutz, an American engineer. Quite recently Professor Korn, of Munich, has perfected apparatus which is now being used with success.

"As regards the transmission of images, it is incomparably more difficult, chiefly because of the complexity it involves. By the means which have been so far proposed thousands of wires would be necessary between two stations. An invention of mine permits the reduction of this number to but a few, or even to a single wire, so that there is a fair prospect of practical achievement at no remote date. What is more, I believe that seeing at a distance will be accomplished without wires."

"Will it be possible for electrical science to discover some means whereby such accidents as that of the Olympic and the Hawke can be avoided?"

"A perfect means for this purpose had been afforded through the discovery of the stationary waves, but unfortunately there is no plant as yet in operation. With these waves, which, as I have shown, pass from one to the other end of the globe without diminution of intensity, producing stationary loops and nodes, the danger of collisions at sea will be greatly reduced."

1912년 3월 17일자 《워싱턴 헤럴드》의 기사 제목 〈전기의 미래〉

역사는 (특허전쟁의) 승리자를 기록하는데 니콜라 테슬라도 그렇다. 그러나 역사 기록이 항상 정확했던가? 그렇지 않다. 테슬라의 전기를 쓴 많은 작가는 특허와 특권을 연결하면서도, 특허 법률, 특히 미국의 특허법이 발명의 과정을 현실과 동떨어지게 가정한다는 점을 잊어버린다. 발명은 혼자서 생각해낸 아이디어들로 이루어지는 경우가 거의 없다.[18] 발명은 점진적 과정이며, 그 속에 포함된 아이디어들 중에는 널리 알려지거나 인정받지 못했지만 매우 중요한 혜안인 경우도 많다.

지금부터 테슬라(그리고 발명의 과정과 그 진정한 모습)에 대한 진실을 찾아갈 것이다. 그의 발명 중 가장 중요한 세 가지, 즉 교류(AC)모터, 테슬라 코일, 전기 무선 송전에 대하여 좀 더 정확한 역사를 조합해가는 방식으로 이야기를 전개한다. 테슬라가 이러한 것을 발명한 사람으로 인정되는 과정에 나타난 암투는 또 대답보다는 의문을 더 많이 제기할 수도 있다. 역사는 발명 혹은 혁신과 마찬가지로 이리저리 얽혀 있다. 그러나 발명가에 대해 좀 더 정확한(그러나 재미는 덜한) 역사를 이야기하다보면, 발명의 좀 더 정확한(그러나 여전히 얽혀 있는) 과정이 눈에 드러날 것이다.

1879년 스물세 살의 테슬라

진실은 미래에 알려질 것입니다.

그리고 사람들은 각자가 한 일과 성취한 업적으로 평가받을 것입니다.

현재는 그들의 것일지 모르지만 미래는 저의 것입니다.

저는 미래를 위해 살고 있으니까요.

-니콜라 테슬라, 《폴리티카》 인터뷰 중에서(1927)

2
현대의 천재, 테슬라의 신화

1916년 11월호 《실험전기학》 표지

니콜라 테슬라의 일생에 대해 사람들 사이에 회자되는 이야기는 갖가지 미스터리와 비극으로 가득한 한편의 드라마처럼 들린다. 약간 더해지고 포장된 정도가 아니다. 그의 어린 시절과 인생 초기 성장과정에 대해 우리가 알고 있는 대부분이 그렇듯이, '전기의 메시아' 혹은 현대의 아버지라는 칭호를 얻기 전까지 그가 이룩한 성과는 대부분 테슬라가 직접 이야기한 것이다. 사실, 1919년 《실험전기학*Electrical Experimenter*》에 기획 기사로 처음 게재된 〈나의 발명들My Inventions〉에서 그 대부분이 시작되었다. 테슬라는 조금의 거리낌도 없이 '믿을 수 있는 설명'이라며 자신의 일생에 대해, 그리고 여러 업적의 실제 발명가는 자신이라고 말했다(혹은 가장 겸손히 말할 때조차도, "이들이 없었더라면 우리 인류는 자연과의 냉혹한 싸움에서 벌써 패배했을 것이며, 자신은 아주 특별한 그 사람들 중의 한 명"이라고 평했다).[1]

그의 출생만 해도 산더미 같은 어려움을 마주한(그리고 극복하는) 고독한 영웅이라는 전형적인 미국식 신화에 딱 들어맞는 이야기와 미스터리로 포장되어 있다. 전해오는 말에 따르면 테슬라는 1856년 7월 9일에서 7월 10일 사이 천둥번개가 지축을 울리는 한밤중에 태어났다고 한다. 하늘에서 전기 폭풍이 날뛰는 중에 아기 니콜라가 자궁을 헤쳐 나오자, 누군가가 겁먹은 산파에게 아기를 '폭풍의 자식'이라 말했다. 그러자 테슬라의 엄마는 "아니야…… 빛의 아이에요." 하고 대답했다고 한다.[2]

하늘이 이 특별한 천재의 등장을 알렸다는 사실은 크로아티아 농촌지역의 날씨 기록이 소실되어 알 수 없다. 점성술로 볼 때, 테슬라는 안정된 대가족과 모성의 상징인 게자리로 태어났다. 하지만 그는 미국으로 건너가서 이곳저곳을 떠돌았으며, 자손도 없이 뉴욕의 호텔방에서 외롭게 죽어간 사람이다. 하늘이 유머 감각이 있거나 아니면 테슬라의 출생이 가지는 의미가 전설보다 훨씬 덜하다고 생각해도 될 것이다.

어린 시절: 타고난 천재

인터넷에서는 많은 사람이 테슬라가 세르비아인이거나 크로아티아인, 루마니아인이라고 주장한다. 세르비아의 베오그라드에는 이 발명가를 기리는 박물관과 공항이 있기도 하다. 크로아티아도 이에 지지 않으려 테슬라 탄생 150주년에 맞추어 그의 고향에 테마파크와 박물관을 개관했다. 그 밖에도 인터넷의 온라인 포럼은 온통 테슬라가 루마니아인의 후손이라는 주장을 증명하는 데 집중한다. 테슬라 이름의 성을 어원학적으로 추적하면 그렇다고 한다.

테슬라의 혈연은 세르비아인이지만 지금의 크로아티아에 속하는 쉬말리아 지방에서 태어났다. 발칸 지역의 얽히고설킨 역사, 특히 오토만제국의 붕괴와 나폴레옹 전쟁의 영향을 생각하면 이 발명가가 어디 소속인지 말하기는 흑해가 어디에 속한 바다인지 설명하는 것보다 더 분명하지 않다. 15세기 말과 16세기 초에 오스만튀르

밀루틴 테슬라(아버지)

만디치(외삼촌)

요시프 테슬라(삼촌)

크가 서쪽으로는 지금의 코소보까지 이르는 발칸반도 대부분의 지역을 지배했다. 기독교계 세르비아인들은 쫓겨났지만 멀리 가지는 않았다. 이들 세르비아인은 대부분 터키가 지배하던 자국의 영토 바로 바깥, 크로아티아 의회가 설정한 일종의 군사 완충지역에 가톨릭 합스부르크가(당시 오스트리아-헝가리 제국을 지배했다)의 지원을 받아 정착했다. 이렇게 일찍이 1690년대에 세르비아 서부에서 크로아티아 리카 지역으로 이주한 세르비아인들 속에 테슬라의 선조도 있었다.

테슬라는 할아버지 니콜라로부터 이름을 물려받았다. 할아버지 니콜라는 합스부르크가 크로아티아의 그 지역을 나폴레옹에게 양도하기 직전 리카에서 태어났다. 사실, 테슬라가 과학과 수학을 익히는 데는 세르비아인의 특성이나 크로아티아 민족성보다는 나폴레옹의 통치가 더 큰 역할을 했다. 프랑스는 군주제와 오랫동안 내려오던 미신을 타파하고, 여러 학교와 대학을 설립하여 하층민에게 과학과 이성을 소개하는 등 새로운 계몽주의를 보급했다.[3] 테슬라의 할아버지가 나폴레옹 군대 연대장 딸인 애나 칼리니와 결혼한 때도 이렇게 프랑스의 영향이 크게 미치던 시기였다. 그녀에게서 태어난 두 아들 중 한 명은 테슬라의 삼촌 요시프로 테슬라의 고등교육에 경제적으로 도움을 주었으며, 다른 한 명은 테슬라의 아버지 밀루틴이다. 요시프가 자신의 아버지가 걸어간 매파적 발자국을 따라 오스트리아군 사관학교 수학교

수가 된 반면, 밀루틴은 비둘기파적 행로를 밟아 세르비아 정교회의 사제가 되었다.

밀루틴은 1847년에 듀카 만디치와 결혼했다. 리카 남쪽 경계에 있는 마을인 그라차츠의 정교회 사제의 딸이었다. 듀카의 할아버지와 삼촌들, 그리고 여러 오빠와 남동생들도 모두 사제였다. 그래서 테슬라는 태어날 때부터 가족의 전통을 이어 사제가 될 것이라는 기대를 받았다. 그러나 테슬라의 야망은 어릴 때도 영성보다는 과학에 훨씬 더 쏠렸다.

테슬라는 62세가 되던 해에 지나온 날들을 회상하며, 완전히 믿을 순 없지만, 어릴 적 자신에게 초자연적 분위기를 심어준 몇 가지 이상한 사건을 소개했다. 그 첫번째가 테슬라는 어릴 적에 '특이한 고뇌'로 고생했다는 것이다. "어떤 이미지가 눈앞에 펼쳐졌으며 때로는 강한 빛의 세례가 함께하기도 했다."면서 심리학이나 생리학으로는 설명할 수 없는 것이라고 한다. 우리는 대부분 이러한 유형의 고뇌를 심하게 상상할 때 나타나는 백일몽(혹은 혼란된 정신에서 오는 환영) 정도로 간단히 취급해버리지만, 테슬라는 자신에게 나타난 것은 그런 종류가 아니라고 강조했다(전기작가 마가렛 체니는, 만약 아동 테슬라를 정신과의사에게 보였다면 정신분열병으로 진단하고, '그의 창조성의 원천을 치유하는' 약물을 처방했을 것이라고 말하기도 했다). 자신은 다른 모든 면에서 정상이었기 때문이었다.

> 어떤 단어를 들으면 그것이 지칭하는 이미지가 눈앞에 너무도 생생히 떠올라서 내가 보고 있는 것이 실제인지 아닌지 구분할 수 없었다. 이로 인해 나는 스트레스를 받았으며 불안했다. ……어느 정도 힘들었는가 하면, 장례식처럼 극도로 신경이 날카로웠다. 생생한 장면이 눈앞에서 펼쳐지며 지워버리려 해도 밤의 적막 속에 계속되었다. 어떤 경우에는 그러한 장면이 공간 속에 고정되어 있어 손을 그 속으로 밀어넣기도 했다.[4]

테슬라는 이와 같은 이미지가 항상 자신이 과거에 실제로 보았던 장면이나 사물의 모습이지, 상상해낸 이미지가 아니라고 주장했다. 하지만 나중에 그는 한 번도 본 적이 없는(혹은 논문으로 읽은 적도 없는) 발명품들의 상세한 이미지를 끌어내는 데 환영을 보는 이러한 능력을 이용했다고 주장한다. 상상 속에서 완벽한 실험실을 만들고 그러한 구상을 검증했다는 것이다.

이와 같이 환영을 끌어내고 이를 복잡한 실험에 이용하는 놀라운(이상할 수도 있는) 능력은 나중에 테슬라가 거의 초자연적인 정신감각을 지녔다는 증거로 보이게 된다. 그를 평범한 군상들과 구별하는 고독한 천재의 어떤 것이었다. 버지니아대학교 응용과학·엔지니어링대학의 과학·기술·사회 교수인 버나드 칼슨은 2013년에 펴낸 방대한 테슬라 일대기에서, 테슬라의 상상력에 대해 '아주 특별히 강력하며', 어린 시절에 보여주었던 특성들 중 발명가로서 성공하는 데 가장 필수적인 요소였다고 표현했다.[5]

테슬라가 회상한 어린 시절의 두번째 사건도 극소수의 인간에게만 부여되는 과학적 본능의 발명가 이미지를 강조한다. 테슬라의 형 데인의 갑작스러운 죽음(그는 가족이 아끼는 아라비아산 말에서 떨어져 절명했다)에 의기소침해진 밀루틴은 가족을 데리고 지방정부가 있는 고스피치의 큰 마을로 이사했다. 10세이던 테슬라는 그곳에서 지금의 중학교에 해당하는 학교에 입학했다. 테슬라는 수학에는 뛰어났지만 미술과목에 걸려 낙제할 뻔했다. 아버지 밀루틴이 고스피치의 순교자 그레이트 조지 성당 사제로서 학교 관계자들에게 영향력을 행사하여 테슬라는 학교를 계속 다닐 수 있었다. 하지만 칼슨은 테슬라의 어린 시절을 설명하며, 이 발명가가 눈에 떠오르는 형상을 종이에 옮기지 못하는 예술적으로 평범한 어린이였다고 표현하지 않는다. 오히려 테슬라에게 이와 같은 능력이 없었던 것을 그가 특별한 존재임을 보여주는 또 다른 증거로 간주한다. 테슬라는 그렇기 때문에 '생각을 집중하여 전개해 갈 수 있는' 발명가로서의 능력을 키우게 되었다고 말한다.[6]

테슬라는 이렇게 학과 성적은 좋지 않았지만 많은 사람의 박수를 받았다고 한다. 고스피치는 테슬라가 이사 온 직후 지역 상인의 주도로 새로운 소방차 한 대를 도입하고 소방대를 결성했다. 그 기념으로 붉은색의 소방차가 거리 행진을 벌인 후, 16명의 소방관들이 시범을 보이기 위해 호스를 들어 올리고 엔진을 힘차게 돌렸다. 하지만 물은 한 방울도 나오지 않았다. 구경하던 모든 사람이 어쩔 줄 모르고 서 있을 때 어린 니콜라가 갑자기 강으로 걸어 들어가더니 소방차의 입력 호스를 살폈다. 꼬여서 막혀 있었던 것이다. 니콜라가 막힌 부분을 확인하고 펼쳐주자, 호스 반대편에서 물이 세차게 뿜어져 나왔다.

하찮은 공로지만 테슬라의 말에 따르면, 그 광경을 본 주민들은 기뻐서 그를 올림픽 우승자처럼 헹가래치면서 그날의 영웅으로 치켜세웠다고 한다. 테슬라가 공학의 기초 개념을 접했을 가능성은 있다. 엄마가 각종 가재도구를 사용하는 것을 보고 혹은 아빠의 서재에 많이 꽂혀 있던 과학서적을 읽거나 해서다. 그렇지만 테슬라는 자신이 소방펌프의 작동방법에 대한 지식이 "전혀 없었고 공기압력에 대해서도 거의 모르고도, 물속에 빨아들이는 호스가 있을 것이라 본능적으로 알았고 그것이 꼬여 있는 것을 발견했다. ……아르키메데스는 시라쿠사 거리를 벌거벗은 채 달리면서 '유레카!'를 외쳤다. 그 목소리에 실린 감정은 내가 그날 받은 느낌보다 더 크지는 않았을 것이다." 하고 회상했다.[7]

테슬라는 자신이 병약한 아이였다고 말한다. 그래서 10대 때는 병을 다스리는 신에게 기도할 때가 많았다고 한다. 카를로바츠(테슬라가 고등학교에 해당하는 학교를 다녔던 곳이다)의 저지대 습지에서 옹색하게 생활할 때 말라리아에 걸렸고, 콜레라에 걸려 9개월 동안 병상생활을 했다. 콜레라는 아주 심하게 앓아서 관까지 주문하고, 아버지가 테슬라 옆으로 불려오기도 했다. 삶과 죽음이 오락가락하는 와중에도 테슬라는 이를 기회로 삼았다. 거의 혼이 나간 아버지에게 공학공부를 하게 해주면 병이 나을 것 같다고 제안한 것이다. 아버지 밀루틴은 아들이 낫는다면 지푸라기라도 잡는다는 심정이었다. 아들을 사제로 만들려는 자신의 희망을 접고 세계 최고의 기술대학에 보내주겠다고 약속했다.

테슬라는 기적적으로 회복했다. 그러나 세르비아 남자라면 누구나 3년간 오스트리아-헝가리 군대에서 복무해야 하는 나이가 되었다. 아버지 밀루틴은 아들 니콜라가 고된 군대 생활을 견뎌내지 못할 것이라는 걱정에 고스피치 밖의 산으로 도망치게 했다. 그래서 테슬라는 1874년 가을부터 1875년 여름까지 사냥총 한 자루와 한 묶음의 책만 소지한 채 크로아티아 산악지대를 떠돌았다.[8] 병약한 아들이었지만, 밀루틴은 손을 써서 야전군 사령부로부터 니콜라를 오스트리아 그라츠의 요하네움종합기술학교에 보내는 장학금을 확보했다. 졸업하면 8년간 군에서 복무한다는 조건이었다.[9] 아버지는 아들 니콜라가 나이 들면 건강해질 것이라 생각했을 것이다. 아니면 아들에게 한 약속을 지켜야 한다는 의무감 때문일 수도 있다. 어쨌든 테슬라는 엔지니어가 될 희망에 그리고 남자가 되리라는 기대를 안고 그라츠로 갔다.

대학생활: 방탕한 성년이 되다

테슬라는 종합기술학교에 도착한 후 수학과 물리학에 집중했는데, 교수가 된 삼촌 요시프가 밟은 길을 따라가겠다는 의도였을 것이다. 그 학교의 토목공학 교육과정은 명성이 있었지만 전기공학에는 공식적인 교과가 개설되어 있지 않았다. 테슬라가 전기 분야에서 배운 지식의 대부분은 물리학 교수인 야콥 포셸의 물리학 수업에서 얻었다. 그는 "규율을 철저히 따지는 게르만인"이었으며 테슬라가 "손과 발이 엄청나게 컸다."고 회상할 정도로 우람한 덩치였지만 수업 시간에 실험은 시계처럼 정밀하게 진행했다.[10]

그라츠에서 처음 1년 동안 테슬라는 거의 강박적일 정도로 열심히 공부했다고 한다. 예를 들어, 볼테르 전집(글자 크기가 작은 책이 거의 100권에 달했다)을 다 읽어야 한다는 충동에 거의 질식할 뻔했다고도 회상한다. 그럼에도 1학년이 아홉 과목 최종 시험을 통과했다. 그 이전의 어느 학생보다 많은 과목을 1년에 이수한 것이다. 테슬라의 주장에 따르면 매일 새벽 3시부터 밤 11시까지 공부했으며 "일요일이나 공휴일도 마찬가지였다."고 한다. 그는 커피를 마셔대며 이런 일과를 유지하였는데 "당시와 같은 생활 조건에서 공부에 전력하기 위해서는 자극제가 필요했기 때문이었다." 고 말했다.[11] 최고의 성적표를 가지고 집에 돌아왔을 때 아버지가 보인 반응에 테슬라는 힘이 빠졌다. 하지만 테슬라는 종합기술학교 교수들 몇 명이 아들이 공부를 너무 과도하게 해서 몸을 망칠 것 같다는 편지를 아버지에게 보냈다는 사실을 나중에 알았다. 사실, 테슬라에게 이때부터 심장이 빨리 뛰는 심계항진 증상이 나타나기 시작하여, 커피 소비를 줄여야만 했고, 일생동안 커피를 많이 마시지 않았다.

2학년을 다니기 위해 그라츠에 돌아오니 야전군 사령부가 해체되어 장학금을 못 받는 상황이 되었다.[12] 테슬라는 아버지의 사제 월급으로는 비싼 수업료를 댈 형편이 아니라는 것을 알고 있었으므로 학교를 중간에 그만두어야 할 것이라고 생각했다.

그러던 중, 2학년 어느 수업 시간에 테슬라는 포셀 교수로부터 전기모터 완성 연구를 시작하라는 지시를 받았다. 학교에는 최초의 실용적 직류(DC)발전기 중 하나인 그람 다이나모 발전기가 들어와 있었다(벨기에 엔지니어 제노브 테오필 그람이 설계한

요하네움종합기술학교(오스트리아 그라츠)

이와 같은 형태가 나오기 전에는 정류자가 있는 다이나모(발전기)도 불안정한 전류를 생산하여 전하가 오락가락하다가 거의 0볼트로 떨어지기도 했다). 그람 다이나모는 당시에 많이 보급되었지만, 정류자(commutator, 직류를 만드는 데 필요한 뭉툭한 기계적 장치)에 맞춰야 했기 때문에 위험한 스파크가 발생하는 심각한 결함이 있었다(115쪽 참고). 테슬라는 포셀이 이와 같은 스파크를 처리하는 과정을 지켜보던 중에 정류자 브러시가 필요없는 발전기를 만들 수 있을 것 같다고 제안했다. 테슬라를 좋아한 포셀 교수는 이 특출한 학생의 아이디어를 '가르쳐줘야 한다.'고 생각하고는 전기공학 강의를 시작했다. 그리고 테슬라가 상상한 발전기가 중력처럼 계속해서 당기는 힘을 회전운동으로 바꿔주는 장치, 즉 영구기관과 마찬가지라고 단언했다. 불가능한 아이디어라는 것이었다.[13]

테슬라는 포셀의 비난에 입을 다물었지만 스파크 없는 발전기라는 개념을 계속 생각했다. 포셀의 말에 그람 다이나모의 해결책을 찾는 연구를 단념할 테슬라가 아니었다. 테슬라는 자신이 이렇게 '지식을 넘어서는 어떤 것'을 파고드는 끈기가 자신의 본능이었으며, '논리적 추론과 같은 두뇌의 노력이 무위로 돌아갔을 때' 진실을 찾아갈 수 있게 했다고 회상했다.[14] 테슬라의 일생을 독특한 관점에서 접근한 여류 전기작가 마가렛 체니는 "그 젊은 세르비아인에게는 이 문제를 해결할 방법에 대한 아이디어가 없었다."고 인정하면서, 하지만 "그는 본능적으로 자신의 마음속 어딘가에 그 해답이 이미 자리 잡고 있다는 것을 알았다."고 적었다.[15] 테슬라의 회상이 사실이라면 그건 예언자적인 발명가의 본능이었다. 발명가는 허공에 맴돌고 있는 해답이 스스로 자신을 드러낼 때를 기다려 아르키메데스처럼 '유레카!'

그람 다이나모 발전기

를 외치기만 하면 되었기 때문에 지식은 뒷전으로 밀쳐두어도 되는 것이었다.

테슬라는 가진 돈이 바닥을 드러내자, 당구와 카드게임 도박에 손을 대기 시작했다. 살아남기 위해서였다. 수학의 천재라고 포커를 잘하는 것은 아니었다. 당구는 그런저런 수준이었는데 실제 게임에서는 프로와 같은 기술을 펼쳤다.[16] 그러나 그라츠에서 생활한 지 3년째가 되도록 도박은 큰 도움이 되지 않았고 테슬라는 더 어려워졌다. 테슬라는 그라츠에서 남은 기간 동안 비록 결실은 없었지만 브러시 없는 직류 발전기를 완성하는 연구에 몰두하며 보냈다고 한다. 하지만 남겨진 기록을 보면 그는 대부분의 시간을(모든 시간은 아닐지라도) 도박과 술타령으로 보낸 것으로 나와 있다. 그는 수업에도 전혀 참석하지 않았다. 사실, 종합기술학교에는 그가 3학년 봄 학기(1878년)에 등록했다는 기록조차 없다.[17]

1878년 말, 테슬라는 완전히 빈털터리가 되어, 그리고 별 미련 없이, 그라츠를 떠나 마리보르(지금의 슬로베니아에 속한 작은 도시)로 갔다. 친구들은 그가 우울증에 걸려 그라츠의 무르강 속으로 몸을 던지지 않을까 걱정했다. 가족은 그가 사라진 것만 알았다. 마리보르에서 우연히 그를 만난 대학 룸메이트 한 명이 니콜라의 가족에게 그의 행방을 알려주었다. 즉시 아들을 찾아 나선 밀루틴은 아들에게 집으로 돌아오거나 프라하에서 공부를 계속하도록 설득했다. 테슬라는 거절했다. 밀루틴은 심장이 찢어지는 듯한 아픔을 안고 고스피치로 돌아왔고 한 달 후 세상을 떠났다. 그 와중에 테슬라는 마리보르에서 부랑인으로 체포되어 다시 크로아티아로 추방되었다.

돌아가신 아버지를 실망시켰다는 죄의식에 갇혀 있던 (그리고 한 달 동안 맥주와 도박으로 슬픔을 해소하며 보낸 후) 테슬라는 아버지의 말에 따라 학업을 마치기로 마음먹었다. 돌아온 탕아가 된 그는 외삼촌 페타르와 파블레에게 학업을 수료하겠다고 약속하고 돈을 빌려 프라하로 떠났다. 1880년이었다. 그는 이 집시들의 수도에서 학위과정을 이수하며 2년을 보냈다고 주장하지만 체코 정부는 그가 프라하에 머물렀다고 말하는 기간 동안 그곳의 어떤 대학에도 공식적으로 다녔다는 기록이 없다고 한다.[18]

결국 테슬라의 외삼촌은 그를 믿지 못하고 학비 지원을 끊었다. 1881년 1월, 최소

내기당구의 괴물 혹은 영악한 사기꾼?

테슬라의 전기를 쓴 세이퍼(Marc Seifer)는 테슬라가 특히 돈 문제와 관련해서는 일종의 사기 행위를 했다고 지적했다. 특히, 그의 뛰어난 당구 실력을 생각하면 사기 행위가 아니라고 말할 수도 없다. 그는 그라츠에서 2학년 2학기의 많은 시간을 음주와 내기당구로 보냈다. 테슬라에 대해 연구한 모든 사람들은 그가 내기당구의 달인이 되었으며, 에디슨의 파리 사무소에서 일하던 미국인 몇 사람이 그에게 호감을 갖게 된 것도 그의 이러한 재주 때문이었다고 한다.

그러나 이 발명가가 미국에 온 다음에는 의식적으로 자신의 기술을 감추었다. 에디슨의 개인 조수로 테슬라의 당구 이력을 몰랐던 것으로 보이는 앨프리드 테이트는 테슬라가 '멋진 게임'을 하는 것을 보았다고 기억했다. 테이트는 테슬라가 '에디슨 기계제작소'에서 잠깐 근무했을 때에 대해 쓴 글에서 그가 아주 가끔 잠깐씩 낮잠을 자거나 어쩌다 게임할 때만 일을 쉬었다고 한다. "테슬라는 당구 점수를 높게 잡지 않았지만 쿠션은 거의 프로급 수준으로 쳤다."

테슬라는 자신의 당구실력이 단지 남들의 플레이를 관찰하는 것만으로 그렇게 높아졌으며 상대방의 돈을 갈취하는 속임수는 사용하지는 않았다는 식의 평가를 은근히 즐긴 것으로 생각된다. 물론 잘못된 평가였다. 뉴욕의 유명한 레스토랑 주인인 로렌조 델모니코는 테슬라가 어느 날 밤 후원자와 내기당구를 하는 것을 본 적이 있다고 회상했다. 입으로는 '거의 당구를 쳐본 적이 없다'고 말하면서도, '머릿속에 당구대가 들어 있어 길이 자동으로 계산되는 것처럼' 보였다. 테슬라는 그렇게 '우리 모두의 뒤통수를 갈기고 돈을 몽땅 쓸어갔다. …… 수 년 동안 쌓은 실력이었다!' 델모니코가 한 기자에게 털어놓은 이야기다.

한의 생활조차 못할 정도로 빈털터리가 되자 테슬라는 부다페스트로 이사를 결심했다. 트란실바니아 사업가(외삼촌 파블레가 오스트리아-헝가리 기병대에서 함께 근무한 적이 있다)의 형인 페렌츠 푸슈카스가 토머스 에디슨의 승인을 받아 헝가리 수도에 전화교환기 설치를 감독한다는 신문기사를 읽었기 때문이었다. 테슬라는 기술이 있고 또 가족의 인맥을 동원하면 푸슈카스 아래에서 일자리를 얻을 수 있을 것으로 생각했다. 그러나 테슬라가 부다페스트에 도착했을 때 페렌츠는 아직 사업 자금을 확보하지 못한 상황이었고 테슬라는 이리저리 애를 쓴 끝에 헝가리 정부의 중앙전신국에 도안공 자리를 얻을 수 있었다(하지만 그의 그림 실력은 형편없었다). 그러나 그 일에 만족하지 못한 테슬라는 몇 달 근무한 후 그만두고 신경쇠약과 심한 우울증에 빠진

채 좁은 임대 방에 처박혀버렸다.[19]

테슬라의 친구인 안토니 시게티는 그가 우울증으로 죽지나 않을까 걱정되어 그를 침대에서 끌어내어 신선한 공기를 마시게 해줘야 한다고 생각했다. 시게티는 그 고독한 발명가에게 매일 저녁 함께 공원을 산책하자고 설득했다. 이렇게 해서 산책하면서 괴테의 《파우스트》를 읊조리던 중 테슬라에게 '유레카!'의 순간이 다가왔다. 그가 구상하던 브러시 없는 다상 교류발전기 구조가 '번갯불이 번쩍이듯이' 눈앞에 펼쳐진 것이다.[20]

테슬라 앞에 발전기 구조의 공현이 있고 난 직후, 푸슈카스는 부다페스트 전화교환기 설치용 재정을 확보하여 테슬라를 고용하였다. 이제 이 젊은 발명가는 매우 열성적으로 일하여 푸슈카스에게 강한 인상을 주었으며 마침내 테슬라는 파리에서 에디슨 회사의 프랑스 지사로 스카우트되었다. (그리고 우연이지만 시게티도 함께 갔다. 테슬라의 운동 친구인 시게티는 기술자였지만 그가 전기공학에 일상적 경험 이상의 지식이 있었다는 증거는 없다.) 그곳에서 테슬라는 도시를 밝힐 백열등 시스템을 구축하는 일을 담당했다.

시게티와 테슬라가 자주 산책한 부다페스트 공원 내 버이드후녀드성

테슬라의 성적 정체성

테슬라는 60대에 케네스 스위지라는 19세의 과학 저널리스트와 긴밀한 관계를 시작했다. 스위지는 테슬라를 방문했을 때 그는 대부분 벌거벗고 있었다. 테슬라는 그를 사랑한 것이 분명하다.[21]

테슬라가 보인 남성 동료에 대한 애착이나 독신생활을 두고 천재적 발명에 요구되는 일종의 엄격함이라고 설명하는 사람들이 많다.[22] 최소한 칼슨은 테슬라가 남성에게 끌린 게 분명하다고 지적한다.[23] 사실 그가 살아 있을 때도 테슬라의 동성애적 성향에 대해 많은 소문이 돌았다. 미국전기엔지니어협회(AIEE)의 회원이었던 사람들에 따르면 테슬라의 성적 취향(특히 관음증)과 관련된 이야기가 공개적으로 거론될 수 있다는 우려 때문에 그가 총재로 뽑히지 못했다고 한다.[24]

케네스 스위지

테슬라 자신의 말에 따르면 "남자에게 손 댄 적은 한 번도 없다."[25]고 한다. 그러나 파크애비뉴 아파트에 거주할 때 (스위지에게 털어놓은 바에 따르면) 호화로운 마가리 호텔에서 '특별한' 친구를 만나 즐겼다고 한다.[26] 그는 운동선수를 좋아해서 날렵한 체구의 헨리 도허티나 유고슬라비아 웰터급 챔피언 프리치 지빅과 같은 권투선수를 자신의 아파트로 초대하기도 했다.[27] 일생 동안 그는 20대 초반의 남자 조수를 고용했으며, 그들의 육체에 대해 스스럼없이 말하곤 했다.

테슬라는 부다페스트에서 자주 함께 산책을 했던 절친 안토니 시게티에 대해 '아폴로의 몸'이라고 표현했다.[28] 두 사람은 뗄 수 없는 사이이기 때문에 테슬라는 그 젊은 헝가리인이 먼저 파리로 따라왔다가 미국으로 함께 갈 방법을 찾아냈다. 1891년 알 수 없는 이유로 그가 자신을 떠났을 때(혹은 사망했을 수도), 테슬라는 "나는 그를 원했기 때문에 간절히 보고 싶었다."고 고백했다.[29]

콜로라도에서, 테슬라는 자신의 호텔 방에서 거의 매일 저녁을 프리츠 로웬슈타인이라는 체코슬로바키아에서 이민 온 25세의 조수와 함께 시간을 보냈다. 그러나 그 젊은 엔지니어는 1899년 9월에 콜로라도를 떠났는데, 테슬라가 로웬슈타인의 약혼녀가 보낸 편지를 발견하여 다툰 다음이었다.[30]

30대 때는 스페인과 미국의 전쟁에서 활약한 리처드 홉슨과 친밀하게 지냈는데, 활력이 넘치는 28세의 미군 중위였다. 이 두 사람에 대해서 로버트 언더우드 존슨은 편지에 '서로 닮은 점이 많은' 관계로 표현했다.[31] 두 사람 중 누구도 자신들이 서로 잘 통하고 열정적인 사이라는 점을 숨기려 하지 않았다. 테슬라는 존슨의 딸에게 보낸 명절 엽서에 '니콜라 홉슨'으로 서명하기도 했는데, 한편으로는 질투심에서 존슨의 아내이자 자신의 막역한 여자 친구인 캐서린과 중위가 가까워지지 못하도록 방해했다.[32] 1905년 홉슨 중위는 결혼해버린다. 중위는 그 발명가가 "나의 가슴 가장 깊숙이 자리 잡고 있는 사람 중 한 명"이고 결혼식에 하객으로 참여했다고 주장하지만, 테슬라는 크게 실망했음이 분명하다(홉슨은 때때로 "[테슬라가] 내 바로 옆에 있는 것처럼 느끼고 싶다."고 말했기 때문이다).[33] 그러나 결혼식이 끝난 후에도 (그리고 테슬라가 50대가 되었을 때까지도) 두 사람은 최소한 한 달에 한 번은 만나서, 영화를 본 다음 몇 시간씩 이야기를 나누었다. 홉슨의 아내 말에 따르면 테슬라를 만나는 날은 남편이 자정이 훨씬 지날 때까지 돌아오지 않을 때가 많았다고 한다.[34]

그라츠에서 테슬라는 전기유도 현상의 배경이 되는 이론을 익혔다. 그러나 전기공학과 관련된 실무 교육을 처음 받은 곳은 파리였다. 회전하는 자기장을 만들어 각각 별개인 여섯 개의 구리 전선들에서 세 개의 교류전류(AC)를 생성해낸다는 자신의 아이디어를 감독자에게 처음 제시했을 때도 파리에 있었다. 그러나 실망스럽게도 에디슨 회사의 파리지사 감독은 이 젊은 세르비아인의 생각에 거의 관심을 나타내지 않았다.

많은 사람이 당시 에디슨의 기술진이 직류(DC) 기술에 너무 열중해 있었거나 테슬라의 획기적 생각을 수용하기에는 너무 근시안적이었다고 말하지만, 그들의 무관심에는 더 실제적인 이유가 있었다.

구리는 전기설비에서 비용이 가장 많이 소요되는 재료인데, 테슬라의 시스템은 1880년대에 에디슨이 보급한 전선 세 개의 직류 시스템보다 구리가 거의 세 배나 필요했다.[35] 그러나 에디슨 회사의 관리자 중 한 명인 데이비드 커닝햄은(별 비중 없는 인물로 자본을 크게 끌어 올 능력이 없었을 것이다) 테슬라에게 함께 주식회사를 만들자고 제안했다. 그러나 이제 피어나기 시작한 천재 발명가는 이를 거부했는데, 나중에 "커닝햄이 제안한 내용에 대해 조금도 알지 못했다."고 말한다.[36]

아메리카: 신세계의 기린아

1884년 봄, 에디슨의 오른팔로 프랑스 지사장이던 찰스 배철러는 뉴욕 '에디슨 기계제작소' 관리자로 발령받았다. 유능하지만 삐뚤어진 이 세르비아인을 눈여겨본 그는 테슬라에게 자신과 함께 뉴욕에 가서 에디슨 회사가 생산하는 발전기를 직접 개량해 보면 어떻겠냐고 제안했다. 테슬라는 지고 있던 빚을 갚고 외삼촌에게서 자금을 좀 더 빌린 후, 뉴욕으로 가는 증기선 리치먼드호에 몸을 실었다. 테슬라는 그 여행이 책으로 만들어도 될 정도로 박진감 있는 모험이었다고 말한다. 진위가 의심스럽지만, 그는 가진 돈을 비롯해 가진 것 전부를 도둑맞았고, 승객들은 폭동을 시도했다가 실패했으며, 자신은 그 와중에 바다에 빠질 뻔했다고 한다.[37](이와 관련해 체니는 전혀 다르게 기술했다. 테슬라가 파리에서 해안으로 가는 기차에 탈 무렵에 가진 돈과 승선티켓 등을 거의 전부 잃어버린 것을 알게 되었다는 것이다. 테슬라는 이리저리 긁어모아 승선티켓을 새로 구입할 돈을 어렵게 마련해서 다른 여객선인 사투르니아호에 오를 수 있었다고 한다. 이 설명이 사실에 더 가까운데, 테슬라가 대서양을 건널 즈음에 사투르니아호가 이탈리아와 뉴욕 사이를 오가는 여객선을 운영하던 기업에 인수되었기 때문이다. 한편, 리치먼드호는 거의 대부분 파리와 뉴욕 사이의 화물 운송에만 이용되었다.)

찰스 배철러

증기선 리치먼드호

테슬라가 뉴욕의 에디슨 사무실에 도착했을 때 수중에는 2달러도 안 되는 돈과 배철러가 에디슨에게 보낸 편지만 있었다고 흔히 말한다. "저는 위대한 인물 두 사람을 알고 있는데, 한 사람은 에디슨 당신이고 다른 한 사람은 편지를 가져가는 지금 이 사람입니다."라고 적힌 편지다.[38] 그러나 칼슨의 지적은 다르다. 테슬라가 뉴욕행 배를 타기 전에 이미 배철러는 뉴욕에 와 (에디슨과 함께) 있었다는 것이다. 그리고 테슬라가 에디슨 회사에서 일하기 시작한 때로부터 1년 이상 지났을 때 배철러가 에디슨에게 쓴 편지에는 세 명의 유럽인 직원을 지칭하면서 "자신의 일에서 탁월한 능력을 발휘할 사람들"이라고 언급한 구절이 있는데, 그중 테슬라는 포함되지 않았다. 배철러는 이렇게 단언했다. "능력 있는 다른 사람들도 있겠지만, 저는 이 세 사람이 최고라고 생각합니다."[39] 그 편지에 담긴 것처럼 테슬라가 배철러에게 강한 인상을 주었다면, 배철러가 언급한 최고의 직원들 중에 그의 이름도 포함되었을 것이다.

테슬라가 말하는 편지는 배철러가 쓴 것이 아니고 티바다르 푸슈카스(프란츠 푸슈카스의 동생이며 사업 파트너)의 편지일 가능성이 많다. 그는 1877년 에디슨의 멘로파크 실험실에 가서 1000달러짜리 어음 뭉치를 들어 보이며 자기 가족이 유럽에서 에디슨의 전신과 전화 사업 판권을 얻으려 했다(결국 얻었다).[40] 이 부분에 대해 많은 이야기가 있지만, 테슬라는 푸슈카스의 편지가 필요 없었을 수도 있다. 그 두 사람은 이미 만났을 수도 있다. 에디슨이 1880년대 초 파리 지사를 방문했을 때 테슬라가 그곳에 근무하고 있었기 때문이다.[41]

사실이 어떠하든, 테슬라는 1884년 6월 6일 금요일 뉴욕에 도착했다. 테슬라의 오락가락하는 회상을 포함해 여러 가지 설명이 있지만(테슬라의 생애를 많이 연구한 마크 세이퍼에 따르면, 이 발명가가 설명하는 미국에서 자신의 첫날은 "청중의 규모나 성격, 그리고 그때그때 자신의 기분에 따라 크게 달라졌다."고 한다), 테슬라는 캐슬가든 이민센터의 이민자 심사소(여기에는 그가 스웨덴에서 온 것으로 잘못 기록되어 있다)를 거친 다음, 경찰에게 맨해튼 시내의 에디슨 사무실로 가는 길을 물어보았다. 길을 가던 중 기계조립공장에서 기술자가 전기모터와 씨름하는 모습을 보고는 그 자리에서 모터를 고쳐주었

캐슬가든 이민센터

다. 테슬라는 그 사례로 20달러(현재 가치로는 약 500달러에 해당한다)를 받고 에디슨의 사무실 위치도 확인할 수 있었다. 고장 난 모터 두 개는 증기선 오리건호(당시 대서양을 가장 빠르게 건너는 기록을 가진 여객선이다)의 장비였는데, 이렇게 뜻밖의 지나는 사람이 그날 밤에 수리를 끝내고 테스트까지 마쳐주자 6월 7일 토요일에 출항할 수 있었다(그리고 최단시간 대서양 횡단 기록을 새로 수립한다).

테슬라는 수리를 끝내고 토요일 아침 5시쯤 사무실로 가던 길에서 에디슨과 배철러를 만났다고 주장한다.[42] 테슬라는 자신을 본 에디슨이 "이 밤에 우리의 파리지앵이 길을 헤매고 있었군."이라 말했다고 한다.[43] 테슬라는 방금 오리건호를 고쳐주고 오는 길이라 설명했다. 에디슨은 이 말을 듣고는 옆에 있던 사람에게 "배철러, 이 사람, 별로 마음에 들지 않는데." 하고 중얼거리며 가던 길을 계속 갔다.[44] 그리고 일요일인 다음 날, 신은 쉬고 있었겠지만, 테슬라는 에디슨 기계제작소(GE의 전신—옮긴이)의 정식 직원으로 첫날 근무를 시작했다.[45] 테슬라는 신세계에 발을 디딘 후 처음 48시간을 이렇게 특별하게 보냈다. 그러나 이러한 행적이 사실인지는 아무도 모른다!

증기선 오리건호

테슬라는 거의 1년 내내 오전 10시 30분부터 이튿날 새벽 5시까지 쉬지 않고 일했다고 주장한다. 그러나 회사의 공식 기록을 보면 그가 에디슨 기계제작소에 근무한 기간은 6개월에 불과했으며, 나중에 벌어진 특허소송 과정의 증언에서 테슬라 자신이 이를 시인했다.[46] 테슬라는 에디슨 회사의 관리자 중 한 명이(에디슨이 아니다)(체니는 존 오닐이 쓴 전기를 인용했는데 여기에서는 에디슨이 직접 테슬라에게 발전기를 개선해주면 "5만 달러가 자네 것이 될 거야." 하고 말했다고 한다. 그러나 테슬라는 에디슨이 직접 한 말이 아니라 그의 뉴욕 사무실 '관리자'가 그렇게 말했다고 한다.) 에디슨의 직류발전기 설계를 개선해주면 5만 달러를 주기로 약속했다고 한다. (에디슨 회사 사람의 주장에 따르면, 테슬라가 교류발전기 특허를 5만 달러에 팔겠다고 에디슨에게 제안했고 에디슨은 이를 거부했다고 한다. 이 이야기는 신빙성이 없는데, 테슬라가 1888년까지 교류발전기 등의 특허를 신청하지 않았고, 이와 같은 일이 있었다고 한 때에서 3년이 지나서야 '전자기 모터' 특허를 얻었기 때문이다.) 테슬라는 124곳의 구조를 개선했는데, 그 대부분은 에디슨이 발전기에 이용한 긴 자석을 짧은 것으로 바꾸는 형태였다. 코어 자석을 짧게 하여 원자재 비용을 줄일 뿐만 아

토머스 에디슨

에디슨, 배철러와 함께한 테슬라

니라 발전기의 효율성도 높였다. 테슬라는 과제를 성공적으로 끝낸 후 관리자를 만나 약속한 5만 달러를 달라고 했으나 돈 이야기는 단지 농담이었을 뿐이라는 대답을 들었다(그리고 세르비아인인 테슬라는 미국인이 그렇게 비꼬는 유머를 받아들일 수 없었다).[47]

테슬라의 생애를 연구한 사람들은 대부분 테슬라가 이에 반발해 사직했다고 설명한다. 그러나 이 발명가가 에디슨 회사에서 계속 일했다는 증거가 있는데, 에디슨의 흐릿한 백열등보다 야외 조명에 더 적절한 아크등 시스템을 개발하는 데 도움을 주었다는 것이다. 에디슨은 1884년 6월에 이미 그러한 시스템의 기본 계획에 대한 특허

거리조명에 이용된 초기 아크등 시스템 그림

를 취득했지만, 상세한 설계는 테슬라에게 맡겼다. 그러나 테슬라가 실용 설계를 개발할 무렵, 에디슨은 이미 아메리카전기산업(AEM)과 계약을 체결한 상태였다. AEM이 실내조명 고객에게 에디슨의 백열등 시스템을 설치하는 데 동의한다면 에디슨 회사가 실외조명 고객에게 AEM의 아크등 시스템을 설치해준다는 내용이었다. 이렇게 상생하는 계약은 테슬라의 설계를 무시한다는 의미였다. 테슬라는 이렇게 모욕을 당한 후에야 실제로 사표를 던진 것이다.[48]

에디슨 회사에서 테슬라는 최소한 주급 10달러(현재의 월급 1000달러 정도에 해당)를 받았는데, 아주 많지는 않아도 당시의 평균 급료 이하는 분명히 아니었다.[49] 그렇지만 테슬라는 에디슨 회사를 떠날 때 또다시 무일푼 상태로 웨스턴유니온사의 공사장에서 막노동을 하는 처지였다. 맨해튼 남쪽 끝의 증권거래소에서 브로드웨이 195번가의 전신국까지 지하케이블로 연결하는 공사였다.

운이 좋았는지, 테슬라가 일하던 공사장 감독은 자수성가한 전기기술자 앨프리드 브라운(Alfred S. Brown)의 친구였는데, 브라운은 말단부터 시작해서 뉴욕 메트로폴리탄 전역 전체를 관할하는 웨스턴유니온사의 전신사업부 책임자의 자리에 오른 인물이다. 공사장 감독은 테슬라를 브라운에게 소개하였고 브라운은 곧 이 젊은 발명가의 실용적인 교류발전기 개발 노력을 알게 되었다. 그는 이것이 큰 이익을 가져다 줄 기회임을 직감했으나 테슬라에게는 정글보다 험한 뉴욕의 업계를 헤쳐나갈 사업적 감각이 없다는 것을 알고 뉴저지의 변호사 찰스 펙에게 도움을 요청했다. 변호사 펙은 경쟁기업을 만든 다음, 웨스턴유니온이 전신사업 시장에서 독점을 유지하려면 그 기업을 사들이지 않을 수 없게 하여 두둑한 이윤을 챙겼던 경력이 있었다. 펙은 또한 윌리엄 스탠리의 친구이기도 했다.

스탠리는 미국의 탁월한 사업가 조지 웨스팅하우스가 1884년 토리노 국제전기박람회(134쪽 참고)에서 교류 전력을 장거리 송전하는 것을 보고 유럽 엔지니어 두 명(프랑스 발명가 뤼시앵 골라르와 영국의 엔지니어 존 깁스)로부터 그 교류 전력 시스템을 사들여서 개량을 맡길 정도로 유능한 전기기술자였다. 브라운과 펙은 테슬라가 하는 일에 투자하기로 결정하고 1886년 가을 맨해튼 남부 리버티가(街)에 연구실을 마련해주었다. 그리고 그들은 나중에 함께 테슬라전기회사라는 이름의 사업체를 만들게 된다.[50]

전류전쟁

테슬라는 리버티가에 마련된 연구실에서 교류 모터를 새로 설계하는 데 몰두했다. 처음 나온 전기 시스템은 직류를 이용했지만, 테슬라가 모터를 새로 설계할 무렵에는 교류가 널리 이용되고 있었다. 웨스팅하우스는 이미 골라르와 깁스의 변압기를 토대로 한 교류 시스템 판매회사를 설립한 상태였다. 사실, 테슬라가 자신이 설계한 구조에 대해 특허를 신청할 때쯤, 웨스팅하우스는 "미국의 다른 전기회사 모두가 판매한 직류 시스템을 모두 합한 것보다 더 많은 교류 시스템 설비를 판매했다."고 주장하고 있었다.[51] 하지만 골라르-깁스 구조에는 몇 가지 큰 약점이 있었다. 위험한 수준까지 전압을 높여야 하는 것도 그중 하나였다. 그리고 그렇게 하기 위해 당시 에디슨이 특허를 소유한 변압기 구조를 이용해야 하는 점도 약점이었다(세이퍼의 추측에 따르면, 에디슨이 교류 경쟁자들을 차단하기 위한 여러 가지 목적에서 ZBD(Zipernowsky, Blathy, Deri 세 사람 이름의 영문 첫글자—옮긴이) 변압기 구조에서 생산 옵션을 구입했을 것이라고 한다. 168쪽 참고). 사실, 웨스팅하우스가 스탠리를 채용한 것도 이러한 문제를 해결하기 위해서였다. 뛰어난 사업가인 웨스팅하우스는 이 전기기사에게 특허를 취득할 수 있을 정도로만 골라르-깁스 시스템을 변형해달라고 했다. 그렇게 하여 길게 이어질지 모를 에디슨과의 법정 싸움을 피할 생각이었다.

에디슨은 직류 기반의 전기 시스템을 개발하고 판매하는 데 엄청난 비용을 쏟아부었다. 직류는 아주 먼 거리는 전송할 수 없지만, 낮은 전압에서 작동했으며, 화물 엘리베이터나 케이블카와 같은 장비에 전력을 공급하는 데 유용했다. 전기 사용 지점과 가까운 곳에 발전기가 있는 경우였다. 그리고 에디슨이 시스템을 개발할 때에는 교류 전력을 이용하는 실용 모터가 없었다. 모터와 같은 전기장치는 대부분 배터리로 가동하도록 설계된 시스템에서 발전했으며 배터리는 직류만 공급했다.

그러나 에디슨은 노련한 사업가였다. 발명보다 마케팅 역량이 더 뛰어났다. 그는 교류 전력 사용을 억제하기 위해 대중을 선동했다. 그중 가장 떠들썩하게 펼친 주장은 교류 전력에는 높은 전압이 필요해서 위험하다는 것이었다. 1886년 그가 휘하 공장장 한 명에게 보낸 편지에는 "웨스팅하우스가 교류를 어떤 규모 시스템에 도입하든, 6개월 내에 그 시스템 때문에 고객 한 사람이 죽을 것이다." 하고 예상했다.[52] 에디슨의 우려가 진지했던 것은 분명하지만, 이를 표현하기 위해 동물을 제물로 이용할 정도로 그는 철면피였다. 해럴드 브라운이라는 전기기술자를 고용해 전국을 다니며 말과 강아지를 전기로 죽여서 교류의 위험성을 시연했다(코끼리도 최소한 한 마리가 희생됐다). ('전기처형(electrocution)'은 언론에서 이와 같이 섬뜩한 장면을 다루며 만들어낸 용어다. 브라운은 에디슨의 지시를 이행하기 위해 미국 최초의 전기의자도 만들었는데, 이것은 뉴욕

버펄로 출신의 치과의사인 사우스윅의 설계를 토대로 한 구조였다.)

미국의 걸출한 사업가 조지 웨스팅하우스

웨스팅하우스와 에디슨은 엘리휴 톰슨이라는 또 다른 경쟁자와 맞서는데, 고등학교 동창인 에드윈 휴스턴과 함께 '톰슨-휴스턴 전기회사'를 만든 사람이다(1892년, 톰슨-휴스턴 전기회사는 에디슨 회사와 합병하여 제너럴일렉트릭(GE)으로 바뀐다). 톰슨은 영국에서 태어났지만 1858년 미국으로 이주했다. 그는 전기엔지니어로 확고한 입지를 구축하여, 전기 아크등 조명 설계 특허 여러 개와 교류 전력 배전 시스템 관련 특허도 이미 취득한 상황이었다.[53] 톰슨의 교류 조명 시스템은 웨스팅하우스의 시스템과 마찬가지로, 매우 높은 전압이 필요했는데, 이것은 일부 전기엔지니어들이 우려하는 부분이었다. 톰슨은 1887년 창립된 미국 전기기술사협회(AIEE)에서 행한 강연에서 교류 전력을 송전하는 데는 매우 높은 전압이 필요해 공공의 안전에 위협이 될 수 있다고 주장하며 에디슨을 편들었다.[54] 그러므로 테슬라가 자신의 유명한 교류 모터 설계에 특허를 취득하기 1년 전에 이미 전류전쟁이 최고조에 달해 있었던 것이다.

테슬라는 1888년 교류 모터 특허를 취득한 직후에 펙, 브라운과 함께 그 설계에 대한 권리를 팔기 위해 나섰다. 7월 말에는 피츠버그로 가서 웨스팅하우스 공장을 방문하여 교류 모터 특허뿐만 아니라, 테슬라가 여러 전기기계와 조명 시스템에 대해 특허 신청했던 40개에 달하는 옵션에 대해서도 판매협상을 벌였다. 테슬라 측이 조건을 제시하며 설명을 끝내자, 웨스팅하우스는 특허 권리를 선금 7만5000달러, 테슬라 회사에 주식 200주, 그리고 전력 와트당 로열티 2.50달러로 구입하는 데 동의했다. 전체 액수는 15년 동안 25만 달러가 넘었으며, 그중 18만 달러는 로열티 하나에서만 생기는 금액이었다. 그러나 1891년, 테슬라는 웨스팅하우스의 파산을 막아

톱시: 전기처형된 서커스 코끼리

전류전쟁이라는 이름으로 유명한 직류와 교류의 주도권 다툼이 교류의 승리로 끝난 직후에 매우 슬픈 일이 생겼다. 1903년 1월 4일 정오가 지난 시간에, 톱시라는 이름의 서커스 코끼리는 교류로 살해된 첫번째 코끼리라는 슬픈 이름을 갖고 죽어갔다. 사실, 그 이전에도 최소한 한 차례 이상 이와 비슷한 시도가 있었다. 1901년 버펄로 범미국 박람회장에서 점보 2라는 코끼리를 전기충격으로 죽이려 했다. 하지만 당시 사용된 2200볼트는 그 거대한 짐승을 화나게 하는 정도에 불과했다. 그래서 그 코끼리는 결국 독극물인 사이안화칼륨(청산가리)으로 죽임을 당했다.

톱시 전기처형(토머스 에디슨 제작)

포레포서커스단 소유주는 톱시가—그 이전의 점보 2처럼—쇼를 계속 시키기에는 너무 위험하다고 생각했다. 이 코끼리는 이미 두 차례의 난동을 일으킨 적이 있기 때문이다. 서커스단 직원 한 명을 밟아 죽인 사건이 그중 하나였는데, 제임스 필딩 블런트라는 직원이 술에 취해서 코끼리를 괴롭히다가 마침내는 불 붙은 시가로 코끼리 몸통을 지진 것이었다. 그 사건을 다룬 뉴욕의 신문들은 코끼리를 학대해서 벌어진 일이라며 대부분 그를 비난했다.

다른 한 사건은 코끼리가 수 톤 무게의 비행선을 다른 곳으로 끌어 옮기는 일을 몇 차례나 실패하자 프레더릭 얼트라는 초보 조련사가 코끼리 몸통과 미간을 쇠스랑으로 찔렀고, 이를 본 경찰은 코끼리를 보호소로 옮기려 했다.

그러나 경찰이 코끼리 톱시를 학대한 죄명으로 조련사를 체포하려 하자, 그는 피하려고 코끼리 뒤에 숨어 코끼리에게 자신을 지키라고 명령했다. 술 취한 초보 조련사가 코끼리 뒤에서 이리저리 피하며 욕지거리를 퍼부은 다음에야 경찰은 그를 묶을 수 있었다. 그러나 이미 사달은 벌어졌다. 특히, 《뉴욕타임스》는 '코끼리가 코니아일랜드 경찰에 테러를 가하다'라는 자극적인 헤드라인 기사를 게재했다. 그러자 포레포서커스단의 소유주인 제임스 베일리(유명한 '바님 앤 베일리' 서커스의 그 베일리다)는 톱시의 이미지가 너무 나빠졌기 때문에 죽이는 것이 낫겠다고 결정했다.

전기를 이용해 톱시를 죽이기로 결정한 배경은 분명하지 않다. 하지만 점보 2에 대해 실패한 적이 있기 때문에 베일리는 당시 코니아일랜드에 전기를 공급한 에디슨 회사에 직접 의뢰하고 에디슨이 이를 감독했다. 재미있는 것은 전류전쟁이 최고조에 달했을 때, 에디슨이 교류의 위험성을 보여주려고 포레포의 다른 코끼리를 전기로 죽이려 했다가 실패했다는 점이다. 1889년경이었다.

그리고 1894년에는 에디슨의 에이전트 한 명이 난동을 부리는 코끼리를 죽이는 방법을 논의하기 위해 담당자에게 접근했다는 증거도 있다. 에디슨은 많은 군중 앞에서 톱시가 살해된 장소인 코니아일랜드 테마파크에 나타나지 않았지만, 필름기사 한 명을 보내 그 비극적인 사건을 자신이 발명한 초기 활동사진 영사기인 '키네토스코프'로 재생할 필름으로 만들게 했다. 〈코끼리의 전기살해. 토머스 에디슨 제작Electrocution of an Elephant-Thomas Edison〉이라는 적당한 제목이 붙은 이 영상은 유튜브를 비롯한 여러 온라인 사이트에서 볼 수 있다.

주기 위해 로열티 계약을 포기했다(143쪽 참고). 그렇게 해서 테슬라는 돈벼락을 맞을 수 있는 기회를 날리고 말았다.

나이아가라폭포와 시카고 세계박람회

오리건주의 오리건시티와 웨스트린 사이를 흐르는 윌래밋강에는 미국 태평양 연안 북서부에서 가장 큰 폭포가 있다. 이 폭포에서 떨어지는 물은 1초에 거의 880세제곱미터에 달한다. 1888년, 폭포 에너지를 이용해 전기를 생산하는 방법을 찾기 위해 윌래밋폭포전기회사(나중에 포틀랜드제너럴일렉트릭이 된다)가 설립되었다. 회사는 처음에 에디슨이 설계한 터빈 네 개로 구동하는 발전기를 채택하여 직류 전력을 23킬로미터 길이의 전력선을 통해 포틀랜드로 보냈다. 당시에, 윌래밋-포틀랜드 연결선은 미국에서 가장 긴 직류 송전선이었다. 그러나 1년이 지나기도 전에, 윌래밋폭포의 발전소가 홍수로 무너져버렸다. 그러자 회사의 투자자들은 직류 시스템을 복구하는 대신에 이번에는 교류를 채택해 웨스팅하우스에서 실험 중인 발전기를 설치하기로 했다. 그들의 결정은 에디슨 직류 시스템 종말의 시작이었다.

1890년 나이아가라폭포전력회사는 윌리엄 톰슨 경('켈빈 경'으로 더 잘 알려졌다)을 위원장으로 하고 전기전문가와 재정투자자들로 국제나이아가라위원회를 구성했다. 위원회의 임무는 나이아가라폭포의 에너지로 전력을 생산하기 위해 제안된 여러 방안을 분석하는 것이었다. 그 프로젝터는 사업적인 만큼이나 생태적으로 추진되었다. 초기에 나이아가라에 정착한 주민은 나이아가라 상류에서 물줄기 일부를 돌려서 만든 임시수로를 통해 수차를 돌렸다. 한참 전부터 폭포 주위에서 제분산업이 시작되었던 것이다. 1870년대에는 강의 양쪽 기슭에 빽빽이 들어선 수차가 물살을 이용해 여러 각종 공장에 동력을 공급했으며, 1880년대에 와서는 폭포의 상당 부분이 콘크리트 벽으로 덮여버렸다. 그 벽의 군데군데 뚫린 구멍으로는 제분소의 더러운 오수가 흘러나왔다. 이러한 파괴에 대항해 '자유 나이아가라 운동'이 시작되었고, 이는 미국 최초의 환경운동 중 하나였다. 수차를 수력전기 터빈으로 대체하고 강의 자연경관 회복은 운동이 지향한 중요한 목표에 포함되었다.[55]

1890년 6월, 런던에서 열린 국제나이아가라위원회는 폭포에서 뉴욕의 신시가지 버펄로까지 전력 송전계획을 가장 잘 수립한 곳에 금전적 포상을 하기로 결정했다. 유럽인 14명과 미국인 4명이 참가했는데 에디슨의 직류 전력 장거리 송전 제안서와 웨스팅하우스가 송전 시스템으로 압축공기를 사용한다는 계획도 여기에 포함되었다. (웨스팅하우스는 테슬라의 교류 시스템을 제안하지 않았을 뿐만 아니라 그의 엔지니어들에게도 그와 같은 제안을 하지 못하게 했다. 그 위원회가 제시하는 하찮은 상금 2만 달러 때문에 테슬라 설계에 대한 계획을 포기할 수는 없었기 때문이다.) 위원회는 제안된 19개의 계획서 중 8개에 상을 주었지만 그중에 실용화할 가치가 있는 것은 없었다. 따라서 위원회는 좀

윌래밋 수력발전 시스템(1888)

더 나은 송전 계획을 찾기 위해 계속 노력했다.

1889년의 파리 세계박람회가 큰 성공을 거둔 데 자극받아 프랑크푸르트도 1891년 자체의 국제 전기기술 전시회를 개최했다. 그 전시회에서 가장 빛난 것은 라우펜암 네카(독일 바덴뷔르템베르크주(州)에 있는 도시—옮긴이)의 발전소에서부터 174킬로미터 떨어진 프랑크푸르트 중심까지 장거리 전력 송전에 성공한 것이었다. 그와 같은 시스템은 1876년부터 운영되었지만 어떤 전기를 이용해야 하는지를 두고 의견이 엇갈린 상황이었다. 전시회 준비진은 최종적으로 러시아 엔지니어인 미하일 도브로볼스키와 영국의 전기기사 찰스 브라운이 설계한 구조를 선정했는데, 이것은 3상 교류 전력 시스템을 이용하는 것으로 테슬라의 구조와 놀라울 정도로 비슷했다. 이렇게 최종적으로 결정된 도브로볼스키와 브라운의 구조는 전류전쟁을 일거에 종식할 정

훼손된 나이아가라폭포(1880년대 무렵)

도로 인상적이었다. 최소한 유럽에서는 그랬다.

국제나이아가라위원회 위원들뿐만 아니라 웨스팅하우스 그리고 미국 사업가들도 전시회를 찾았다. 나이아가라폭포전력회사의 재정투자자들은 귀국 후 나이아가라발전소의 시공사로 선정된 건설회사 사장인 에드워드 애덤스를 유럽으로 보내 도브로볼스키 및 브라운과 직접 협의하도록 했다.[56] 한편 웨스팅하우스는 귀국 후 위원회의 중요 인물인 영국 엔지니어 조지 포브스를 초대해 피츠버그의 웨스팅하우스 공장을 시찰하게 하고 테슬라의 교류 전력 시스템을 보여주었다. 포브스는 나이아가라폭포회사가 웨스팅하우스의 설계를 채택해야 한다고 확신하게 되었다. 그 결과, 1895년에 3상 교류 전력 시스템 건설이 시작되었다. 1896년 11월에는 최초의 장거리 송전이 시작되어 나이아가라발전소에서 나온 전력으로 버펄로 시내를 밝히게 되었다.

도브로볼스키와 브라운이 놀라운 장면을 시연해 보이고, 나이아가라에서 교류 시스템이 작동하는데도, 웨스팅하우스 시스템이 에디슨의 직류 기반 시스템보다 우수하다는 데 설마 했던 사람들은 웨스팅하우스가 1893년 시카고 세계박람회 전기조명 계약을 따내자 의심을 완전히 거두었다. 웨스팅하우스의 성공은 경쟁자인 에디슨의 제안서에 비해 낮은 가격으로 입찰하기 위해 수만 달러의 손실을 감수한 것도 크게 작용했을 것이다. 에디슨은 이에 대한 보복으로 웨스팅하우스가 박람회 조명에 에디슨이 고안한 백열등을 사용하지 못하게 했다. 웨스팅하우스는 특허 소송을 피하기 위해 몇 달 만에 약간 다른 전등을 고안해서 생산해야만 했다. 이렇게 에디슨이 심술을 부렸지만 웨스팅하우스의 노력은 성공을 거두었다. 웨스팅하우스는 테슬라도 설계에 관여한 다상 전력 시스템으로 시카고 세계박람회의 조명을 밝혔으며, 이것으로 미국에서 벌어진 전류전쟁에서 승리를 확정짓고 세계는 교류 전력 개발에만 전념하게 되었다.

신비의 마술과 대화재

웨스팅하우스가 재빠르게 에디슨의 허를 찌르는 동안 테슬라는 여러 기술을 과도하게 시연해가면서 거의 마법사와 같은 지위에 오르고 있었다. 1893년 2월, 그는 세인트루이스에서 열린 미국 전등협회 모임에 참석했다. 4000명이 넘는 관중이 빽빽이 서 있는 앞에서 전기공학적 장면 몇 가지를 처음으로 보여주었는데, 이것이 그를 유명하게 만들었다. 전선을 연결하지 않고 형광관의 불을 켜서 이를 마치 우주전쟁 영화의 광선검처럼 휘둘러 관중을 놀라게 했다. 자신의 몸에 고압 교류를 가하니 피부가 환해지고 손가락 끝에서 빛이 흘러나왔다. 유명한 언론인이자 전기기사인 토머스 마틴도 관중 속에 있었는데, 그는 《전기공학*Electrical Engineer*》에 테슬라의 세인트루이스 강연을 게재했다.

그 이야기는 세인트루이스에서 퍼져나가 과학계뿐만 아니라 대중 사이에서도 테슬라를 스타로 만들었다. 여행을 끝낸 후 그는 언론사의 인터뷰 요청과 여러 사회단체에 참석하느라 눈코 뜰 새 없는 시간을 보내야 했다. 《뉴욕헤럴드》는 빠르게 테슬라의 높은 인기에 편승하여 그를 '생존해 있는 최고의 전기학자'로 묘사하는 장문의 기사를 실었다.[57] 그 기사에서는 테슬라의 어린 시절을 소개하고 그가 '발견한' 회전 자기장에 대해 설명했다. 그 뒤로도 많은 기사가 이어져서, 《매클루어스*McClure's*》, 《뉴사이언스리뷰*New Science Review*》, 《아웃룩*Outlook*》, 《뉴욕타임스》 등 유명 언론들도 테슬라 기사를 게재했다.

아마 그는 생애 처음으로 자신의 노력에 대한 금전적 이익을 얻은 것이다. 뉴욕의 부자와 권력자를 만날 수 있는 고급 식당 델모니코에서 식사를 하는 그의 모습이 자주 눈에 띄기 시작했다. 잡지 《센추리*Century*》의 발행인으로 유명한 로버트 존슨과 그의 아내 캐서린이 그의 친구가 되었다. 존슨의 인맥을 통해 테슬라는 특출한 인물들을 만날 수 있었는데, 마크 트웨인, 자연주의자 존 뮤어, 작가 러디어드 키플링 그리고 당시는 뉴욕시장 후보였지만 후에 대통령이 되는 시어도어 루스벨트와 같은 사

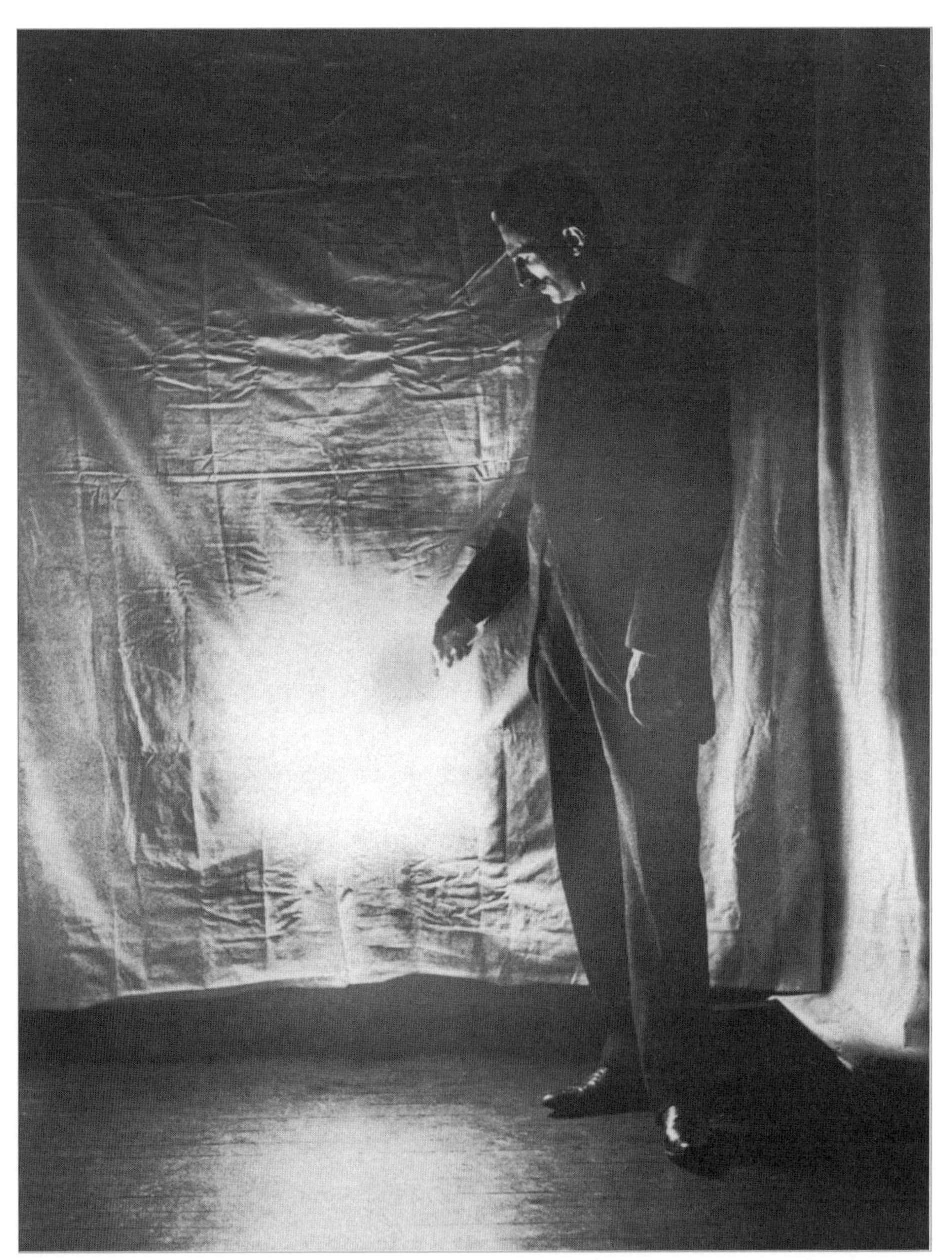

테슬라가 전등을 밝혀 전기를 시연하는 모습

람들이었다.

테슬라는 이렇게 새로 얻은 자신의 명성을 활용해 나이아가라프로젝트 운영진 중 두 명으로부터 투자를 받아 새 회사를 설립했다. 그의 교류 시스템이 크게 상업적 성공을 거두고 있었기 때문에(테슬라는 그로부터 별 이득을 얻지 못했지만), 이제는 전기 조명 시스템을 개량하고, 전기진동발생기(electrical oscillators)를 이용해 지구와 대기의 공명주파수에 맞춰 넣는 방법을 찾는 데 관심을 기울이기 시작했다. 하지만 아쉽게도 테슬라의 혁신은 계속해서 실험 단계에서 중단되어 버리고 실제 활용으로 이어져 완성되는 경우는 드물었다. 《전기세계*Electrical World*》에 게재된 한 칼럼에서는 이렇게 한탄했다. "테슬라는 놀라운 실험적 연구로 세계를 감탄시켰지만 그중에 실용화된 것은 전혀 없다는 사실이 사람들을 실망하게 만든다."[58]

테슬라는 상업적 성공을 거두지 못하면서도 어지러울 정도의 속도로 특허신청을 쏟아내어 1886년부터 1895년 사이에만 57개의 특허를 신청했다. 새로운 백열등과 형광등, 기계적·전기적 진동발생기, 축전기의 구조와 나중에 테슬라 코일로 알려지는 공명변압기 등의 특허다. 그러나 이처럼 넘치는 의욕에는 육체적 비용이 따라서 《아웃룩》의 한 기자는 "인간의 몸이 할 수 있는 한계에 이르렀다."고 표현했다.[59] 당시 이 세르비아인 발명가의 키는 180센티미터가 넘었지만 몸무게는 겨우 60킬로그램에 불과했다.[60]

1895년 3월 13일, 테슬라가 드물게 깊은 잠을 자던 중에, 그의 5번가 연구실에 불이 나 모든 것이 잿더미로 변했다. 그는 사람들 앞에서 내색하지 않았지만 망연자실했고 몸에도 이상이 생겼다. 재정 후원자들은 진심으로 위로의 표현을 하고, 그가 가입해둔 보험으로 다른 장소에 새로 지을 수 있을 것이라 생각했다.[61] 그러나 테슬라는 현실적 문제에 신경을 쓰는 인물이 아니었기에 보험 가입도 하지 않았다. 그래서 웨스팅하우스사가 불타버린 장비에 대해 비용을 청구하자 연구실을 복구하기 위해 재정을 더 확보해야만 하는 문제에 직면하였다.

다행히 나이아가라발전소를 건설한 회사(Cataract Construction Company) 사장인 에드워드 애덤스가 테슬라에게 함께 새로운 회사를 만들자고 제안했다. 4만 달러와 회사 주식의 20퍼센트를 주는 조건이었다. 애덤스는 테슬라가 자립할 수 있도록 도우려 했다. 테슬라는 이에 동의하고 즉시 이스트휴스턴 가에 새로운 입지를 마련하여, 연구를 계속하는 데 필요한 장비를 갖추기 시작했다.

콜로라도로 탈출하다

1854년 영국의 과학자이자 성공회 신부인 윌리엄 휘웰이 처음으로 화성에도 지능을 가진 생명체가 존재할 수도 있다는 이론을 제시했다. 그리고 1800년대 후반에 와서는 새로운 망원경을 이용해 화성 표면에 운하처럼 보이는 흔적도 관찰되자 화성 생명체에 대한 관심이 폭발했다. 1894년에는 미국의 사업가이자 천문학자인 퍼시벌 로웰이 《네이처》에 이러한 운하에 대해 상세히 기술하는 기사를 게재했다. 테슬라도 여기에 한몫 거들어서, 1896년 전기적 파장을 보내는 방법으로 '화성인'과 소통할 수도 있다는 의견을 《전기세계》에 제시했다.[62]

전기적 파장을 무선으로 보내는 것은 테슬라를 사로잡은 새로운 분야였다. 그는 "산업계가 오래전부터 찾고 있던 과제에 대한 해결책"인 교류 전력 시스템의 개념은 "느닷없이 불쑥 떠올랐다."고 주장했다. 그러면서도 정보의 무선 송신에 대한 발명은, 그리고 그의 주장대로 전기를 무선으로 보내는 방법도, '지금의 형태를 개선하기 위한' 작은 발걸음으로부터 발전했다는 점을 인정했다.[63] 이 발명가는 마음속에서 어떤 장비를 완전히 개발한 다음에 이를 불러내 제시하고, 작은 힌트에서도 새로운 혁신을 추론해내는 능력을 가졌다고 하지만, 자신의 무선 시스템 설계에 대해서는 '수년간 여러 사람이 노력하여 얻어진 결과'라고 시인했다.[64]

5번가 테슬라 연구실의 화재는 이 발명가가 전기 파장을 보내고 받는 실험에 사용해왔던 모든 장비를 삼켰다. 1893년의 여러 강의에서 그 과정을 처음으로 상세히 설명한 이후의 실험이었다.[65] 그러나 화재로 그의 연구가 크게 방해된 것으로 보이지는 않는다. 그는 1896년 한 해에만 전자기 파장의 무선 전송과 관련된 여덟 종의 전기장치 특허를 취득했는데, 주로 고주파수의 파장을 생성하는 데 이용되는 진동발생기(발진기) 종류였다. 20세기로 진입할 때까지 테슬라는 전자기력의 무선 전송과 관련해 33개가 넘는 특허를 신청해 취득했다.[66]

대부분의 물리학자처럼 테슬라도 기계 시스템이 특정 주파수에서 더 큰 폭으로 진동하는 경향이 있다는 것을 알았다. 이러한 공명 방법을 이용하면 어떤 시스템을 작은 힘으로 '흔들어도' 큰 진동을 만들 수 있다. 시스템이 진동에너지를 저장하고 증폭시키기 때문이다. 테슬라는 지구를 하나의 커다란 발진기로 보고 다른 진동과 마찬가지로 특정한 속도로 진동한다는 이론을 세웠다. 그래서 만약 지구의 공명주파수를 찾을 수 있다면, 지구 자체의 전자기적 파장을 이용해 정보와 에너지를 지구 전체로 전송할 수 있을 것이라 생각했다.

EDISON'S RIVAL BURNED OUT.

Firemen Defied for Three Hours by Flames in South Fifth Avenue.

PANIC IN MANY TENEMENTS.

Electrician Nicola Tesla Lost All of His Valuable Apparatus.

HE TRIED TO MAKE SUNSHINE.

But Couldn't Control 8,000,000 Volts—The Known Loss Close to $100,000.

By a fire, which broke out early this morning in the six-story building, 33 and 35 South Fifth avenue, Nicola Tesla, the well-known electrician, the man who it is claimed rivals Edison, lost all his electrical apparatus with which for years he has experimented and astonished the world.

Tesla is the man who has allowed 250,000 volts of electricity to pass through him; who discovered the art of transmitting electricity without a wire, and who promised to make sunshine as soon as he discovered how to safely care for the 8,000,000 volts necessary for the purpose.

Nicola Tesla only occupied one floor of the South Fifth avenue building. It was there he carried on most of his experiments and where his batteries were stored. All that is left of the latter were ashes and melted metal.

The other floors of the building from basement to roof were occupied by Gillis & Geoghegan, manufacturers of steamfitters' supplies, who have also lost everything, as the structure is completely gutted.

Flames Seen for Miles.

Outside the loss to property as well as to science there are many things about the fire that make it particularly interesting. So high did the flames shoot when the roof fell in that the fiery column was seen for many miles around. To those who were in the vicinity and saw great tongues of flame shooting from over thirty windows at the same moment, it was admittedly the greatest scene witnessed by them.

Add to this the scene of panic which followed the cries of "Fire," when hundreds of occupants of adjoining tenements fled half clothed into the streets, the clanging of the fire engines and the shrill whistles of "L" road locomotives, and the picture can be imagined.

Gillis & Geoghegan employ as watchman a man named John Mahoney, whose duty it is to make a tour of the building at certain intervals, and to look out for the fires in the basement.

At 2.30 o'clock this morning Mahoney was in the office on the ground floor and everything was all right. A single jet of gas was burning, and then, according to custom, he went down to bank the fire in the sub-cellar. Fifteen minutes were spent in that occupation and then he returned to the office.

The Watchman Lost His Head.

To his surprise he found flames running along the floor and up the sides of the partition which cut off the office from the remainder of the floor. Several buckets of water were handy, but instead of using them on the instant he opened the door, put out his head and yelled "Police!"

Patrolman Haggerty, of the Mercer street station, was standing a few dozen feet away at the "L" road station, Bleecker street and South Fifth avenue, and in response to the cry he rushed forward.

Mahoney, who by opening the door had caused a draught, closed it again and rushed back into the office. Then he seized the pails of water and tried to extinguish the blaze. The policeman stood by watching him.

The water did no good, however, and then Mahoney yelled to the officer to turn in an alarm. Haggerty did so, and at the same instant a great tongue of fire shot out of the office window in the front of the building, shot up towards the window above on the next floor and ignited the woodwork.

From basement to roof the building is saturated with oils of various kinds used by Gillis & Geoghegan in their business and when Chief Lally, with Engine 33, arrived he found the first and second floors were blazing, and that the flames were creeping up the air-shafts and stairways to the floors above.

Without going through the formality of a second alarm, he sent in a third call, which brought Chief Bonner to the scene, with about a dozen trucks and hook and ladder companies.

Before a single line of hose had been attached to the hydrant the first two floors were a mass of flames.

Firemen Defied for Three Hours.

For fully three hours the firemen worked before the blaze was under control, but many engines were kept at the scene until 10.30 o'clock.

The actual damage will not be known until Electrician Tesla computes his losses, and he was not around this morning to tell exactly what valuable inventions or plants were destroyed, or if he had any of them stored elsewhere. The loss to the building itself will amount to about $30,000, and to the stock of Gillis and Geoghegan about $60,000.

For the first three hours of the fire, or until 5.30 o'clock, all the trains on the "L" road were blocked. The train

NICOLA TESLA, THE ELECTRICIAN.
(Whose workshop was burned this morning.)

drawn by engine 55 had just reached the Bleecker street station when the flames shot across the track. It had to stop there. Trains ran up and down above Eighth street, however, as there is a switch at that point.

After the fire had been put under control it was found that the north wall of the building had cracked and there was danger of its falling. It will probably have to be torn down.

STRUCK A WOMAN.

Two Gangs of Boys Were Waging War in Eleventh Avenue.

Last night two gangs of boys had a pitched battle on Eleventh avenue and Fortieth street, and the air was filled with all sorts of missles. One woman, who happened to come along during the fight, was struck on the side of the head and received a bad cut. After a hot chase Patrolman Ward captured James Smith, fifteen years old, of 504 West Forty-fourth street.

When the case was called in the Yorkville Police Court to-day an old woman stepped up and said she was the aunt of the prisoner. She interceded so strongly for her nephew that Justice Deuel decided to give him another chance.

Mrs. Lindh Gets Little Freda.

Justice Andrews to-day decided that Mrs. Sophia Lindh is entitled to the custody of her child, Freda Lindh. Mrs. Lindh executed a deed of adoption when Freda was an infant, giving her to Mrs. Mary Ball. Mrs. Lindh was poor and unable to care for the little one. Subsequently she obtained a good position and demanded the return of her daughter. Attorney Blumenthal says he will appeal the case.

Noyes Will Contest Compromised.

The contest over the will of William C. Noyes, the banker, has been compromised. The family, it is understood, has agreed to give E. H. Noyes, the second son and contestant, a share in the estate, the total value of which is about $900,000. E. H. Noyes has not been on good terms with his father and was disinherited.

Dr. Buchanan Not Resentenced.

Dr. Buchanan, the condemned wife murderer, was not removed to New York from Sing Sing to-day to be resentenced as was expected.

Indian Harbor Hotel Not Sold.

The Indian Harbor Hotel has not been sold to E. C. Benedict as reported. It will open in June as usual.

Fernald Starved Himself to Death.

ALFRED, Me., March 13.—Leroy Fernald, the alleged East Lebanon murderer, awaiting trial here on a charge of killing his mother with an axe and setting fire to the house in which her body lay, died in the county jail last night. He literally starved himself to death, having refused to take any nourishment for a week.

A SISTER'S AVENGER FR

George J. Durr, of Guthrie quitted of Killing S. H. Fo

GUTHRIE, O. T., March 13.- being out four days, the jury last ing acquitted George J. Durr charge of killing Simon H. Foss. years ago Durr discovered his Gertie with Foss, who was a w cattle man. A personal encount sulted in Durr being badly beate Foss suffering the loss of an eye.

A feud existed between the tw ilies from that time on. Foss, alleged at the time, had fired the dwelling and killed John Dur father of George, in December Foss was tried for both crimes a quitted.

During the trial Foss insinuate George Durr fired the buildin killed his father.

When Foss left the court room man, young Durr shot him dead behind.

ANOTHER DOUBLE TRAGE

"Horseshoe" Browne Kills His and Commits Suicide.

SAN FRANCISCO, March 13.- Browne, a notorious water-front acter, known as "Horseshoe" shot and killed his wife yesterd then shot and killed himself. was thought to have been cra though possessed of over $100,000, troubled with a hallucination t was soon to lose it. A few minu fore the murder and suicide he kil canaries to which he was grea tached.

The Brownes made their mone ning sailor boarding-houses. early days of California they w torious. Browne before his m was arrested for burglary and and served a term in the penit for murder.

FINE SPRING OPENING

Goods in Endless Variety at velously Low Prices.

The Spring opening which be R. H. Macy & Co.'s great store avenue and Fourteenth street, o day, and the marvellous display o on every floor, has served to cro place daily from the moment th open in the morning until the again at night. There are ribbo

테슬라 연구실의 화재 소식. 《뉴욕월드》 1906년 12월 9일자 기사 테슬라는 연구실 화재에도 기죽지 않은 모습으로, 새로 마련한 휴스턴가 연구실에서 공명주파수 개념의 실험에 매달렸다. 그는 건물 전체를 무너져 내리게 할 수 있을 발진기를 만들고 테스트까지 했다. 휴스턴가 빌딩 지하의 버팀기둥에 발진기를 부착하고 버팀에서 낮은 울림이 들릴 때까지 진동 주파수를 조절한 실험은 유명하다. 조수의 말에 따르면, 테슬라가 잠깐 다른 일에 눈을 돌린 사이, "진동이 점차 강해지더니 빌딩을 흔들기 시작했고, 다른 빌딩들뿐만 아니라 지구 전체도 거의 흔들 뻔했다."고 한다. 지하실의 각종 기계가 바닥 위를 미끄러져 다니기 시작했고, "테슬라가 재빨리 망치를 들고 이 기계를 부숴버렸기에 건물의 붕괴를 막을 수 있었다."[67](나중에 테슬라는 《브루클린 이글*Brooklyn Eagle*》의 기자에게 자신이 이와 동일한 기전을 이용해 지구를 쪼개고 인류를 멸망시킬 수도 있었다고 말하기도 했다.)[68]

테슬라의 화성인 이야기와 진동실험 때문에 그의 재정후원자들 중 걱정하는 사람이 생겼다. 그들은 '전 세계 전신 시스템'에 대한 그의 원대한 계획보다는 아크등 시스템에서 이익을 얻는 데 관심이 더 많았기 때문이다. 그래도 테슬라는 애덤스의 투자금 거의 대부분을 이러한 실험에 써버리고, 애덤스도 투자했음을 내세워 재력가이자 정치인인 월도프 애스토에게 재정지원을 요청했다. 애스토는 신중했다. 그는 이 야심만만한 발명가에게 "너무 앞서 간다."고 경고하며, 테슬라에게 "엉뚱한 발명으로 세계를 구하기에 앞서 시장에서 얼마큼이라도 팔리는 것"을 보여달라고 했다.[69] 그러나 테슬라가 이미 유럽 여러 회사와 자신의 조명 시스템 계약을 체결했다고 애스토를 설득하자 애스토는 수긍하며, 1899년 1월 10일 테슬라전기회사의 주식 500주에 10만 달러를 투자한다는 약정에 서명하고 회사의 등기이사가 되었다. 이러한 새 약정은 회사에서 얻는 애덤스의 이익이 줄어드는 결과를 낳았다.[70]

테슬라는 애스토의 돈으로 월도프-애스토리아 호텔로 이사했다. 그곳은 당시 세계에서 가장 높은 호텔로 뉴욕의 많은 명망가가 거주하고 있었다. 그는 콜로라도스프링스에 새 연구실을 설치할 계획도 세웠다. 애스토가 모르게 비밀리에 자신의 새로운 '실험 기지'가 될 이상적 장소를 물색했다.[71] 1896년에 이미 당시 자신의 특허변

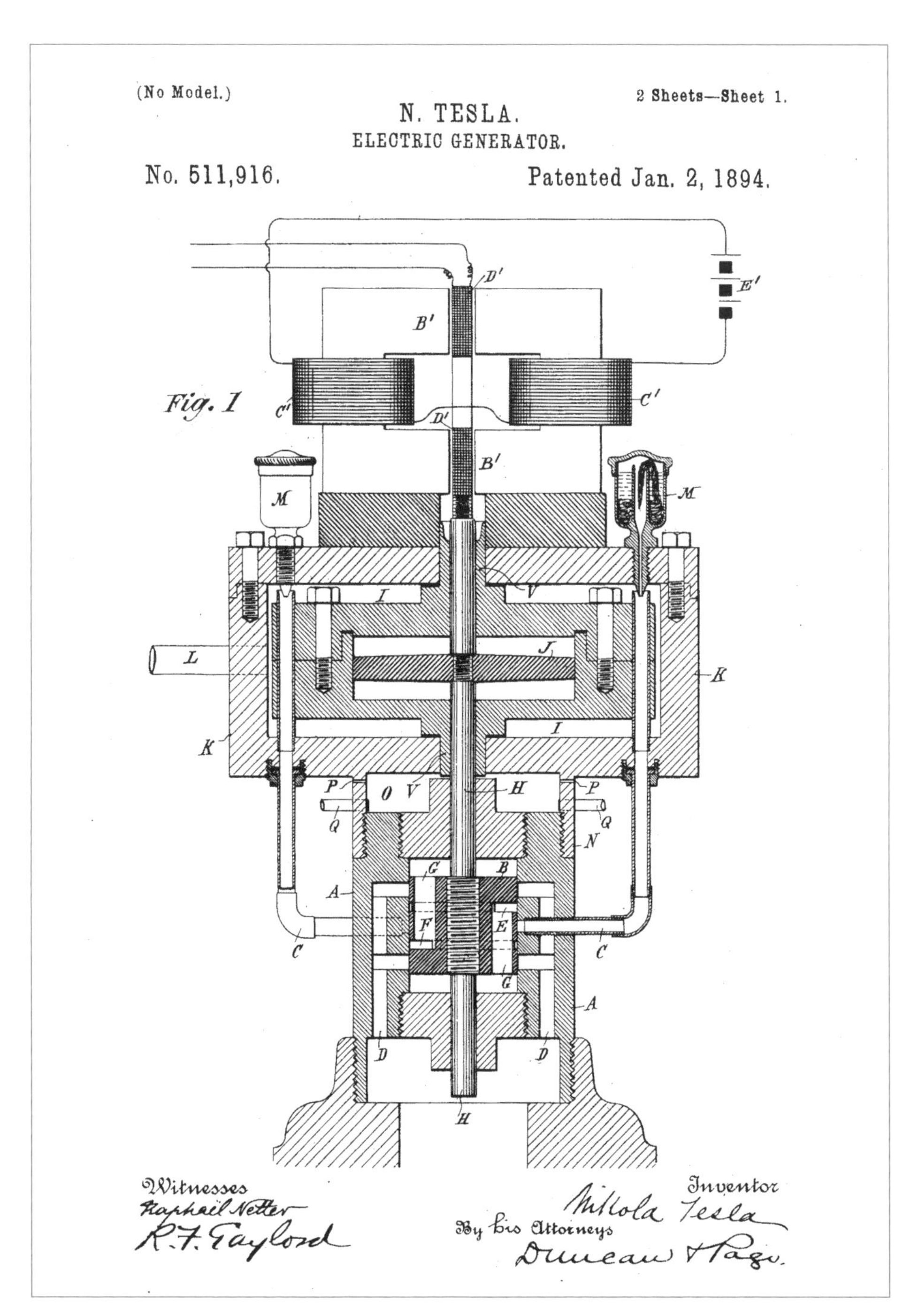

테슬라가 초기에 설계한 전기적 진동 발생기

월도프 애스토

호사였던 레너드 커티스(그는 건강상의 이유로 거처를 옮겼다)와 만나고 무선 전송을 실험하기 위해 콜로라도스프링스를 찾아갔다. 커티스는 그곳에서 테슬라에게 편지를 보내 콜로라도는 고도가 높고 멀리 떨어져 있기 때문에 도시의 소란이나 높은 빌딩으로 인해 생기는 전송 방해를 막을 수 있을 것이라고 제안했다. 테슬라는 커티스에게 보낸 답신에서 자신의 실험에는 많은 전기가 사용될 것이며, 비밀리에 실험을 진행했으면 한다고 적었다. 커티스는 엘파소전력회사(El Paso Power Company)와 은밀히 접촉하여 발전소에서 생산하는 여유 전력을 무료로 사용할 수 있도록 손을 썼다.[72] 애스토가 유럽으로 떠나자 테슬라는 자신의 새 연구실 기초공사에 들어가고 장비를 콜로라도스프링스로 옮기기 시작했다.[73] 테슬라는 상공회의소에서 발표하기 위해 시카고를 잠시 들른 다음 1899년 5월 18일 콜로라도의 새 연구실에 도착했다. 한 달 뒤 애스토가 뉴욕에 돌아올 무렵에 테슬라는 25세의 조수 조지 셔프에게 휴스턴 연구실 운영을 맡겨놓고 콜로라도로 떠나고 없었다.

테슬라는 콜로라도스프링스에서 자신의 연구활동을 최대한 비밀에 부치려 했다. 그 지역의 목수인 조지프 도지어를 고용해 실험실을 지었는데, 약 330제곱미터 규모의 넓은 방 한 개와 정면에 작은 사무실 두 개가 붙어 있는 구조였다. 도지어는 큰 창문 하나를 만들었지만 테슬라는 이를 판자로 막아버렸다. 또 시설 전체를 목재 울타리로 둘러싸고는, '매우 위험, 접근금지!'라는 팻말을 매달았다. 실험실 출입문 위에는 단테의 《신곡》 중 〈지옥〉 편에 나오는 구절을 적어두었다.

"여기에 들어서는 자, 모든 희망을 버려라."[74]

당시 테슬라는 자신이 '증폭 송신기'라 부른 것을 짓고 있었다. 엘파소전력회사에

테슬라의 콜로라도스프링스
실험기지(1899-1900)

서 공급하는 500볼트 전력을 웨스팅하우스 표준 변압기를 이용해 거의 4만 볼트까지 올린 다음, 테슬라 자신의 유도코일(5장 참조)로 100만 볼트 수준으로 올리려 한 것이다. 테슬라의 생각은 그 시설을 이용해 무선전신 시스템을 완성하는 것이었지만 초고전압의 전기신호를 땅과 공중을 통해 전송한다는 자신의 공명주파수 개념도 동시에 추구하고 있었다.

테슬라는 비교적 단순한 장치(본질적으로 전화 수신기에 해당한다)를 구성했는데, 1600킬로미터 범위 내에서 전기적 교란이 감지되면 신호음을 내도록 설계했다. 드물게 실험실에 테슬라가 혼자 있던 어느 날 저녁, 그 수신기가 지속적인 신호음을 세 차례 발산했다. 이 발명가는 '그렇게 일정한 순서와 횟수'로 신호가 잡히자 놀랐다.[75] 테슬라는 처음에 그 신호가 자신이 전자기파 모니터링을 하고 있던 뇌우에서 비롯한 주기적 진동에 의한 것으로 생각했다. 그러나 그 이후 며칠이 지나면서 그는 이 신호가 이웃 행성에서 왔으며 지능을 가진 외계 생명체의 증거로 확신했다. 몇 주 후 지역의 적십자사에 보낸 인사장에서 테슬라는 자신이 관찰한 전기 신호가 다른 세계에서 보내오는 메시지의 일부로 생각된다고 적었다.[76] 1901년 '다른 행성과의 대화'라는 제목으로 《콜리어스*Colliers*》에 기고한 글에서 테슬라는 "나는 한 행성에서 다른 행성에 보내는 인사말을 인류 최초로 들었다."고 선언했다.[77]

대중 언론이 테슬라의 이러한 선언에 나타낸 반응은 신에게 바치는 찬양과 비슷했다. 언론인인 줄리언 호손(《주홍글씨》의 저자 너새니얼 호손의 아들)은 테슬라를 과학자이자 시인으로 부르고, 발은 땅위를 걷지만 머리는 하늘의 별들과 함께한다며 《필라델피아 노스아메리칸*Philadelphia North American*》에 이렇게 적었다. "이렇게 뛰어난 사람을 어디서 찾아볼 수 있을까. 피타고라스가 그중 한 명이고, 뉴턴도 그와 같은 영감을 가졌다. 우리 세대에서는 테슬라가 바로 그 사람이다."[78]

그러나 당시의 다른 과학자들은 그렇게 호의적이지 않았으며, 테슬라가 과학적 발견보다는 자기선전 목적에서 그렇게 환상적인 주장을 하는 것으로 보았다. '미스터 X'로만 알려진 한 학자는 《월간 대중과학*Popular Science Monthly*》에 게재한 글에서 테슬라가 '신문에 실리길' 바라는 것일 뿐이라고 비판했다. 그 익명의 학자는 모든 사람이 테슬라가 발견한 신호에 관심이 있다는 점을 인정하면서도, 그 신호가 실제로 화성에서 온 것인지 입증할 어떤 증거도 제시하지 못했다고 정확하게 지적했다.[79]

테슬라가 행성들 사이를 오가는 메시지를 수신한 것보다는, 영국해협 너머로 송신하던 마르코니의 전파신호들 중 하나가 우연히 잡혔을 가능성이 더 크다. 사실, 테슬라가 신호를 잡았다고 말하는 날짜인 1899년 7월 28일은 마르코니가 자신의 초기 전파 장비를 영국과 프랑스의 해군 간부들에게 시연하고 있었다. 게다가 그가 시험한 글자 'S'의 모스 부호는 세 차례의 일정한 점들로, 테슬라가 7600킬로미터 떨어진 콜로라도스프링스의 실험실에서 관찰한 세 차례 신호음과 정확히 일치한다.[80]

애스토를 잃고 모건을 얻다

1900년 1월, 애스토에게서 받은 자금을 모두 써버린 테슬라는 무급 경비원들에게 콜로라도 실험실을 지키도록 해놓고 뉴욕으로 돌아왔다. 그는 또한 엘파소전력회사가 청구한 비용을 미결제한 상태로 떠났다. 그의 실험 중 한 가지가 지역 전력망을 마비시키고 콜로라도스프링스 전체를 암흑에 빠트렸을 때 발생한 비용이었다. 애스토는 테슬라가 그의 형광등 시스템과 기계적 진동발생기를 상품화하겠다는 약속을 지키지 않고 콜로라도스프링스로 떠나버린 데 화가 나서 테슬라에게 더 이상 자금을 지원하지 않으려 했다.[81] 그러자 테슬라는 조지 웨스팅하우스에게 접근해서 영국 회사로부터 받기로 한 로열티를 담보로 자금을 빌리려 했다. 웨스팅하우스는 테슬라의 무선 어쩌구 하는 말에 투자하는 데 관심이 없었지만(그리고 마르코니가 먼저 실현한 것으로 생각했다), 그에게 수천 달러를 빌려주었다.[82]

19세기가 끝날 무렵, 산업계의 거물 모건(미국 4대 은행인 JP 모건체이스 설립자—옮긴이)은 몇 가지 실존적 문제에 봉착했다. 그가 미국 철강산업에서 구축한 입지는 완벽했고 엄청난 부를 쌓았다. 그의 기업인 US스틸은 인건비를 줄이고 규모의 경제를 추구하여, 전 세계에서 최초로 10억 달러 기업이 되었다. 그렇지만 모건은 투자를 더 확대하지 못해 안달이었다.[83] 1900년 추수감사절이 지난 어느 날, 빚에 몰린 발명가와 이 철강업계의 거인은 모건의 사무실에서 은밀히 만났다. 저명한 건축가로 테슬라의 친구인 스탠퍼드 화이트(뉴욕의 워싱턴 스퀘어파크의 개선문 설계를 막 끝냈을 때다)가 모건에게 대서양 너머로 메시지를 전송할 무선 송신탑을 짓겠다는 테슬라의 계획을 말해준 것으로 보

굴리엘모 마르코니

J. P. 모건 경

인다.[84] 모건은 바다를 항해하는 증기선에 신호를 보내고 영국 여행 중에도 뉴욕 증권거래소의 주식시세를 얻을 수 있는 방법을 찾고 있었다. 테슬라는 이 재산가에게 원격 사진전송(오늘날의 텔레비전이라 할 수 있다)이나 자신이 구상하는 '전세계 전신 시스템'과 같이 모호한 계획을 판매하려 했지만, 모건은 작게 시작하고 싶어 했다. 즉, 대서양 양쪽에 송신탑 두 개를 세우는 데 10만 달러 투자를 제안했다. 그러나 애스토와 마찬가지로 모건도 마르코니의 무선 시스템이 테슬라의 것을 구식으로 만들어버릴 것 같다는 우려를 나타냈다. 테슬라는 마르코니가 하는 일은 "다른 사람들이 만들어놓은 장비를 이용해서…… 애들 장난 수준"이며 무엇보다도 상업적 가치가 없다고 반박했다. 그리고 테슬라 자신이 구상하는 시스템은 지구의 자연적 주파수를 활용하기 때문에 많은 정보를 전송하면서도 프라이버시를 완벽히 지켜줄 수 있다고 설득했다.[85]

그러나 모건은 믿지 못하고 시간을 두고 투자 문제를 생각해보겠다고 말했다. 그 후 12월 10일 테슬라는 모건에게 편지를 써서 마르코니 무선 전송 시스템의 약점과 자신의 시스템이 가지는 가치를 길게 설명했다. 사실, 이 시점까지도 테슬라는 자신이 1888년에 특허를 취득한 교류 모터 발명 주장에 대한 의심을 은근히 이용하려 했던 것으로 보이기도 한다. 테슬라가 모건에게 보낸 편지 중에는 자신의 교류 시스템 특허가 자신의 무선송신 특허보다 그 토대가 법률적으로 확고하지 못하다는 의견을 슬쩍 비친 부분도 있다. "저의 이 특허 분야는 아직 불모지라는 점을 기억해주셔야 합니다. 이 특허를 확보한다면 교류로 전력을 보내는 방법과 관련해 제가 발견하여 취득한 특허보다 더 큰 법률적 힘을 발휘할 수 있을 것입니다."[86]

모건은 테슬라에게 즉시 응답하지 않았다. 그러나 테슬라의 재정은 절박한 상황으로 내몰리고 있었기 때문에 서둘러서 1900년 크리스마스 무렵에 모건과 약속을 잡았다. 이때도 테슬라는 무선 분야가 경쟁이 치열하고 자신의 특허에는 상대적 장점이 있음을 강조했다. 테슬라가 워낙 강하게 주장하자 지친 모건은 마침내 약해져서, 대서양 너머로 무선신호를 보낼 송전탑 건설에 15만 달러를 제공했다. 반대급부로 테슬라는 모건에게 그 사업의 지배지분 51퍼센트를 주기로 했다. 하지만 그것은 함정이었다. 모건은 이 망나니 파트너가 잠잠해지길 원했던 것이다. 그는 이렇게 설명했다. "솔직히 말하자면, 나는 당신한테 좋은 인상이 들지 않아요. 당신에게는 많은 논란이 따라다니고, 허풍이 심합니다. 당신이 웨스팅하우스와 했던 거래를 제쳐두더라도, 지금까지 당신의 발명품은 어떤 이윤도 내지 못했잖소."

모건은 테슬라가 맺었던 과거의 계약들에 대해 알고 있었기에 자신이 투자하는 15만 달러가 이 용도에 한정된 것이고 테슬라가 다른 연구를 하는 데 빼돌려서는 안 된다고 강조했다.[87] 그러나 막상 계약 서류에 서명할 때가 되자 모건은 테슬라의 여러 특허(무선 송신탑에 이미 합의된 지분에 추가해서)에 대해서도 51퍼센트 지분을 요구했다. 그의 조명 시스템도 여기에 포함되었다. 물론 이와 같은 추가 계약은 테슬라전기회사에서 애스토의 지분에 영향을 주는 것이었다. 그래서 테슬라는 애스토와 접촉해서 모건과 새로 만드는 지분구조에 동의해줄 것을 요청했다. 그러나 애스토는 모호한 입장을 취하며, 테슬라가 제안하는 무선 시스템의 가장 기본이 될 특허도 확보하지 못하고 있는 데 우려를 나타냈다. 테슬라는 애스토의 모호함을 최대한 유리하게 해석하여, 그의 침묵을 찬성으로 보고 1901년 3월에 모건과 계약서에 서명했다. 테슬라는 모건으로부터 투자금을 확보하자 웨스팅하우스에 진 빚 3000달러부터 갚았다. 콜로라도에서 돌아온 이후 생활자금으로 쓴 돈이었다.[88]

워든클리프와 세계전신센터

테슬라는 모건과 계약이 성사된 후 다른 투자자도 찾아보려고 동분서주하면서도 세계전신센터를 건립하겠다는 자신의 계획을 널리 알리는 작업에 착수했다. 지구 전체에 메시지를 광속으로 전송할 수 있다는 것이었다. 그는 1901년 2월 중순 기자들에게 완벽한 무선 전송 시스템이 있다고 발표하고 연말까지는 대서양 너머로 메시지를 보낼 것이라고 자신 있게 주장했다.[89] 그리고 송신센터를 뉴저지에 짓고 수신센터를 포르투갈에 지을 것이라는 정보까지 흘려서 자신의 주장을 뒷받침하려 했다.

롱아일랜드의 변호사이자 부동산사업자인 제임스 워든은 테슬라의 계획이 진행되려면 노동자가 2000명 이상이 동원될 것으로(그리고 그들이 머물 집이 필요할 것으로) 예상하고 테슬라에게 1600개 필지로 구성된 200에이커(약 81만 제곱미터)의 토지를 제공했다. 롱아일랜드 철도의 포트제퍼슨 지선 끝에 위치한 곳으로 그가 구입해둔 토지였다. 워든은 도시의 여름 더위를 탈출하려는 부유한 뉴요커를 끌어들일 것으로 기대하고 그 구역을 워든클리프(Wardenclyffe)로 이름 붙였다. 테슬라는 모건과의 계약을 마무리 짓고 워든의 제안을 수용하여 1901년 9월에는 송신탑 건설의 첫 삽을 떴다.[90]

테슬라는 친구인 스탠퍼드 화이트에게 워든클리프의 무선기지국 설계를 맡겼다. 기지국은 벽돌 건축물 한 동 내에 약 840제곱미터 넓이의 작업공간이 있는 구조로, 거대한 탑에서 약 110미터 떨어진 곳에 위치했다. 테슬라는 거의 지하 10층 깊이의 우물을(나선형 계단이 있는) 만들고자 했다. 그리고 스탠퍼드 화이트에게 730만 제곱미터가 넘는 규모의 모델 도시를 설계하게 했다. 상점과 공공건물, 그리고 2500명이 넘는 근로자들이 거주할 주택 등이 여기에 포함되었다.[91]

스탠퍼드 화이트

테슬라는 처음에 송신탑 건설비용으로 모건에게 10만 달러를 제시했지만 이제는 필요한 자금이 45만 달러가 넘을 것으로 예상되었다.[92] 콜로라도스프링스에서의 실험에 근거한 그의 이와 같은 추정은 탑에서 전 세계에 신호를 전송할 수 있으려면 높이가 185미터가 되어야 한다는 것을 의미했다. 이것은 에펠탑 높이의 3분의 2에 해당하고 당시 미국의 어떤 건물보다 높았다. 탑 꼭대기의 반구형 말단은 지름이 약 21미터, 무게가 55톤에 달했다. 모건이 15만 달러 이상은 안 된다고 경고했는데도 9월 중순이 되자 테슬라는 이 투자자에게 추가 지원을 요청했다. 모건은 딱 잘라 거절했다. 테슬라는 송신탑을 57미터에서 중단할 수밖에 없었지만 이 높이도 80킬로미터 떨어진 롱아일랜드 해협 반대편에서 맨눈으로 볼 수 있을 정도였다.

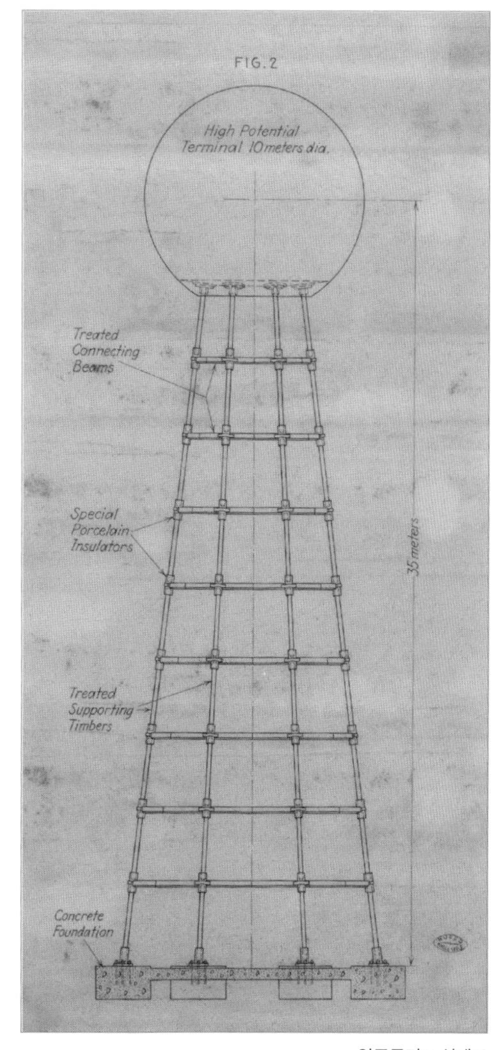

워든클리프 설계도

테슬라의 이처럼 거대한 프로젝트는 많은 사람의 주목을 받았다. 1901년 롱아일랜드를 자신의 송신탑 위치로 설정했던 마르코니는 자신의 무선 시스템을 이용해 대서양 너머로 신호 전송을 서둘렀다. 마르코니는 이 과제의 성공 가능성을 높이기 위해 영국 잉글랜드의 콘월에 송신탑을 세우기로 결정했다. 그리고 잉글랜드에 가장 가까운 북아메리카 지점인 뉴펀들랜드 세인트존스에서 띄운 연에 매달린 안테나로 신호를 받을 계획이었다. 1901년 12월 12일, 안테나에 '삐-삐-삐' 하는 신호가 잡혔다. 영어 알파벳의 'S'를 의미하는 모스 기호였다(하지만 신호가 실제로 수신되었다는 물리적 증거는 하나도 없으며, 단지 마르코니 자신과 그의 조수 조지 켐프가 이 사건을 목격했을 뿐이다). 마르코니의 무선 발신 성공 발표는 세계 유수 신문들의 지면을 장식했으며 《뉴욕타임스》는 1면에서 대문짝만하게 다루었다.[93]

테슬라가 마르코니 시스템이 상업적으로 절대 성공할 수 없을 것이라고 모건에게 강조하는 동안에도 마르코니의 시스템은 잘 작동하는 것처럼 보였고 그의 인기는 치솟았다. 테슬라는 상황을 타개하기 위해 모건에게 투자자들로부터 자본을 1000만 달러까지 확충하고 새로운 회사를 만들어 워든클리프를 최대로 확대하자고 제안했다. 새 회사에서 채권을 판매해서 모건의 초기 투자 15만 달러를 갚겠다는 약속도 했다.[94] 모건은 새 투자자들을 모으는 데는 동의했지만, 이 사업에 자신의 돈을 더 투자할 생각은 없었다. 특히, 전 세계적 무선 송신 시스템이 완성되면 이를 가동할 엄청난 양의 에너지를 생산하기 위해 롱아일랜드로 석탄 트럭이 줄지어 들어가야 할 것이라는 테슬라의 설명을 들은 후에는 더욱 고개를 저었다.

그동안 결제 청구서는 쌓여만 갔다. 테슬라는 콜로라도스프링스에서 진 빚도 아직 갚지 못한 상태였다. 그는 워든클리프에 공급할 장비 구입을 위해 웨스팅하우스에 3만 달러를 빚졌으며, 워든이 양도해준 100에이커(약 40만 제곱미터) 토지의 재산세를 지불하라는 소송까지 제기되어 있었다. 테슬라는 3만 달러 정도인 자신의 개인 재산을 팔고 포트제퍼슨 은행에서 1만 달러를 더 대출받았다.

파산과 미치광이로 전락

1903년 7월까지 테슬라는 자신의 재정상황이 최악임을 강조하며 모건의 마음을 잡기 위해 필사적으로 노력했다.[95] 그러나 모건은 자신이 투자한 지 2년 반이 지났건만 한 푼도 상환되지 않았다는 우려를 나타냈을 뿐만 아니라 이 사업에서 자신의 유일한 파트너인 테슬라가 현실감을 잃고 있다고 지적했다. 그리고 테슬라가 우여곡절 끝에 성공하더라도 전 세계에 무료 에너지를 공급한다는 테슬라의 계획대로라면 성공이 곧 모건의 파산으로 이어질 수 있었다. 존 오닐에 따르면, 월스트리트의 떠오르는 거물 버나드 바루크가 모건에게 이러한 가능성에 대해 경고했다.

"이 친구 점차 미쳐가고 있네. ……모든 사람에게 무료로 전력을 줄 생각을 하니 제정신이라 할 수 없어. 더 이상 이 친구를 지원해주면 안 될 것이야."[96]

모건은 그 지적에 동의하는 것으로 보였다.

이제, 어떻게든 도움을 얻기 위해 테슬라는 모건의 숙명적 라이벌에게 손을 뻗쳤다. 웨스팅하우스의 라이벌 제너럴일렉트릭의 사장인 찰스 코핀에서부터 제이컵 시프까지 모두 망라했다. 특히, 시프는 1901년 모건으로부터 대륙횡단철도의 재정운영권을 뺏으려 한 적도 있었다(성공하진 못했다).[97] 그러나 이 발명가의 필사적인 애원은 자신의 혁명적인 발견이 현실화되기 직전이라는 그의 주장을 거짓으로 만드는 결과를 초래했다. 여기에 더해 그가 모건과 체결한 계약 때문에 새로운 투자자는 거의 흥미를 보이지 않았다. 무엇보다도 모건은 어떤 무선 전송 시스템이라도 그 특허권에 51퍼센트의 지분을 소유하기 때문에 특허 사용을 통제할 수 있고 이윤이 생기면 아주 많은 부분을 가져가기 때문이었다.[98]

테슬라는 자금을 끌어 모으기 위해 무모한 계획까지 세웠다. 1902년에는 자신의 발명품을 과학실험실에서 사용될 작은 형태로 생산하기 위해 새로운 회사인 테슬라 전기공업사(Tesla Electric and Manufacturing Company)를 설립하고자 했다. 그러나 재력가들은 초기비용이 너무 높다는 이유로 투자를 포기했다. 자신의 유도코일 시스템을 소형으로 만들어 살균기로 상품화할 시도도 했다(코일의 높은 전압에 의한 부산물로 오존이 발생해서 공기 중 미생물을 죽인다). 그의 모국에서 자신의 명성을 이용해 자금을 모을 생각까지 했는데, 세르비아은행에서 단기 융자를 얻는 데도 실패했다.[99] 마지막으로, 이 고귀한 발명가는 떠돌이 상인처럼 자신의 지식으로 전기엔지니어링 자문을 제공하고 푼돈을 받는 지경까지 몰렸다. 친구인 로버트와 캐서린 존슨에게, 자신의 제안서를 보내볼 만한 '유명하고 영향력 있는' 사람들을 소개해달라고 부탁하

기도 했다.[100]

마침내 테슬라는 워든클리프 시설을 완성할 자금을 구하기 위해 모건에게 필사적으로 계속 매달릴 수밖에 없었다. 1903년에서 1905년 사이에 모건에게 보낸 편지들 중에는 테슬라가 자신이 "아르키메데스나 갈릴레오를 제외하면 이전의 그 누구보다 많은 발명을 했다."[101]고 주장하며 졸라대는 구절이 있다. 그는 또, 눈에 보이는 증거는 없지만 자신이 전기를 수천 킬로미터 떨어진 곳으로 무선 송전할 수 있는 완벽한 시스템을 확보했을 뿐만 아니라 자신만이 이를 실현할 역량이 있다고 주장했다.

> 나는 역사상 가장 위대한 발명을 완성했습니다. 전기에너지를 거리에 제한 없이 무선으로 전송하는 것입니다. ……사상가들이 오랫동안 찾아왔던 반석이라 할 수 있습니다. ……나는 이러한 업적을 성취할 지식과 역량을 지닌 유일한 인간이며 앞으로 100년 동안은 지구상의 어느 누구도 나의 경지에 이를 수 없을 것입니다.[102]

테슬라의 그런 노력에도 불구하고 모건은 꿈쩍도 하지 않았다. 그의 철강산업 독점을 해체하려는 의회에 대응하느라 테슬라의 애원에 귀를 기울여줄 여유도 없었다.

물질적 정신적으로 타격을 받은 테슬라는 1905년 가을에 콜레라에 걸린 데 이어

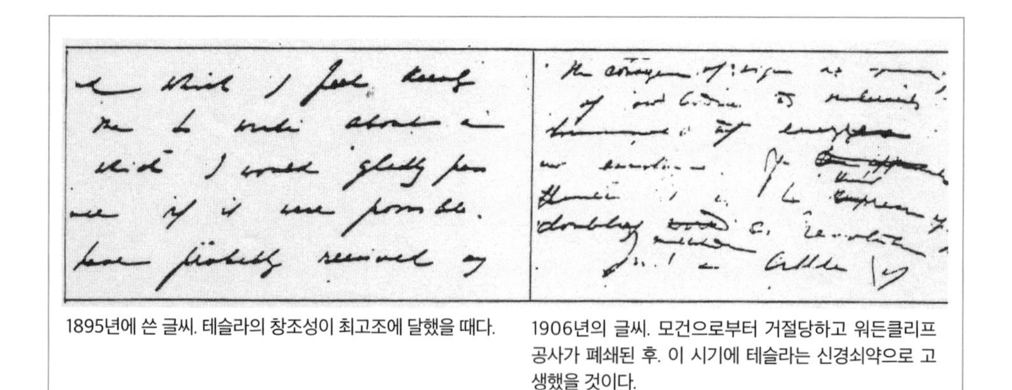

1895년에 쓴 글씨. 테슬라의 창조성이 최고조에 달했을 때다.

1906년의 글씨. 모건으로부터 거절당하고 워든클리프 공사가 폐쇄된 후. 이 시기에 테슬라는 신경쇠약으로 고생했을 것이다.

1905년 전후의 테슬라 손글씨 비교

서 신경쇠약으로 고생했다. 그의 기이한 행동과 각종 흠결은 더욱 눈에 띄었다. 손으로 쓴 글씨는 알아보기 힘들었고 그가 쓰는 글의 주제는(읽을 수 있을 때라도) 혼란스러웠다. 발명도 거의 바닥났다.[103] 1905년 말부터 1909년까지 특허신청이 단 한 건도 없었다.

하지만 이렇게 혼란된 시기에 테슬라는 자신의 가장 뛰어난(그리고 가장 알려지지 않은) 몇 가지 발명을 구상했으니 아이러니라 할 수 있다. 1909년 그의 특허 가뭄이 마침내 끝났다. 날개가 없는 터빈과 펌프에 대한 특허를 신청했는데, 액체가 표면에 접착하며 움직이는 경향('경계층 효과')을 이용해 회전축에 부착된 디스크를 회전시키는 구조였다. 이러한 '테슬라 터빈'이 당시에는 상업적으로 성공하지 못했는데, 이미 널리 이용되고 있던 날개 달린 터빈 구조와 경쟁해야 했던 것이 가장 큰 이유였다. 게다가 그 작동 효율성이 너무 높아서 말 그대로 금속을 비틀 정도의 높은 회전속도로 디스크를 돌렸다. 말하자면, 테슬라 터빈은 당시에 이용되던 재료에 비해 너무 잘 작동했던 것이다.

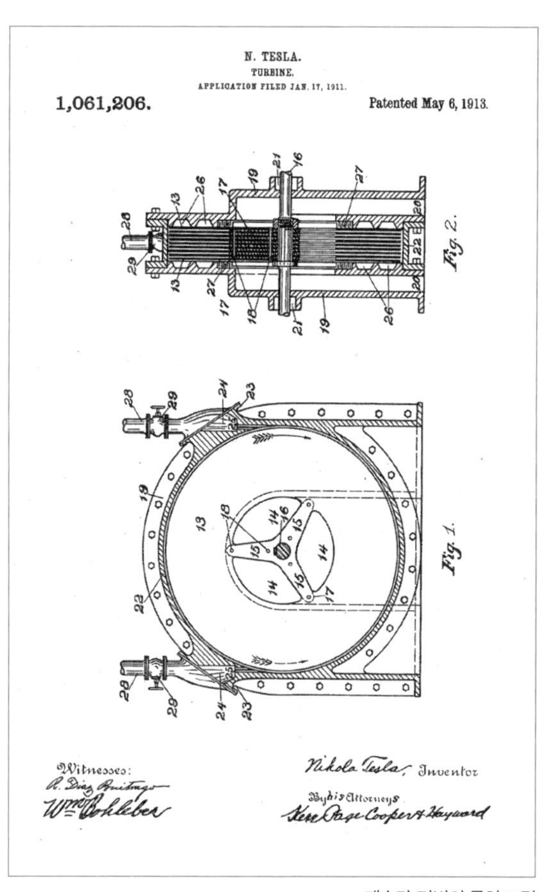

테슬라 터빈의 특허 그림

그럼에도 테슬라는 자신의 터빈이 작동할 수 있다고 확신하여 1909년 앨라배마의 광산주인 조지프 해들리와 함께 테슬라 터빈회사(Tesla Propulsion

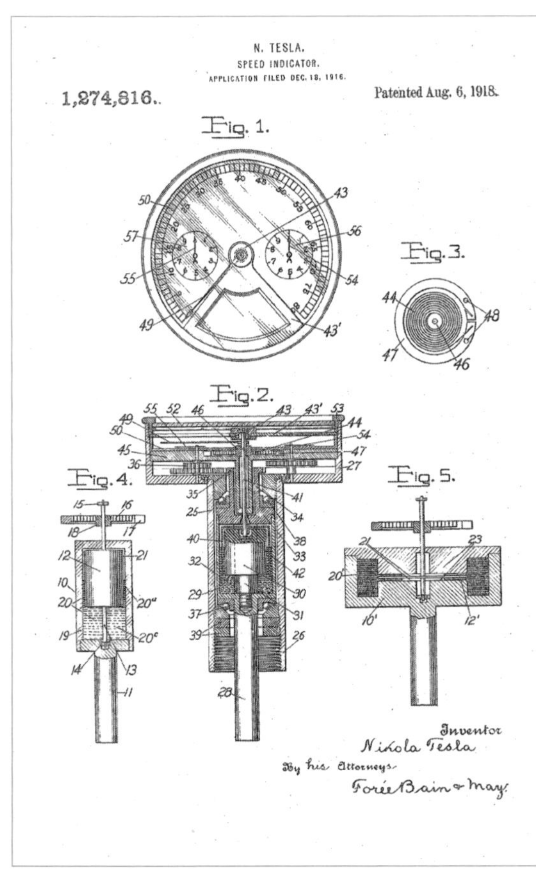

테슬라 속도계

Company)를 설립하고, 당시 세계에서 제일 높은 빌딩 '메트로폴리탄 라이프타워'에 사무실까지 빌렸다.[104] 과거 거래에 문제가 있었는데 테슬라는 자금을 얻기 위해 또 애스토에게 손을 벌렸다. 그러나 이 백만장자는 거절했고, 그로부터 몇 년이 지난 1912년 타이타닉호가 처녀 출항에서 북대서양 바닷속으로 가라앉을 때 다른 1500명과 함께 익사했다. 테슬라는 모건에게 한 번 더 매달려보려 했다. 그러나 이 재력가도 의회의 공격에 시달리다가 1913년 갑자기 사망한다. 모건의 장례식이 끝나고 두 달 후 테슬라는 J. P. 모건 회사의 새 주인이 된 그의 아들 모건 주니어('잭'이라 불렀다)에게 접근했다. 잭은 테슬라의 혁신적 디자인에 흥미를 가졌지만 테슬라의 전력이 워낙 실망스러웠기에 위험을 무릅쓰며 많은 투자를 할 생각이 없었다. 잭은 2만 달러를 빌려주었다. 그러자 테슬라는 즉시 이 돈을 자신의 회사를 좀 더 고급스러운 울워스 빌딩으로 이사하는 데 써버렸다(이 빌딩이 준공된 1913년에는 메트로폴리탄 타워보다 더 높았다).[105]

이렇게 최후로 자금을 끌어 모았음에도 테슬라는 또다시 빈털터리가 되어 컨설팅 서비스를 해주면서 최근에 설립한 회사를 겨우겨우 유지했다. 사무실도 고급스러운 울워스 빌딩에서 좀 더 싼 곳으로 옮겼는데, 새로 세운 뉴욕 공공도서관 빌딩에서 가까운 브라이언트 공원 바로 옆의 건물이었다. 그러나 시청에서 그에게 체납한 세금을 독촉하자, 테슬라의 열악한 재정 상황이 전부 공개되었다. 그는 많은 특허를 보유하고 자신의 교류 전력 시스템이 상업적으로 성공했지만 한 달에 대략 300~400 달러의 수입밖에 없었다(2014년 기준으로 약 7500~8500달러). 이것으로는 회사의 경비지출도 감당하기 어려울 뿐만 아니라 수십 명의 채권자들에게 지불하는 건 더더욱 어림없었다. 테슬라는 당시 자신이 빚더미 속에서 살았다고 말한다. 월도프-애스토리아에 있는 객실 요금 비용도 몇 년째 밀려 있었다.[106] 결국 법원은 이 발명가의 파산을 선고하고 그의 재정을 관리할 파산관리인을 지명했다.

테슬라가 워든클리프의 실패와 연이은 재정 파탄이 초래한 정신적 충격에서 끝내 완전히 벗어나지 못했다고 말하는 역사가도 있다.[107] 사실, 이 발명가는 약간 은둔형이 되어 대부분의 시간을 유체역학 분야에 쏟았다. 테슬라는 초기에 했던 그의 전기 분야 작업과는 달리 작은 개선에도 특허를 신청했는데, 분수나 수족관 설계, 들어붙거나 끈적거리는 기체의 특성을 이용하는 여러 가지 속도계, 그리고 피뢰침의 새 형태까지 포함되었다.

그는 거의 얼굴을 보이지 않으면서, 미친 과학자의 이미지에 맞게 살았다. 화성인으로부터 메시지를 받았다고 주장할 때부터 그에게 각인된 이미지였다. 1917년 그는 브라이언트 공원 밖 엔지니어클럽에서 개최한 연회에서 미국전기엔지니어협회(AIEE)가 주는 에디슨 메달을 받았다. 그러나 공식적인 축하연이 시작되자 테슬라는 어디에서도 보이지 않았고 그를 찾느라 소동이 벌어졌다. 마침내 웨스팅하우스 소속의 한 원로 엔지니어가 공원에서 비둘기 모이 주기에 열중하던 이 괴팍한 발명가를 찾았다.[108]

세계대전, 죽음의 광선, 그리고 비둘기 사랑

1914년 여름이 절정일 때, 오스트리아-헝가리 합병제국의 황태자 프란츠 페르디난트 대공이 유고슬라비아 민족주의자에게 암살당하는 사건이 발생했다. 이를 계기로, 천년을 넘는 세월 동안 유럽을 괴롭힌 제국주의적 침략을 멈추기 위해 결성되었던 두 국제연맹이 전 세계를 급속히 세계전쟁의 소용돌이에 밀어 넣었다. 몇 주 만에 유럽 모든 국가가 이 두 집단 중 어느 한쪽과 연합하여 상대방에게 전쟁을 선포했다. 영국은 독일에 선전포고하고 동시에 두 나라를 연결하던 해저 전신선을 모두 차단했다. 미국의 전신선은 영국과 독일 사이의 해저 연결망에 의존해 있었으므로 독일과 미국 사이에 유일하게 남은 원거리 커뮤니케이션 연결은 무선전파기지국이 전적으로 담당하게 되었다. 그러나 롱아일랜드와 뉴저지 해안을 따라 세워진 이 시설은 독일이 지배하는 회사의 소유였다.

독일 황제 카이저 빌헬름 2세는 영국의 전파 독점을 분쇄하고자 전쟁 전부터 독일의 전파 관련 사업을 한 회사로 통합시켜서, '텔레풍켄 원격전송 시스템 회사(Gesellschaft fur drahtlose Telegraphie System Telefunken)'라는 전형적인 독일식 긴 이름의 무선전신회사를 설립했다(간단히 줄여서 '텔레풍켄'이라 부른다).[109] 영국은 미국과의 전파 연결망을 독일이 통제할 때 생길 위험을 인식하고 마르코니의 미국 법인에 텔레풍켄을 상대로 특허침해 소송을 제기하게 했다. 텔레풍켄 또한 이 특허소송의 결과가 미칠 중요성을 알고 곧바로 미국 정상급 물리학자들을 채용해서 전문가 증인으로 활용했다. 이들 중에 테슬라도 포함되어 있었다. 테슬라는 텔레풍켄에 월 1000달러를 받고 고용되어 법률적 대응을 맡았다. 마르코니의 전파 특허는 사기일 뿐이라는 주장을 지지하는 역할이었다. 테슬라는 독일의 속셈을 알고 난 다음에야 마르코니에 대항해 자신의 특허 침해 소송을 제기하게 된다.[110]

그러나 1917년 4월 마르코니를 상대로 한 소송은 미국이 공식적으로 전쟁에 개입하고 해군이 급히 모든 전파기지국을 접수함(영국 소유 기지국도 포함해)에 따라 흐지부지되었다.[111] 우드로 윌슨 대통령은 미군이 법적인 규제 없이 기술혁신을 추구할 수 있도록 전쟁 기간 동안 모든 특허소송을 연기시켰다. 그래서 테슬라는 기다려야만 했다. 안타깝게도 전쟁이 끝날 무렵, 의회는 미국 특허가 보장하는 어떤 발명이든 정

부가 사용할 때 특허료의 지출을 승인했지만, 테슬라의 전파 특허는 이미 효력이 없어진 상태였다.[112]

그뿐만이 아니라 테슬라는 1912년부터 미국 해군이 자신의 전파특허를 사용하도록 암묵적으로 허가해주었다.[113] 테슬라는 해군이 전쟁 준비를 위해 그의 설계를 활용해 만든 장비의 가치가 1000만 달러는 될 것이라고 주장했다. 그러나 전쟁 중 모든 특허소송을 연기하는 바람에 테슬라가 해군에 비용을 요구할 수단은 거의 없었다. 엎친 데 덮친 격으로, 그 장비는 미사일 시스템 검증에 사용되었기 때문에 많은 부분이 비밀로 진행되고 법률소송도 거의 불가능했다.[114] 고약해진 상황과 타이밍으로 테슬라는 또다시 행운을 놓치고 말았다.

1917년의 어느 때, 월도프-애스토리아 호텔의 여급이 무더기로 쌓인 비둘기 똥과 역한 냄새를 계속 지적하자, 테슬라는 15년 동안 자신이 고향으로 생각하던 호텔 객실에서 쫓겨났다. 호텔에서 나갈 때 그동안의 임대료와 룸서비스 비용으로 1만9000달러(지금은 50만 달러) 청구서가 손에 쥐어졌다. (테슬라는 1904년, 워든클리프의 재산을 호텔 소유주 조지 볼트에게 담보로 제공하고 쫓겨나는 것을 모면했다. 건설하던 송신탑은 고철덩어리로 팔려 테슬라의 빚 일부를 변제했다. 1921년 법원은 워든클리프의 남은 재산으로 테슬라를 거의 16년 동안 먹이고 재워준 월도프-애스토리아 호텔 비용 지불에 보태도록 중재 판결을 내렸다. 볼트는 워든클리프 시설을 월트 존슨에게 매각했고 그는 이것을 사진인화 회사에 대여해주었다. 그 회사가 문을 닫은 다음에는 뉴욕 환경보존과에서 시설 내에 축적된 은과 카드뮴 폐기물을 수년에 걸쳐 제거하는 작업을 했다. 2009년 뉴욕주는 그 시설을 165만 달러에 매물로 내놓았고, 2013년에 그 위치에 테슬라박물관을 지을 의도를 가진 비영리 조직에 팔렸는데 가격은 공개되지 않았다.)

거의 빈털터리가 된 이 발명가는 빚에서 탈출하기 위해 다시 컨설팅에 나섰다. 자신의 논문과 얼마 안 되는 소유물을 지니고 시카고로 떠났다. 파일 내셔널(Pyle National)과 싸우기 위해서였는데, 이 회사는 오늘날에도 전기스위치를 전 세계에서 가장 많이 공급하는 회사들 중 하나다. 그러나 출발에 앞서 잭 모건(그에게 아직 2만5000달러의 빚이 있었다)에게 편지를 보내 '잠수함의 위협에 대처하는 효과적인 수단'

이 될 발명에서 이윤을 올려 그의 빚을 갚을 것이라 장담했다. 그래서 많은 사람은 테슬라가 장거리 레이더를 완성했을 것이라고 추측하게 되었다.[115]

1917년부터 1926년 사이, 테슬라는 이곳저곳에 컨설팅을 해주며 살았는데 시카고에서 밀워키로, 보스턴으로, 필라델피아로 떠돌았다.[116] 그러나 테슬라가 모건에게 약속한 돈벼락은 감감무소식이었다. 전쟁의 와중에 워싱턴은 새로운 전쟁기술을 개발하기 위해 에디슨에게 도움을 청했고, 그를 해군자문위원회 수장으로 앉혔다. 에디슨(둘도 없는 영리추구자이다) 스스로 1915년부터 해군장관 대니얼스에게 자신을 추천해서 얻은 자리였다. 전쟁 기간 내내, 테슬라의 머리에는 기발한 전쟁무기가 떠올라 이를 대중 언론에 실었다. 《뉴욕타임스》에 게재된 장거리 살인광선도 그중 하나였다(우연이겠지만 그 신문은 테슬라가 1915년 노벨물리학상 수상자라고 잘못 보도했다).[117]

꿈과 죽음, 그리고 그 후의 명예

제1차 세계대전이 끝날 무렵, 새로 등장한 소련의 지도자 블라디미르 레닌이 테슬라에게 접근했는데, 표면적으로는 러시아 전역에 전력을 공급하기 위해 테슬라의 무선 전송 시스템을 채택하겠다는 것이었다(레닌은 이것이 공산주의가 성공하는 데 필수라고 생각했다). 그 혁명가에게는 돈이 거의 없었지만 레닌은 테슬라에게 '몇 트럭에 실을 정도로 많은 금'을 약속했다. 혁명으로 국유화한 재산이었다. 그러나 테슬라는 미국이 자신의 발명을 이용하는 것을 먼저 보고 싶다고 말하며 거절했다.[118] 개인파산을 맞고 빚은 쌓였지만 테슬라는 미국 내의 자본주의 사업가가 자신의 발명을 채택해 결국은 열매를 맺을 것이라 여전히 확신했다. 전 세계 전신 시스템의 꿈도 여기에 포함되었다.

전쟁 후 테슬라는 거의 외톨이였지만, 언론과 인터뷰를 계속하며, 새로운 아이디어와 미래의 비전을 제시했는데, 그중 일부는 당시의 과학을 훨씬 앞서 갔다. 예를 들어, 1917년《실험전기》에 게재한 기사에서 그는 배에 부딪쳐 반사되는 강력한 전

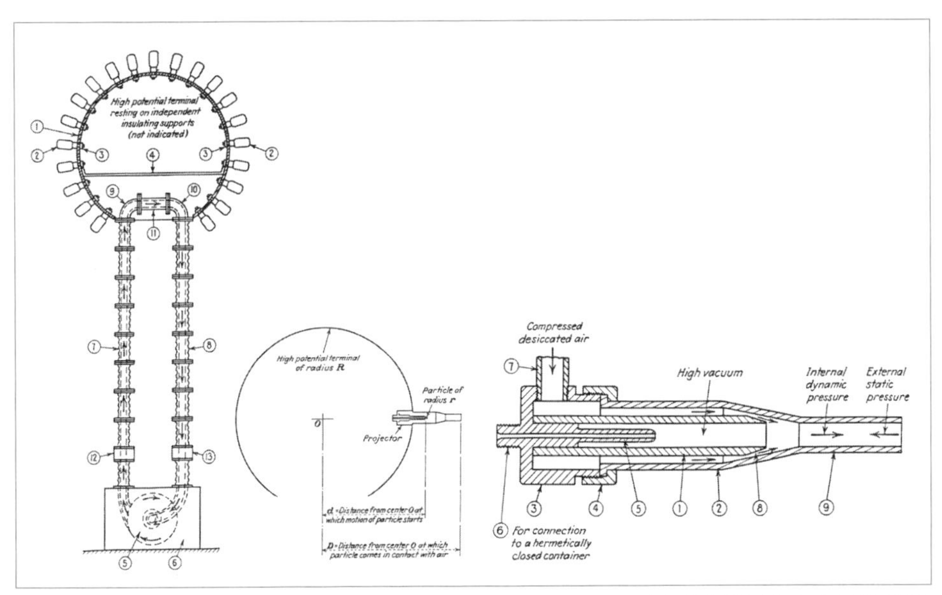

테슬라가 제안한 입자 빔 무기의 개략도

자기 에너지파를 이용해 바다 위의 배를 확인하고 이를 형광 스크린에 투영하는 시스템에 대해 설명했다.[119] 그래서 많은 사람은 그가 마이크로파 전송을 이용하는 레이더를 예측했다고(발명하지는 않았더라도) 생각한다.[120]

1934년 테슬라는 《뉴욕타임스》와의 인터뷰에서 "400킬로미터 떨어진 곳에서 강력한 에너지의 농축된 입자 빔을 공기 중으로 발사하여 1만 대의 적군 비행기를 격추할" 무기를 개발하여 검증했다고 호언했다.[121] 테슬라가 그런 무기를 개발했다는 확실한 증거는 없지만, 1984년 테슬라 추종자들은 (나중에 테슬라 자신이 쓴 것으로 확인된) 논문을 회람하기 시작했다. 테슬라가 미세한 텅스텐 입자를 빛의 속도에 가깝게 발사하는 방법을 개략적으로 기술한 문헌이다. 그 무기가 광선 대신 가속된 입자를 이용한다는 점을 지적하며 테슬라는 "나의 이런 발명은 이른바 '죽음의 광선'을 의도한 것이 아니다."라고 적었다.[122]

테슬라는 이와 같은 아이디어를 상업적으로 연결할 생각을 하지 못했으며 자신의 과거 발명을 침해하여 얻은 이익에 대해 권리를 주장하며 소송을 제기했을 때도

THE ELECTRICAL EXPERIMENTER

H. GERNSBACK EDITOR
H. W. SECOR ASSOCIATE EDITOR

Vol. V. Whole No. 52 August, 1917 Number 4

Tesla's Views on Electricity and the War

By H. WINFIELD SECOR

Exclusive Interview to THE ELECTRICAL EXPERIMENTER

NIKOLA TESLA, one of the greatest of living electrical engineers and recipient of the seventh "Edison" medal, has evolved several unique and far-reaching ideas which if developed and practically applied should help to partially, if not totally, solve the much discust submarine menace and to provide a means whereby the enemy's powder and shell magazines may be exploded at a distance of several miles.

There have been numerous stories bruited about by more or less irresponsible self-styled experts that certain American inventors, including Dr. Tesla, had invented among other things an *electric ray* to destroy or detect a submarine under water at a considerable distance. Mr. Tesla very courteously granted the writer an interview and some of his ideas on electricity's possible rôle in helping to end the great world-war are herein given:

The all-absorbing topic of daily conversation at the present time is of course the "U-boat." Therefore, I made that subject my opening shot.

"Well," said Dr. Tesla, "I have several distinct ideas regarding the subjugation of the submarine. But lest we forget, let us not underestimate the efficiency of the means available for carrying on submarine warfare. We may use microphones to detect the submarine, but on the other hand the submarine commander may employ microphones to locate a ship and even torpedo it by the range thus found, without ever showing his periscope above water.

"Many years ago while serving in the capacity of chief electrician for an electric plant situated on the river Seine, in France, I had occasion to require for certain testing purposes an extremely sensitive galvanometer. In those days the quartz fiber was an unknown quantity—and I, by becoming specially adept, managed to produce an extremely fine cocoon fiber for the galvanometer suspension. Further, the galvanometer proved very sensitive for the location in which it was to be used; so a special cement base was sunk in the ground and by using a lead sub-base suspended on springs all mechanical shock and vibration effects were finally gotten rid of.

"As a matter of actual personal experience," said Dr. Tesla, "it became a fact that the small iron-hull steam mail-packets (ships) plying up and down the river Seine

Nikola Tesla, the Famous Electric Inventor, Has Proposed Three Different Electrical Schemes for Locating Submerged Submarines. The Reflected Electric Ray Method Is Illustrated Above; the High-Frequency Invisible Electric Ray, When Reflected by a Submarine Hull, Causes Phosphorescent Screens on Another or Even the Same Ship to Glow, Giving Warning That the U-boats Are Near.

229

테슬라가 제안한 레이더 시스템을 게재한《실험전기》기사

무척 수척해 보이는 1933년의 테슬라(1933)

테슬라가 아끼던 비둘기 '화이트 도브'

돌아온 것은 재정적 파탄뿐이었다. 1925년 테슬라의 특허변호사 호킨스조차도 받지 못한 소송비용 900달러를 받아내기 위해 테슬라를 법정에 세워야 했다.

웨스팅하우스사는 이제 70세에 가까운 발명가가 궁핍의 나락으로 빠지는 것을(그리고 곧 노숙자로 전락하는 것을) 막기 위해 소리 소문 없이 '컨설팅 엔지니어'로 채용하고 매달 125달러의 연금을 제공했다.[123] 테슬라는 이 푼돈을 모아 뉴요커 호텔의 스위트룸을 임대했고 그곳에서 죽을 때까지 머물렀다.[124] (이 와중에도 그는 맨해튼 스토리지에 맡긴 수년간의 물품 보관비용 297달러를 지불하지 않아서 그 회사로부터 개인물품을 경매로 넘긴다는 통보를 받았다. 미국 주재 유고슬라비아 대사로 부임한 그의 조카가 빚을 대신 갚은 것으로 보인다).[125]

테슬라는 익힌 채소만 먹고, 사람을 만날 때도 최소한 3미터 이상의 거리를 유지하는 등 신체 건강관리에 큰 노력을 기울였지만, 75세 생일을 지나고부터 건강이 급

테슬라의 관을 나르는 운구자들

속히 나빠졌다. 1937년 어느 날, 그는 택시에 부딪치는 사고를 당했지만 치료받기를 거부했다. 1942년에 와서는 거의 누워서만 지내야 했고 정신은 차츰 흐려졌다. 하지만 이렇게 스러져 가는 노년에도 테슬라는 동료들에게 소식을 전하는 등의 노력을 했다.[126]

테슬라는 어느 날 밤 침대에 누워 있는데, 자신이 아끼는 '화이트 도브'라는 이름의 암컷 비둘기(테슬라는 자신이 시내의 어디에 있어도 그 비둘기가 찾아온다고 주장했다)가 뉴요커 호텔에 있는 자신의 방 창문으로 날아 들어왔다고 이야기했다.[127] 테슬라의 말에 따르면 '강력한 빛줄기'가 비둘기의 눈에서 쏟아져 나오더니 서서히 사라졌다고 한다. 테슬라는 비둘기의 죽음이 자신의 삶이 끝났음을 암시하는 것이라 믿었다.[128] 몇 달 후 이 발명가는 잠을 자면서 심장마비로 영욕의 세상을 떠났다.[129] 그의 나이 87세였다.

뉴욕 웨스트사이드 위쪽에 위치한 성 요한 장례식장에서 거행된 그의 장례식에는 수천 명이 운집했다. 루스벨트 대통령과 엘리너 영부인은 애도문을 보내왔다. 테슬라가 사망한 그날 밤, 대통령은 제2차 세계대전에서 연합군의 승리를 예견하는 연두교서를 발표했다. 피오렐로 라가디아 시장은 라디오 방송에서 이 발명가의 공헌을 찬양하며(뉴욕 테슬라기념회 온라인에서 볼 수 있다), 테슬라가 궁핍 속에서 떠났지만 '타고난 천재'이며 '역사상 누구보다 더 유용하고 성공적인 사람'이라 평했다.[130] 《뉴욕 선*New York Sun*》에서는 사설로, "그의 예견은 놀랄 만큼 자주 들어맞았다."고 주장하고, 전 세계가 "지금으로부터 수백만 년" 내에, 이 발명가의 "탁월한 지능"에 감사를 보낼 것이라고 전망했다.[131] 그러나 지난 몇 년 동안에 있었던 거의 신격화에 가까운 테슬라 찬양은 몇백만 년이 걸릴 것이라는 《뉴욕 선》의 전망이 틀렸음을 말해주는 것일지도 모른다. 테슬라의 삶은 끝났지만 그의 전설은 아직 풀리지 않고 있다.

대중 강연 자리에서 몇 가지 전기적 묘기를 보여주는 테슬라 모습을 찍은 희귀한 사진

우리는 자신에게 혹은 남에게 "모르면 가만히 있어라."는 충고로 오히려 피해를 주곤 했습니다.

"만물박사치고 뭐 하나 제대로 하는 사람 없다."고 말하면 안 됩니다.

사람이라면 다른 사람이 했던 일을 시도해볼 수 있습니다.

전기에 대해서도 아는 것 이상으로 깊이 이해하려 하지 않습니다.

-마야 안젤루, 《애리조나 리퍼블릭》 2015년 1월 12일

3
전기 이해하기

발전소에서 어떻게 전기를 생산하고 또 가정이나 사무실의 콘센트까지 와서 우리가 이용하게 되는지 깊이 생각해보는 사람은 거의 없다. 그리고 많은 사람이 이것을 모르고 살아도 괘념치 않는다. 우리는 대부분 저항, 전도, 전압, 전류 등의 단어에 별 관심이 없다. 전기공학을 전공하는 학생이 아니라면 그래도 상관없다. 복잡한 전기공학을 자세히 알지 못하면서도 테슬라의 발견을 찬양하면서 그를 신격화할 수도 있지만, 전기에 대해 그리고 그 송전 방법에 대해 기초적 지식을 갖추면 전기 혁신의 역사에 테슬라가 실제로 어떤 기여를 했는지 이해하는 데 많은 도움이 될 것이다.

전기의 정체

아인슈타인은 "세상의 모든 것은 진동이다."라고 했다. 전기에 대해서도 이렇게 생각할 수 있다. (테슬라가 생각한 전기도 마찬가지일 것이다. 테슬라도 이와 비슷한 말을 했다. "우주의 비밀을 알고 싶다면, 에너지와 주파수, 그리고 진동을 생각하세요." 그리고 테슬라는 일생 동안 양자역학의 개념을 배척하면서, 에너지가 전도를 통해 이동하는 것으로 믿었다. 즉 보이지 않는 '에테르'라는 물질 속을 전하를 띤 파동이 퍼져나가는 방식이다.) 기본적으로 전기는 전도체(예를 들어, 전선 같은)를 따라 전하가 전달되는 것이다. 본질적으로는 움직이는 진동, 즉 파동의 한 종류다. 파이프 속을 흘러가는 물처럼 각각의 전자들이 전선을 따라 지나가는 것이 전하라고 생각하면 쉽다. 그러나 이 개념은 정확하지 않다. 파도는 엄청난 양의 에너지가 바다를 통해 이동하는 진동이지만 실제로 엄청난 양의 물이 이동하지는 않듯이, 전기적 흐름, 즉 전류는 전자 그 자체가 한 장소에서 다른 장소로 이동하는 것이 아니다. 전하의 흐름으로 보이는 것은 한 전자에서 다른 전자로 일종의 진동처럼 이동하면서 전자들(그리고 전기를 띤 다른 입자들) 속을 지나가는 에너지의 임펄스다(대부분의 사람이 전기를 전자가 움직이는 것이라 생각하지만, 양성자나 이온, 즉 양성자와 전자의 수가 불균형 상태인 분자 등의 다른 입자도 전하를 운반할 수 있다). 그렇지만 대부분의 사람은 전류를 전자 각각이 한 장소에서 다른 장소로 흘러간다고 생각한다.

전기를 잘 이해하려면 물질의 기본 성질을 파악할 필요가 있다. 간단히 설명하면, 물질은 질량이 있는 어떤 것으로, 수 조의 수 조 배나 되는 원자로 구성된 지구에서부터 원자 자체를 구성하는 미세입자까지 다양하다. 원자보다 작은 미세입자나 우주에서 가장 큰 은하나 모든 물질에 공통되는 한 가지는, 측정 가능한 물리적 특성을 이용해서 그 존재의 다양한 상태를 표현할 수 있다는 것이다. 예를 들어, 밀도 개념은 물질의 물리적 특성을 설명하며, 색깔도 그러한 특성이다. 그러나 전하는 또 다른 개념이다.

전하는 그 물질이 전자기장에 노출될 때 반응하는 방식을 결정한다. 전하는 양전하와 음전하의 두 가지 형태가 있다. 우리는 관찰을 통해, 양전하를 가진 물질은 역시 양전하를 가진 다른 물질을 밀어내는 반면 음전하를 가진 물질은 끌어당기는 것을 알고 있다. 역으로 음전하를 띤 물질은 다른 음전하 물질을 밀어내고 양전하 물질은 끌어당긴다. 즉, 반대 극끼리 끌어당긴다. 간단하면서도 충분한 설명이다.

그러나 물질이 어떻게 전하를 가지며, 어떻게 전하가 물질 속으로 혹은 물질 위로, 주위로 흘러가는지를 생각하면 좀 더 복잡해진다. 테슬라의 업적으로 간주되는 여러 가지 발명 혹은 혁신이 혁명적인 이유를 이해하려면 먼저 전기화학적 에너지와 전자기적 에너지의 차이 그리고 직류와 교류의 차이에 대해 알아야 한다.

전기의 발견: 정전기와 전기화학적 에너지

조지 웨스팅하우스와 토머스 에디슨이 그 유명한 '전류전쟁'을 벌이기 오래전부터 사람들은 어떤 물고기에 손을 대면 쇼크가 일어난다는 사실을 잘 알고 있었다. 그리스로마 사람들은 그와 같은 전기물고기의 쇼크를 일종의 국소마취제로 이용했다. 지중해 연안의 고대인은 이러한 감각이 호박(琥珀) 막대를 고양이털로 문지른 다음에 접촉했을 때 생길 수 있는 쇼크와 관계가 있다는 사실을 알았다. 이런 현상은 기원전 600년경 그리스 7현인(賢人) 중의 한 명인 탈레스가 처음으로 체계적으로 관찰했다. 문지른 호박은 마치 자석돌(자철석)처럼 사람 머리칼이나 닭의 깃털 등을 끌어당기는 성질이 있기 때문에, 탈레스는 호박에 깃털을 문지르면 자석이 되는 것으로 잘못 생각했다.

탈레스가 관찰한 것은 자기력이 아니고 물질 표면에 생긴 전하의 불균형으로, 오늘날 우리가 정전기로 알고 있는 것이다. 대부분의 물질은 전기적으로 중성인데, 양전하를 띤 양성자와 음전하를 띤 전자의 수가 동일하기 때문이다. 그러나 어떤 물질은 전자를 단단히 붙잡고 있는 반면 어떤 물질은 그렇지 않다. 사실 전자를 거의 붙잡지 않는 물질도 있다. 전자를 단단히 붙잡은 물질에 이러한 물질을 문지르면 느슨하게 붙잡은 물질이 전자를 놓아버린다. 이렇게 해서 전하의 불균형이 생기는데, 한 물질은 전자를 잃고(따라서 양전하를 띠게 된다), 다른 물질은 전자를 얻는다(음전하를 띠게 된다). 그리고 이 두 물질을 떼어내도 이와 같은 불균형은 유지된다.

탈레스

자연은 균형을 이루려 하기 때문에 전하를 가진 물질은 특징적인 방식으로 행동한다. 예를 들어, 전자 수가 더 많은(음전하를 가진) 물질은 전자 수가 부

프랭클린이 연을 이용해 역사적인 실험을 하는 그림

족한(양전하를 가진) 물질 쪽으로 다가간다고 하자. 자연은 이 물질들이 전자를 공유하도록 만든다. 그 결과로 끌어당기는 힘이 생기는데, 섬유연화제 판매 사업자가 '달라붙는다'고 말하는 것으로 정확하게는 정전기 전하, 즉 '정전하(靜電荷)'를 의미한다. 전자가 한 물질에서 다른 물질로 옮겨가는 '정전하 방전'은 스파크 혹은 쇼크를 일으킨다. 벤저민 프랭클린은 번개의 본질을 거대 규모로 일어나는 전하 방전이라고 추론했는데, 이런 생각에서 금속 열쇠를 물로 적신 연줄에 연결하여(매우 위험한 행동이었다) 뇌우 속으로 날린 실험은 유명하다. (전해오는 이야기와는 달리, 그의 아들이 연을 날리고, 그동안 프랭클린은 헛간으로 들어가 연줄의 반대쪽 끝에 부착된 라이덴 병(전하를 축적하는 데 이용하는 원시적 장치)을 관찰했다고도 한다. 번개가 직접 연을 때렸을 가능성은 거의 없다. 그랬으면 전기 쇼크가 프랭클린과 아들의 목숨을 앗아갔을 것이기 때문이다. 그러나 번개를 직접 맞지 않더라도 연줄과 거기에 부착된 열쇠는 전하를 끌어 모아 전하를 띠게 되고, 이로 인해 아버지 프랭클린이 손을 열쇠에 가까이 했을 때 작은 쇼크를 느꼈다고 말했을 것이다.) 그의 생각은 옳았다.

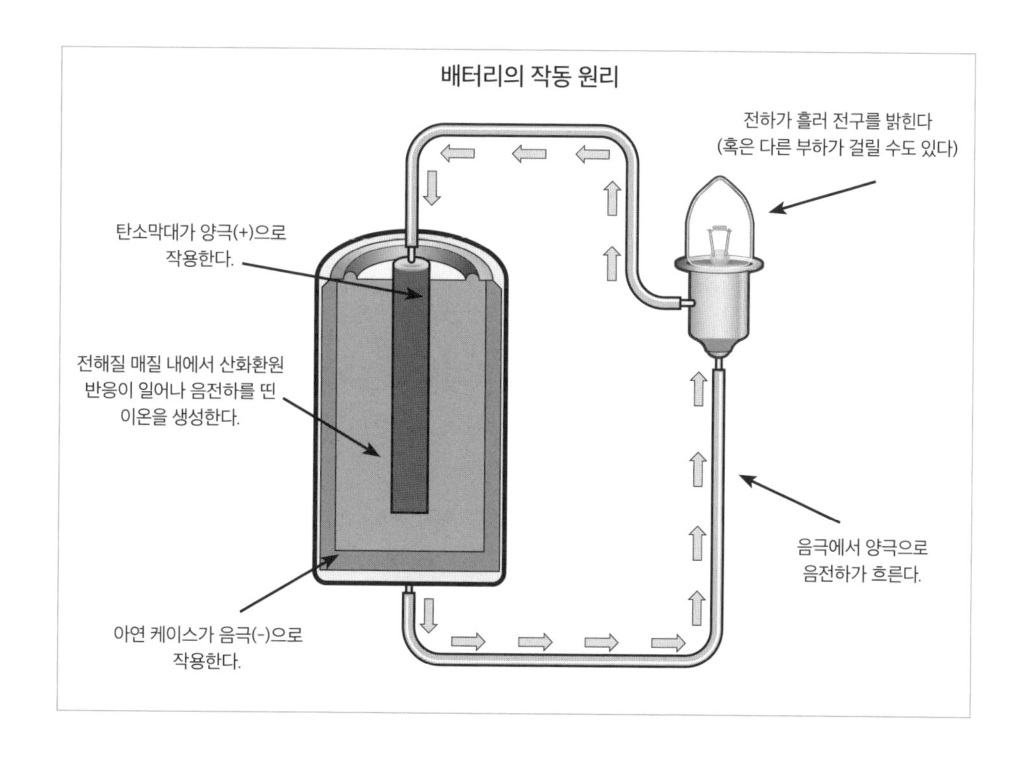

정전기 방전은 물질의 표면뿐만 아니라 물질 내부에서도 일어나는데, 산화-환원 반응이라 부르는 전기화학적 작용이다. 이상한 용어처럼 생각할 수 있지만 물질이 전자를 얻는 과정이 '환원'이며, 전자를 잃는 과정을 '산화'라 부른다(사실, 이 과정에 산소는 전혀 개입하지 않는다). 처음 들을 때는 뭔가 바뀐 것 같은 느낌이다. 전기를 공부하는 학생들은 헷갈리지 않게 다음과 같이 기억한다 즉, '산잃환득(산화는 잃고 환원은 얻는다)'과 같은 식이다. 산화와 환원은 언제나 함께 일어난다. 한 물질이 전자를 잃으면(산화), 다른 물질은 전자를 얻는다(환원). 그래서 '산화-환원'이라 붙여서 부른다. 모든 물질은 서로를 문지를 때 정전기를 갖게 되듯이 물질들을 서로 가까이 하는 것만으로 산화환원이 저절로 일어날 수 있다. 사실, 대부분의 배터리는 이와 같은 자연적 산화환원 반응으로 전기에너지를 발생한다.

고대의 전기화학: 바그다드 배터리

1938년, 나치 독일은 체코슬로바키아 침공을 계획하면서 고고학자 빌헬름 쾨니히를 이라크의 바그다드 박물관 관장으로 임명했다. 쾨니히는 박물관 주변을 발굴하면서 특이한 몇 가지 장치를 발견했는데, 쇠막대를 둘러싼 구리 원통이 약 13센티미터 길이의 진흙 항아리에 들어 있었다. 이 장치는 바그다드 인근의 '쿠주 라부'라는 마을에서 수집한 것으로 기원전 200년경, 그 지역을 지배하던 파르티아인의 물건이었다. 그러나 그 문양을 보면 페르시아의 사산인이 만든 것으로 생각되는데, 이슬람이 발흥하기 전 마지막으로 중부 페르시아를 지배한 민족이었다.[1] 정밀검사 결과 그 항아리에는 시큼한 맛을 내는 와인이나 식초와 같이 부식성 물질이 들어 있던 것으로 추정되었다.

루이지 갈바니

알레산드로 볼타

1940년 쾨니히는 그 항아리가 지금까지 발견된 최초의 배터리이며, 이것은 고대인이 전기도금술, 즉 전류를 이용해서 각종 금속 표면이 부식하지 않도록 코팅하는 기술이 있었다는 증거라는 논문을 발표했다. 그러나 쾨니히의 이와 같은 이론은 거의 관심을 끌지 못하다가, 1993년 미국 앨버타대학의 연구원 폴 카이저가 《근동연구학회*Journal of Near Eastern Studies*》에 이를 보완한 이론을 발표했다.[2] 카이저에 따르면 메소포타미아인들이 그 항아리(그리고 1938년 이후 발견된 비슷한 것들도)를 사용했으며, 이는 그리스-로마인이 전기물고기를 이용해 마취용으로 약한 전기 쇼크를 사용한 것과 유사했다고 한다. 그는 사산인들이 식초와 같은 산성 액체가 든 철제 항아리 안에서 청동 스푼을 움직일 때 그와 같은 효과가 나타났을 것이라 생각했다.[3] 항아리와 스푼에 입술이나 손을 동시에 접촉한 사람은 짜릿한 감각을 느꼈을 것이다.

카이저의 이와 같은 추정은 고고학자들 사이에 많은 논쟁을 불러일으켰는데, 바그다드 배터리가 갈바니전지 혹은 볼타전지라 부르는 현대의 배터리와 매우 유사하다는 사실이 이와 같은 논쟁의 시발점이 되었다. (루이지 갈바니는 현대 전기화학의 아버지로 불리며, 볼타는 갈바니의 업적을 토대로 최초의 전기화학 전지를 만들었다. 그래서 자신이 더 중요하다고 생각하는 사람의 이름을 붙여 갈바니전지 혹은 볼타전지라 부른다.)

이와 같은 초기 배터리는 소금물 용액에 잠긴 두 가지 다른 금속 사이에서 일어나는 자연적 산화환원 반응으로 전기를 만든다. 양극이라 부르는 한쪽 금속에서는 전자를 잃고(산화), 동시에 음극이라 부르는 다른 쪽 금속에서는 전자를 끌어당긴다(환원). 양극에서 음극으로 전자가 이동할 때 생긴 전하를 용액에 잠긴 전선이 전달한다.

바그다드 배터리

전자기장 이해하기

화학반응으로 전자가 움직이도록 자극하는 것은 전하를 만들어내는 최초이면서 동시에 가장 간단한 방법이다. 하지만 다른 방법도 많다. 사실, 현대의 전기 시스템은 전혀 다른 방법을 토대로 하는데 화학물질 대신에 자석을 이용한다. 대부분의 사람은 반대 극끼리는 서로 잡아당긴다는 자석의 작용 원리를 알고 있다. 철가루가 막대자석의 끝에서 자기력선을 따라 배열하는 모습을 한두 번씩은 보았을 것이다. 혹은 '울리윌리'라는 장난감에서 자석과 철가루로 수염 만드는 놀이도 마찬가지다.

그러나 자석이 왜 그렇게 작동하는지 이해하는 사람은 거의 없다. 그리고 사실을 말하자면 현대 과학이 자기력을 완전하게 이해한다고 장담할 수도 없다.[4] 그러나 자기력을 설명하는 방식은 거의 비슷하다. 전문 용어로 너무 깊이 들어가지 않더라도, 전하를 띤 미세 입자가 원자 안에서 자연적으로 배열하는 것과 관련이 있다는 점은 분명하다. 이러한 입자는 어떤 한 방향으로 회전하려는 경향이 있는데 이때 원자 안의 물질에 아주 작지만 밀고 당기는 힘이 만들어진다. 이러한 많은 수의 입자들이 한 방향으로만 회전하기 시작하면 배열을 서로 공유하게 되어 끄는 힘이 만들어지는데 이것을 자기력이라 부른다. 이와 같은 설명을 보고(그리고 냉장고에 붙이는 자석이나 자석 장난감의 경험도 보태어) 자기력이 상대적으로 약한 힘이라 생각할 수도 있다. 그러나 물리학자는 자기력이 매우 강한 힘이라 말한다. 중력에 비해 훨씬 강하다.

울리윌리 자석놀이 장난감

어떤 물질이 전하(전기적 힘)를 가지고 그 전하가 정적이라면(즉, 전하를 가진 물체 내에 머무른다면) 전기장이 만들어진다. 그러면 그 물질이 밀도나 색상처럼 물리적 특성을 갖는다고 말할 수 있다. 간단한 용어로 표현하면 전기장이란 전하의 밀집도, 즉 주위 물질에 대비한 전하의 상대적인 밀도를 의미한다. 전기장은 특정 위치에 있는 다른 전하에 가해지는 전기적 끌어당김 혹은 밀어내는 힘의 세기를 말한다. 이러한 설명은 모두 움직이지 않는 정적인 전하를 의미한다.

그러나 전하가 물질의 한 위치에서 다른 위치로(예를 들어, 전도성 금속 원자의 전자들 사이에서) 움직이면, 이렇게 움직이는 전하로 인해 전혀 다른 장(場)이 만들어지는데, 이것이 자기장이다. 이러한 움직임은 규모가 클 수 있지만(예를 들어, 전기를 띤 입자가 배터리 용액 속을 움직일 때), 자신들이 소속된 원자나 분자 내에 머무는 것처럼 미세하게 일어날 수도 있다('회전' 혹은 '순환' 운동이 해당된다). 전하가 물질의 어느 한 위치에서 다른 위치로 움직이고 있더라도 특정 시점에 그 전하를 고정하면(음악이 멈출 때 의자에 먼저 앉는 놀이처럼) 멈출 때 위치했던 입자 내에 전하가 머물러 있다. 그러므로 전하가 움직이면 전기장(전하가 존재한다는 것만으로부터)과 자기장(전하의 움직임으로부터)이 생성된다. 그래서 이러한 현상을 '전자기장'이라 부르는 것이다.

물질의 전기적 특성과 자기적 특성 사이의 관계는 수백 년 동안 많은 학자들의 관심을 끈 주제다. 사실 전하를 띤 입자의 전자기적 특성에 대해서는 마이클 패러데이가 1831년 전자기 유도의 법칙을 발견하기 전까지 거의 이해하지 못하고 있었다.

다른 거의 모든 혁신이 그렇듯이, 패러데이의 발견 역시 하늘에서 뚝 떨어진 것이 아니다. 당시에는 그 의미를 이해하지 못한 과학자들이 모은 정보로부터 유추한 이론이었다. 예를 들어, 1820년 무명에 가까운 프랑스 화학자 프랑수아 아라고가 한 일련의 실험은 패러데이의 전자기장을 이해하는 주춧돌이 되었다. 아라고는 그중 한 가지 실험에서 회전하는 구리 원판 위에 자력을 띤 바늘을 매달아 두었을 때('아라고의 휠'로 알려진 구조다), 바늘이 원판과 같은 방향으로 돌아가는 것을 발견했다. 그러나 바늘을 고정하면 구리 원판에 영향이 나타나서 회전하는 속도가 느려졌다. 아라고는 자력 바늘과 구리 원판 사이에 어떤 힘이 작용하는 것을 알았지만 이를 과학적 용어로 설명할 수 없었다.

전자기학의 아버지로 불리는 프랑수아 아라고의 모험과 삶

교류 전류의 발견은 모험가이자 과학자인 프랑수아 아라고의 흥미진진한 삶에서 일어난 우연한 사건이 큰 역할을 했다. 아라고는 프랑스 피레네산맥 지역의 유력한 정치가 집안에서 태어났다. 아버지는 지역의 재정국장이었다. 아라고는 프랑스에서 가장 유명한 과학교육 기관인 에콜 폴리테크닉을 나온 후 파리천문대에 발령받아 지구 자오선의 길이를 완전하게 측정하는 임무를 맡았다. 북극에서 남극까지의 세로선 길이를 정확하게 아는 것은 천문학이나 항해술에 필수적인 지식이었다.

아라고는 과제를 수행하기 위해 피레네산맥의 능선을 따라가고, 카탈루냐 지방의 갈라초산 정상에 오르기도 하고 남쪽으로는 발레아레스제도까지 가서 불을 밝혔다. 스페인이 자국 국경을 따라 정밀 측정장치를 싣고 가는 이 프랑스인을 의심의 눈길로 보는 것은 당연했다. 그는 마요르카에서 온 스페인 사람으로 위장했지만 신분이 금방 드러났다. 그는 곧 프랑스군 첩자라는 죄명으로 체포되어(우연이지만 당시 프랑스는 스페인 침공을 준비하는 중이었다) 마요르카 벨베르성의 둥근 감시탑 안에 구금되었다.[5]

아라고는 벨베르 감시대장이 과학자라는 사실을 알고 그를 설득했다. 그러나 감시대장은 석방을 건의했다가 상관의 화만 불러일으키자 아라고에게 탈출 기회를 만들어주었다. 1808년 7월 29일, 체포되기 전에 측정치를 기록한 서류를 지니고 성을 빠져나가 어선을 얻어 타고 알제리로 향했다. 알제리 주재 프랑스 영사는 그에게 위조 호주여권과 프랑스 마르세유로 가는 배를 주선해주었다. 그러나 운명의 여신은 그를 그냥두지 않았다. 배가 공해로 들어서자 스페인 해군 함정이 기다렸다는 듯이 배를 세우고 그를 다시 체포했다. 이번에는 카탈루냐의 항구도시 로세스에 갇혔다.

프랑수아 아라고

아라고는 또 한 번 관리들에게 자신의 진정한 의도를 설득했고, 아라고는 곧 마르세유로 향하는 배에 오를 수 있었다. 그러나 먹구름이 아라고 뒤를 따랐다. 지중해의 폭풍에 실려 배는 북아프리카 해안까지 밀려갔고, 그곳에서 아라고는 무슬림 해적에게 사로잡히게 된다.

그러나 닳고닳은 이 프랑스인은 해적에게 자신이 이슬람교로 개종하길 원한다고 꼬드겼다. 아라고는 '새로 받아들인 믿음' 덕분에 알제로 돌아갈 수 있었고 그곳의 프랑스 영사는 그를 마르세유로 향하는 다른 배에 태워주었다. 다행히 이 세번째 항해는 조용히 끝났다. 아라고는 마침내 1809년 7월 2일 프랑스 땅을 밟을 수 있었다. 벨베르를 탈출한 지 거의 1년 만이었다.

마이클 패러데이: 전자기 유도법칙

마이클 패러데이

마이클 패러데이가 전자기 유도의 법칙을 발견하는 과정에는 수년에 걸친 노력만큼이나 행운도 따라주었다. 지금은 물리학에서 최고의 명예를 누리는 사람들 중 한 명이 되었지만, 그의 시작은 초라했다. 아버지 제임스 패러데이는 잉글랜드 북부 요크셔 지방의 대장장이였다. 1791년 제임스 패러데이는 더 많은 일거리를 찾아 가족을 데리고 런던 외곽의 뉴잉턴 버츠라는 작은 마을로 이사했으며 그 직후 마이클이 태어났다. 그러나 아버지 패러데이는 열심히 노력했지만 (건강이 안 좋은 탓도 있었다) 지속적인 일감을 얻지 못했다. 가족은 가난에 찌들고 빈민가를 전전해야 했으며, 그 와중에 마이클과 형제들은 어렵게 겨우 기초교육을 받을 수 있었다.

1805년, 13세의 마이클은 가족의 살림에 보탬을 주어야 한다는 압박을 받기 시작했다. 다행히도 그는 런던의 서적상으로 성공한 조지 리보의 책 제본 조수로 취직이 되었다.[6] 그러나 패러데이는 제본이라는 단순작업에만 머물지 않고 그 책들을 읽었다.

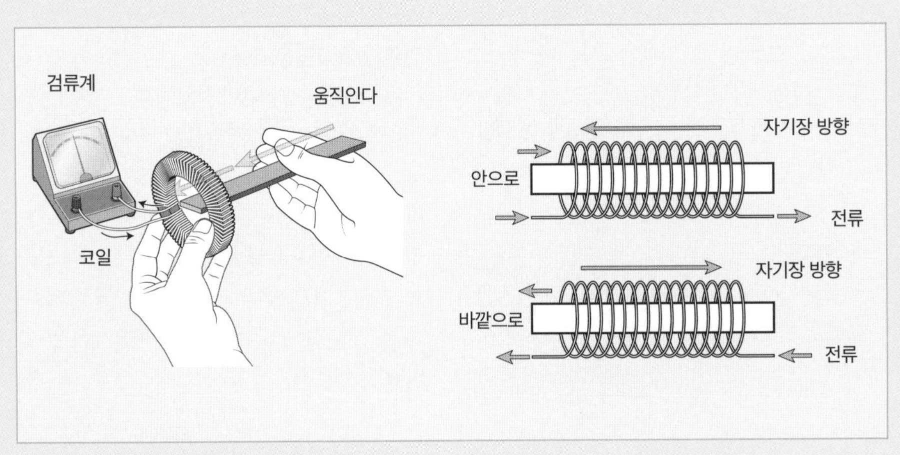

페러데이의 전자기 유도실험

패러데이는 7년 동안 리보의 조수로 일하면서 의대생인 헉스터블과 점원 벤저민 애벗과 친해졌는데, 둘 다 부유한 집안 출신이었다. 패러데이가 런던의 비영리 과학교육 및 연구단체인 왕립과학연구소(Royal Institution)의 강연 참석도 그 친구들 덕분이었다.

그곳에서 강연한 화학자이자 발명가인 험프리 데이비는 패러데이의 마음을 사로잡았다. 데이비는 갈바니즘, 즉 화학반응을 이용해 전기를 생성하는 비교적 새로운 개념에 대해 강연했다. 오늘날에는 이를 전기화학이라 부른다.

초등학교 학생들이 구리와 아연으로 된 두 전극을 감자 속으로 찔러 넣어 간단한 배터리를 만드는 실험을 하는 것도 일종의 갈바니즘을 수행하는 것인데, 19세기 초에는 이것이 매우 신기하게 보였을 것이다. 패러데이에게 이것은 매우 인상적이어서 전기라는 개념에 푹 빠지게 되었다.

조수 과정을 마친 패러데이는 과학자의 길로 접어들었다. 그는 공식교육을 거의 받지 않았고 가족의 뒷받침도 없었다. 하지만 그에게는 자신감이 있었다. 그는 데이비에게 자신이 왕립과학연구소에서 들었던 그 화학자의 강의 내용을 상세히 적은 편지를 보냈다. 1813년, 데이비는 자신의 조수가 주먹다짐을 했다는 이유를 들어 해고하고 열정과 역량을 가진 제본공에게 그 자리를 제안했다. 청년 제본공은 기뻐하며 즉시 받아들였다.

1813년 10월 데이비는 유럽 대륙으로 과학여행을 떠났는데, 새로 채용한 패러데이를 조수 겸 비서로 동반했다. 데이비와 패러데이는 18개월 동안 유럽 각국의 도시를 다니며, 파리에서 앙페르(프랑스 물리학자로 고전 전자기학의 토대를 구축했다)를 만나고, 밀라노에서는 볼타(현대적 전기화학 배터리를 발명한 이탈리아 과학자)를 만나 이야기했다. 그 여행 중에 페러데이는 당대 최고의 과학자들이 가진 생각과 실험을 직접 혹은 간접적으로 접할 수 있었다. 훗날 그가 과학의 역사에 길이 남을 혁신을 '발견하게' 된 것은 이때 흡수한 다양한 생각에서 비롯되었을 것이다.

험프리 데이비

아라고의 휠

아라고의 관찰을 대수롭지 않게 생각할 수도 있지만, 그가 이 실험을 비롯한 여러 현상에 대해 프랑스 과학아카데미(유명한 프랑스 물리학자 앙드레 마리 앙페르도 회원이었다)에서 발표한 내용은, 유럽 최고 학자들이 전기장과 자기장 사이의 관계를 이해하는 수학적·물리학적 이론을 개발하는 데 큰 도움이 되었다.

젊은 아라고가 몇 년 동안 여러 외국 감옥에 갇히는 등의 우여곡절 끝에 돌아온 직후인 1810년 무렵, 영국 엔지니어인 찰스 배비지(최초의 기계식 계산기를 발명)가 케임브리지대학에 와서 존 허셜(1781년에 천왕성을 발견한 윌리엄 허셜의 아들)과 친교를 맺었다(배비지와 허셜은 2학년 때 케임브리지의 몇몇 수학 천재들과 함께 분석학회를 결성했고, 이 조직은 뉴턴의 미적분학을 독일 수학자 라이프니츠가 개발한 좀 더 간단하고 편리한 분석학적 방법론으로 대체하려는 황당한 목표를 가지고 있었다).

오늘날 학위과정에 있는 많은 대학원생처럼 배비지와 허셜도 방향을 정하지 못한 상태였다. 영국에서 유명하고 부유한 가문 출신인 두 사람은 함께 해외여행에 나서기로 의기투합했다. 프랑스에 가서는 아르쾨유학회(Society of Arcueil, 프랑스 최고 수준의 과학자들 중 일부가 1806년에서 1822년경까지 파리 외곽에서 정기적으로 만나던 비공식 모임)를 방문했다. 파란을 몰고 다니던 풍운아 프랑수아 아라고도 그 학회의 회원이었다.

그 학회 회원들과 어울렸던 배비지와 허셜은 아라고의 실험에 대해 들었을 것이 틀림없는데, 둘은 영국으로 돌아와서 함께 아라고의 회전하는 구리원판 기술을 역으로 구현하는 작업을 했다. 즉, 구리 원판이 회전하는 대신에 자석이 회전한다면 어떻게 될지 생각했다. 아라고의 실험을 변형해서, 구리 원판을 전선에 매달고 그 아래에서 말굽자석이 회전하는 방식의 실험이었다. 자석과 원판 사이에 어떤 관계가 분명히 있다는 것이 두 사람의 추정이었지만, 당시에는 아라고와 마찬가지로 이를 설명하지 못했다.

험프리 데이비는 전기에 대해 자신의 실험을 막 시작한 단계였는데, 배비지와 허셜의 실험에 선수를 뺏긴 기분이었다. 그러나 데이비는 화학자 출신답게, 화학적 요소의 전기적 특성에 더 집중하고 전기와 자기 사이의 관련성에 대해서는 큰 관심을 두지 않았다. 그래서 자기장이 전기에너지를 생성하는 과정을 탐구하기보다는 전기화학적 반응과정을 기계적 에너지로 바꾸는 일련의 실험에 몰두했다(궁극적으로 1821년경에 배터리로 구동되는 직류 엔진을 개발한다).

그러나 패러데이의 호기심은 전기화학 분야를 뛰어넘었다. 전기화학적 반응을 기계적 에너지로 바꾸는 대신 그 정반대 방향으로 갔다. 아라고의 실험, 배비지와 허셜의 고안에서 아이디어를 얻은 그는 구리선을 배터리의 양극 말단에 연결한 다음 구리선의 남은 부분으로 철제 고리의 한쪽 둘레를 감고, 끝은 배터리의 음극 말단 근처에 매달아 두었다. 다른 구리선으로는 철제 고리의 반대편 둘레를 감고, 양쪽 끝을 검류계(檢流計, 갈바노미터)에 연결했다. 전기를 감지하는 데 이용되는 초창기 장치다. 이렇게 장치한 다음, 패러데이가 떨어진 채로 있는 구리선을 배터리의 음극 끝에 연결하여 철제 고리의 한쪽 편에서 회로를 닫아주면, 검류계가 철제 고리의 반대편을 감은 구리선에서 전류를 감지했다.

이론적으로 배터리의 양쪽 끝을 연결하면 철제 고리의 왼편을 감은 구리선으로 흐르는 전기가 닫힌회로가 되어야 한다. 그러나 패러데이는 철제 고리 오른쪽 편에서 가외의 전기파를 관찰했으며, 이러한 전기는 왼쪽의 전기로 '유도'된 것이 분명하다고 생각했다.

마이클 패러데이는 구조를 변형해보았다. 이번에는 철제 고리 전체에 구리선을 감고 양쪽 끝을 검류계에만 연결했다. 그다음에 고리 속으로 막대자석을 통과시켰는데, 자석이 움직일 때만 검류계의 바늘이 돌아가는 것을 관찰했다. 자석이 철제 고리 속에서 정지해 있으면 검류계 바늘도 움직이지 않았다. 패러데이는 아라고와 배비지 그리고 허셜이 기술한 현상에 대한 설명을 찾은 것이었다. 패러데이는 그 과학자들이 관찰한 움직임은 전도체 주위에서 자기장이 움직여서 생겨난 것임을 알게 되었다. 그는 자석의 양극에서 '힘의 선(lines of force, 지금은 자기장이라 부른다)'이 나와서 전도체에 전자기적 힘을 '유도'한다는 이론을 제시했다. 유도되는 힘의 세기는 전도체 인근에서 자석이 움직이는(어떤 방향으로든) 속도에 좌우된다고 보았다. 그는 이런 관계를 다음과 같이 표현했는데 이것이 '패러데이의 유도법칙'이다. 어떤 닫힌 회로에서 유도되는 전가기적 힘의 세기는 이러한 자기장의 힘의 선(자기력선)들 내에서 일어나는 변화의 크기와 같다(학자들은 '힘의 선'이라는 표현보다 '자속(magnetic flux)'이라는 용어를 주로 사용하는데, 이것은 주어진 시간에 정지된 표면을 지나가는 자기력의 양을 나타낸다).

오래전부터 학자들은 전기가 흐르면 그 주위를 자기장이 둘러싼다는 것을 알고 있었다. (금속막대나 금속선과 같은 전도체에 전류가 흐르면 전도체 주위를 둘러싸는 원 모양의 자기장이 생긴다. '오른손 법칙'으로 이러한 관계를 알기 쉽게 설명할 수 있다. 오른손을 쥐고 엄지 손가락을 세우면, 엄지는 초기 전류의 방향을 가리키고 나머지 손가락들은 그 둘레를 감싸는 자기장의 방향을 가리킨다.) 패러데이가 발견한 것은 그 반대 방향으로도 작동한다는 것이다. 즉, 자기장은 전류를 발생시킨다. 하지만 다음과 같은 특정한 상황에서만 전류가 생긴다. 첫째, 자기장이 움직이거나, 세기의 변동 혹은 어떤 방식으로든 변화하는 상황에서 둘째, 구리선 같

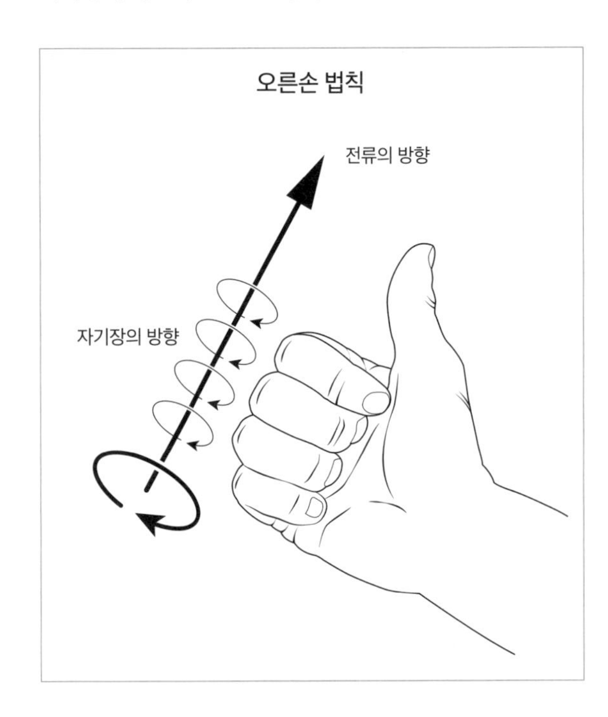

니콜라 테슬라의 생애와 시대적 사건

1830

· 1831년 11월 24일 - 마이클 패러데이가 전 세계 과학계를 바꿔놓게 될 전자기학 논문을 영국 로열 소사이어티에서 발표하다.

· 1832년 - 이폴리트픽시가 최초로 수동식 교류발전기를 발명하다. 앙페르는 생산된 교류를 직류로 변환하는 정류자를 설계했다.

1855

· 1855~1856년 - 맥스웰이 케임브리지 필로소피 소사이어티에서 '패러데이의 유도력선'에 관한 논문을 발표하여 과학계를 뒤흔들다.

· 1856년 - 하인리히 가이슬러가 조잡한 형태지만 최초의 형광등을 만들다.

· 1856년 7월 10일 - 쉬말리아에서 태어나다. 당시 오스트리아 제국에 속한 지역이었다(현재 크로아티아).

1860

· 1861~1862년 - 맥스웰이 전자기의 특성에 관한 네 편의 논문을 발표하다.

· 1862년 - 아버지 밀루틴이 가족을 데리고 고스피치로 이사하다(크로아티아).

· 1866년 - 초창기의 말론 루미스가 연을 이용한 무선 전송 시스템을 시연한 것으로 보임(워싱턴DC).

노랑 = 니콜라 테슬라의 위치 및 그의 생애에서 중요한 사건
파랑 = 다상 교류 모터의 혁신
초록 = 변압기와 테슬라 코일의 혁신
빨강 = 전파와 무선 송신의 혁신
보라 = 특허 분쟁과 법원 판결의 연대기

· 1872년 4월 30일 - 윌리엄 워드가 송신탑 형태인 자신의 무선전신 방식에 대한 특허를 취득하다.

· 1872년 7월 30일 - 말론 루미스가 자신의 무선전신 방식에 대한 특허를 취득하다.

1870

1875

· 1875년 가을 - 그라츠의 요하네움 종합기술학교에 입학하다(오스트리아).

· 1878년 - 파벨 야블로치코프가 파리박람회에서 교류로 밝히는 아크등을 시연하다.

· 1878년 가을 - 헐벗고 굶주린 테슬라가 마리보르로 도망가다(슬로베니아).

· 1879년 - 월터 베일리가 런던 물리학회에서 회전하는 자기장에 관한 논문을 발표하다.

· 1879년 4월 7일 - 아버지 밀루틴 테슬라가 알 수 없는 질환으로 60세 나이로 사망하다.

1880

· 1880년 가을 - 카를-페르디난드대학(현재 카를로대학)에서 공부하기 위해 프라하(현재 체코공화국)로 옮겼지만 그 대학을 다니지 않았다(프라하).

· 1881년 - 마르셀 드프레즈가 프랑스 과학아카데미에서 회전하는 자기장에 관한 논문을 발표하다.

· 1881년 1월 - 부다페스트로 옮겨(헝가리), 헝가리 중앙전신국에 일자리를 얻다. 안토니 시게티를 만나다(부다페스트).

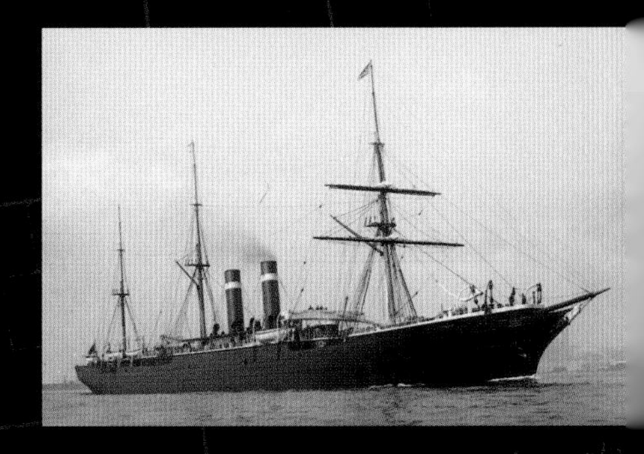

1880

· 1882년 - 간츠웍스를 들락거릴 즈음에 자신이 발견한 링 변압기에 골몰해 있었다고 주장하다.

· 1882년 - 아모스 돌베어가 지하전류를 무선전신에 이용하는 방법을 최초로 시연하다.

· 1882년 2월 - 저녁에 시민 공원을 산책하던 중에 회전하는 자기장을 이용하는 모터라는 개념이 머리에 떠올랐다고 주장하다(부다페스트).

· 1882년 4월 - 파리로 옮겨간 테슬라와 시게티가 콘티넨털 에디슨회사에서 일하다(파리).

· 1883년 - 시게티의 기억에 의하면, 테슬라가 처음으로 정류자 없는 교류 모터 구조에 대해 설명했다고 한다.

· 1883년 - 골라르와 깁스가 런던에서 자신들이 설계한 변압기를 시연하다.

· 1884년 - 골라르와 깁스가 토리노에서 교류 전력 장거리 송전을 시연하다.

· 1884년 6월 6일 - 리치먼드호를 타고 대서양을 건너 뉴욕에 도착하다(시게티는 1887년 5월에 건너왔다).

1885

· 1885년 - 지퍼노프스키, 블라티, 데리가 부다페스트에서 처음으로 ZBD 변압기를 시연해 보이다.

· 1885년 봄 - 웨스팅하우스가 골라르-깁스 변압기 설계를 구입하다.

· 1886년 가을 - 뉴욕 리버티가 89번지에 위치한 실험실로 옮기다.

· 1886년 10월 5일 - 아모스 돌베어가 자신의 무선 '전기적 커뮤니케이션 형태'에 대한 특허를 취득하다.

· 1887~1888년 - 헤르츠가 일련의 실험을 통해 맥스웰의 이론을 증명하다.

· 1888년 3월 - 자신의 AC 모터를 판매하기 위해 매터전기회사를 방문하지만 상 분할 구조에 대해 언급하지 않다.

· 1888년 3월 11일 - 페라리가 토리노에서 열린 왕립과학아카데미에서 상 분할 모터에 대해 기술한 논문을 발표하다.

· 1888년 4월 - 자신의 특허변호사인 제임스 페이지에게 상 분할 구조에 대해 처음 말했다고 주장하다.

· 1888년 5월 1일 - 다상 AC '전자기' 모터에 대한 특허를 취득하다.

· 1888년 5월 15일 - 스탠리가 리버티가 테슬라 실험실을 방문했지만 테슬라가 상분할 설계를 보여주거나 그에 대해 언급하지 않았다고 주장하다.

· 1888년 여름 - 웨스팅하우스의 공장에서 자신이 설계한 모터를 생산하기 위해 피츠버그로 옮기다.

· 1888년 12월 8일 - 교류 모터 상 분할 설계에 대한 특허를 신청하다.

· 1889년 - 뉴욕으로 돌아와 브로드웨이와 베시스트리트 코너에 위치한 애스터하우스로 이사하고 자신의 연구실도 그랜드스트리트 975번가로 옮기다(뉴욕).

· 1889년 - 웨스팅하우스가 뉴잉글랜드 그래닛을 상대로 특허침해 소송을 제기하다.

1890

· 1890년 - 그랜드스트리트 연구실에서 헤르츠의 전자기파 실험을 재현하다.

· 1890년 3월 26일 - 테슬라 코일의 토대가 되는 '진동변압기' 관련한 일련의 특허 중 첫번째 특허를 신청하다.

· 1890년 여름 - 동료이자 조수였던 안토니 시게티가 실종 혹은 알 수 없는 질병으로 사망하다.

· 1891년 2월 4일 - 축전기를 장착한 테슬라 코일 설계에 대해 특허를 신청하다.

· 1891년 5월 16일, 10월 19일 - 찰스 브라운과 미하일 도브로볼스키가 골라르-깁스 변압기를 이용해 교류 전력의 장거리 송전을 시연하다 (프랑크푸르트).

· 1891년 5월 20일 - 컬럼비아대학에서 행한 유명한 강의에서 고주파 유도와 무선 조명을 시연하다.

· 1891년 7월 30일 - 미국 시민권을 취득하다.

· 1892년 1월 26일 - 자신이 발명한 상 분할 모터에 대해 홍보하는 유럽 여행을 시작하기 위해 런던에 도착하다.

· 1892년 2월 5일 - 존 플레밍이 자신의 대학 실험실로 테슬라를 초대하여 고압 유도코일을 시연해 보여주었을 것으로 추정된다.

· 1892년 4월 - 어머니가 위독하다는 연락을 받고 고스피치로 가서 4월 4일 모친의 임종을 지켜보다.

· 1892년 여름 - 간츠웍스를 방문하다. 그곳에서는 지퍼노브스키가 대형 발전기와 고압전송 시스템을 구축하는 일을 지휘하고 있었다.

· 1892년 7월 - 독일 본에 있는 헤르츠의 연구실로 찾아가 전자기파의 특성에 대해 논의하다(견해가 달랐다).

· 1892년 8~9월 - 뉴욕으로 돌아와 게를라흐 호텔로 거주지를 옮기다(뉴욕).

· 1893년 3월 1일 - 미국전등협회에서 무선 조명을 시연하다(세인트루이스).

· 1893년 5월 1일 - 웨스팅하우스와 테슬라가 교류 전력을 시연하고 시카고 세계박람회 조명을 담당하다(시카고).

· 1893년 7월 7일 - 전기적 공명을 삽입한 테슬라 코일 구조에 대해 특허를 신청하다.

· 1895년 - 웨스팅하우스, 모건, 그리고 에디슨이 특허 풀을 만들다. 여기에는 테슬라가 최초로 설계한 교류 모터와 관련된 테슬라의 특허도 포함되었다.

· 1895년 3월 17일 - 사우스 15번가의 테슬라 연구실이 화재로 잿더미가 되다(뉴욕).

· 1895년 5월 7일 - 알렉산더 포포프가 러시아 물리와 화학 학회에서 전파 수신기 구조를 개관하는 논문을 발표하다.

· 1896년 - 이스트휴스턴가에 연구실을 열다(뉴욕).

· 1896년 11월 16일 - 나이아가라폭포 발전소가 가동을 시작하여 교류를 송전하다.

· 1897년 9월 2일 - '전기에너지의 무선 송전 시스템'에 대한 특허를 신청하다.

· 1898년 - 상 분할 구조에 대한 테슬라의 특허가 웨스팅하우스-모건-에디슨 특허 풀에 추가되다.

· 1899년 1월 - 월도프-애스토리아 호텔로 거주지를 옮기다(뉴욕).

· 1899년 5월 18일 - 무선 전신을 실험하기 위해 콜로라도스프링스에 도착하다.

· 1899년 7월 28일 - 전파 신호 하나를 수신하고

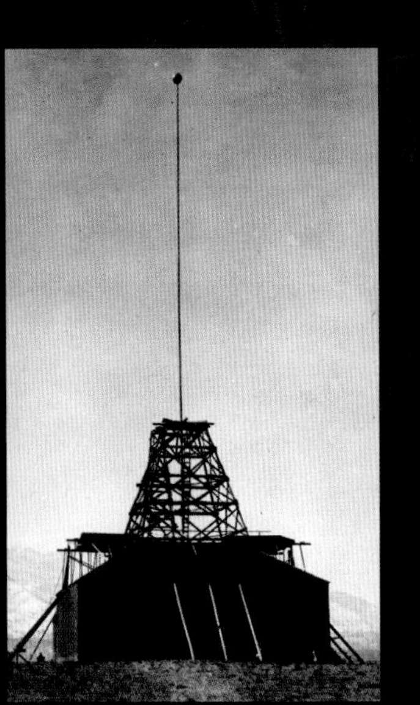

1900

- 1900년 1월 15일 - 뉴욕으로 돌아가다(뉴욕).
- 1900년 2월 19일 - 1897년에 받은 무선 전송 특허를 수정하여 특허 신청하다.
- 1900년 8월 29일 - 코네티컷의 연방법원 판사 타운젠드가 '뉴잉글랜드 그래닛' 소송 건에서 테슬라의 최초 교류 모터 설계에 대한 그의 특허를 확인하고 유지해주다.
- 1901년 - 톰프슨 판사가 '데이턴 팬과 모터(Dayton Fan & Motor)' 소송 건에서 상 분할 모터에 대한 테슬라의 특허를 확인하다.
- 1901년 9월 14일 - 매킨리 대통령이 암살되고 헤이즐 판사(뉴욕 남부를 관할하는 연방법원)는 루스벨트 대통령 앞에서 선서하다.
- 1901년 12월 11일 - 뉴욕 롱아일랜드 워든클리프에 무선전송탑을 세우기 위해 공사를 시작하다.
- 1901년 12월 12일 - 마르코니가 대서양 너머로 신호를 전송하다. 공식적인 기록은 없지만 테슬라와 그의 조수가 그 사건을 인지했을 것으로 생각된다.
- 1902년 - 제6 순회항소법원이 데이턴 팬과 모터 소송 건에서 톰프슨 판사의 판결을 확인 유지하다. 루스벨트 대통령은 제2 순회항소법원 판사로 타운젠드를 임명하다.
- 1903년 - 타운젠드 판사가 '캣스킬조명회사' 소송 건에서 상 분할 구조에 대한 테슬라의 특허를 뒤집는 판결을 내리다.
- 1903년 10월 - 미국 특허국이 마르코니의 전파 특허 신청을 거부하다. 이때 무선 전송에 대한 테슬라의 특허를 인용하다.
- 1904년 - 헤이즐 판사가 '뮤추얼 생명보험' 소송 건에서 제2 순회항소법원의 판례를 뒤집고 상 분할 모터에 대한 테슬라의 특허를 확인하다.

1905

- 1905년 6월 13일 - 미국 특허국이 자신의 결정을 뒤집고 마르코니에게 '무선 전신' 특허를 승인하다.
- 1909년 - 메트로폴리탄 라이프 타워에 사무실을 임대하다(뉴욕).
- 1913년 - 사무실을 브로드웨이의 울워스 빌딩으로 옮기다(뉴욕).

·1916년 - 워든클리프에 부과된 세금과 부채 압박으로 사무실을 웨스트 8번가 40번지로 옮기고 파산을 선언하다.

·1917년 7월 4일 - 워든클리프 송전탑이 해체되고 테슬라가 월도프-애스토리아 호텔에 진 빚을 청산하기 위해 매각되다.

·1917~1926 - 월도프-애스토리아 호텔에서 쫓겨난 후, 여러 생산기업들에 자문을 해주면서 시카고, 밀워키, 보스턴, 필라델피아 등을 옮겨 다니다.

·1926년 - 뉴욕으로 돌아와 펜실베이니아 호텔에 입주하다(뉴욕).

1915

·1930년 - 펜실베이니아 호텔에서 쫓겨나 7번가 371번지의 가버너 클린턴 호텔로 입주하다.

·1934년 1월 2일 - 마지막 거처인 8번가 481번지 뉴요커 호텔 3327호로 들어가다.

1930

·1943년 1월 7일 - 뉴요커 호텔 내 자신의 방에서 혼자 쓸쓸히 사망하다(뉴욕).

·1943년 6월 21일 - 미국 연방대법원이 5 대 3 판결에서 (판사 한 명은 거부) 마르코니의 전파 특허를 철회하다. 이는 테슬라가 그 이전에 취득한 무선 특허로 예견된 것이라는 견해가 중요한 토대가 되었다.

1943

은 전도체가 있어서 그 속에서 자기장의 이와 같은 변동에 대응해서 전하가 자유롭게 움직인다. 패러데이는 이러한 조건을 갖추면 자기장을 생성한 처음의 전류가 2차 전류를 발생시킨다(자기장 속을 전도체가 가로지르며 움직일 때)고 설명한다. '전자기 유도'라 부르는 이러한 현상은 처음의 전류를 역전시키는 것이 아니다. 전자기 유도로 새로운 전류가 생성되는 것이다. 그리고 새로운 전류는 새로운 자기장을 만들고, 이 속을 전도체가 움직이면 또 새로운 전류가 생성되며, 이렇게 계속된다. 전류와 자기장이 끝없이 서로를 생성하는 과정을 이어가기 때문에 '러시아 마트료시카 인형의 전자기적 버전'이라 할 수 있다.[7] 패러데이는 자석을 이용해 전기를 발생시키는 방법을 발견한 것이고, 이 현상은 테슬라를 유명하게 만든 일등 공신인 다상(多相) 교류 모터 발명에 핵심적인 개념이었다. (이렇게 서로 반복적으로 작용하는 순환고리로 영구기관(무한동력기계)을 만들 수 있다고 생각해서는 안 된다. 무에서 유를 만들어내는 것이 아니다. 유도전류를 이용해 어떤 일을 한다면 자기장의 변동을 지속시키는 과정이 시작될 때 그만한 크기 혹은 그보다 더 큰 크기의 일이 투입되어야 한다. 이것은 발전기를 돌리기 위해 하는 일에서 나오며, 이에 대해서는 조금 뒤에 다시 살펴본다.)

직류와 교류는 무엇이 다른가

배터리의 전하는 한 방향, 즉 음극에서 양극으로만 흐른다. 그래서 직류만 만든다. 그러나 현대의 전기 시스템은 배터리에서 나오는 전기화학적 에너지 이용보다는 터빈에 주로 의존하는데 이것은 자석을 회전시켜 전류를 유도한다. 그러나 이와 같은 방법은 매우 흥미로운 부수적 효과를 낳는다. 직류와 교류를 모두 만든다. 사실, 기초 전기공학 교과서 등에서 직류와 교류의 차이를 설명할 때는 단지 그 이름이 의미하는 정의를 단순히 되풀이할 뿐이다. 직류는 한쪽 방향으로만 흐르고, 교류는 주파수에 대응하여 수시로 방향을 바꾼다. 하지만 이와 같은 설명은 전력의 두 가지 유형에 어떤 차이가 있는지 이해하려는 사람에게 전혀 도움이 되지 않는다. 그리고 그 차이가 왜 문제가 되는지 이해하는 데도 도움이 되지 않는다.

전하가 물질의 어떤 물리적 특성이라면 그 특성이 한곳에서 다른 곳으로 이동하는 형태가 전류에 해당한다. 전자기 유도는 전류를 물결치는 파도에 비유할 수 있다. 물질은 실제로 많이 움직이지 않으면서 원자들의 방대한 바다를 통해 에너지를 전달한다.

물결치는 파도처럼 전자기 에너지 파장도 여러 형태를 띤다. '뉴턴의 흔들 구슬'을 생각해보자. 탐욕스러운 투자은행가의 책상에서 흔히 볼 수 있는 장난감 추다. 똑같이 생긴 대여섯 개의 금속 구슬이 평행 막대 두 개에 끈으로 매달려 서로 이웃한 구조다. 투자은행가가 끝에 있는 구슬 하나를 바깥으로 당긴 후 다른 구슬 쪽으로 돌아가도록 놓아주는 상황을 생각하면 쉽다. 누구나 어떻게 될지 안다. 구슬은 흔들리며 아래로 가서 다른 구슬에 부딪친다. 그러나 반대쪽 구슬 하나만 움직인다. 첫번째 구슬의 에너지가 다른 구슬에 차례로 전달되어 반대쪽 끝의 구슬이 바깥으로 튕겨 나가는 것이다. 일단 시작되면 이러한 에너지는 다시 뒤로 그리고 앞으로 전달되고 양쪽 끝의 구슬이 앞과 뒤로 흔들리지만 가운데의 구슬은 전혀 움직이지 않는다. (우리는 뉴턴이 설명한 운동의 기본법칙인 운동량 보존을 관찰하고 있다. 그러나 이 법칙의 완벽한 사례가 될 수는 없는데, 자세히 관찰하면 가운데 구슬들의 미세한 움직임을 구별할 수 있기 때문이다.)

우리는 운동에너지를 움직임의 에너지로 생각한다. 그러나 앞의 장난감 흔들 구슬에서처럼, 움직임이 없는 것처럼 보이면서 금속 구슬 사이로 전달되는 운동에너지도 있다. 실제로는, 운동에너지가 구슬 한쪽 면에 압박을 주면서 위치에너지로 변하는 것이다. 금속의 압박이 풀리면서 이 에너지는 다시 운동에너지로 방출된다. 그러나 이러한 압박과 압박풀림은 매우 미세하고 빠르게 일어나기 때문에 대부분의 사람은 이를 인식하지 못한다. 이러한 동작은 전기에너지파가 전하 입자들을 통해 전달되는 방식과 유사한데, 전자의 흐름으로 전기를 설명하는 것보다 더 사실적이다. 전자가 전기파를 흡수하여 이를 전달하는데, 그 속도는 광속에 가까울 때도 있지만 매우 느리게 전달되기도 한다. 즉, 전기가 통과하는 전도체의 특성에 따라 다르다.

어떤 경우든, 뉴턴의 운동 법칙을 이해하지 못해도 그의 흔들 구슬을 이용해서 운동에너지와 위치에너지가 교류와 직류의 차이에 어떻게 관련되는지 알 수 있다. 전기 전도체가 전선이 아니라 똑같은 금속구슬들로 이어진

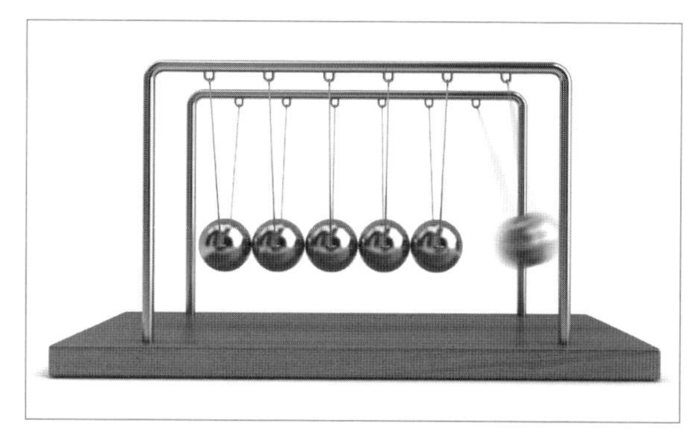

뉴턴의 흔들 구슬 사진

끈이고 서로 이웃한 구슬들은 거의 닿지 않는 상태라고 생각하자(원자 수준에서는 금속 전선이 둥근 원자들이 이어진 끈이라 할 수 있으며 그 각각은 거의 닿지 않는다). 이제 전류를 전달하려면 한 가지 과제를 해결해야 한다. 끈의 한쪽 끝에 어떻게 힘을 가해 반대쪽 끝의 금속구슬을 움직일 수 있을까?

최소한 두 가지 방법을 생각할 수 있다. 한쪽 끝의 구슬을 밀고, 그 힘이 구슬을 통해 전해져서 반대쪽 끝의 구슬이 같은 크기로 움직이는 상황이다. 이것은 전기회로에서 직류와 매우 비슷하다. 양극 끝은 음전하를 띤 전자를 밀쳐내는데, 이어지는 전자들 각각을 '밀어서' 한 전자에서 다음 전자로 연속적으로 한쪽 방향으로 움직이는 전하가 만들어진다. 즉, 전기가 흐른다.

두번째 해결책은 한쪽 끝의 구슬을 흔들어서 앞뒤로 진동시키는 방법이다. 그 구슬이 이웃 구슬에 닿으면 이웃 구슬도 진동하기 시작한다. 이웃 구슬이 진동하면 그 에너지의 일부가 다음 구슬로 전달되어 진동하기 시작한다. 이런 식으로 모든 구슬이 앞뒤로 부딪힐 때까지 계속되고 에너지는 한 구슬에서 다른 구슬로 흡수되고 전해진다.

그 결과, 한정된 공간 내에서 첫번째 구슬을 움직이는 것만으로 에너지가 구슬의 끈 전체를 통해 퍼져나가게 할 수 있다.

교류는 말단(터미널)에 양전하와 음전하가 교대로 걸리면서 전도체 내의 전자를 '진

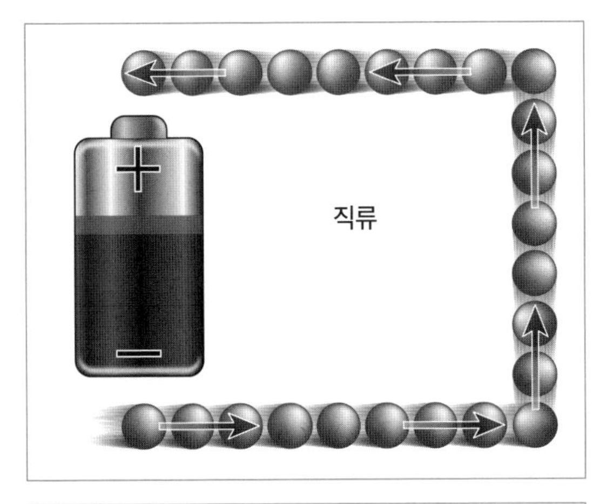

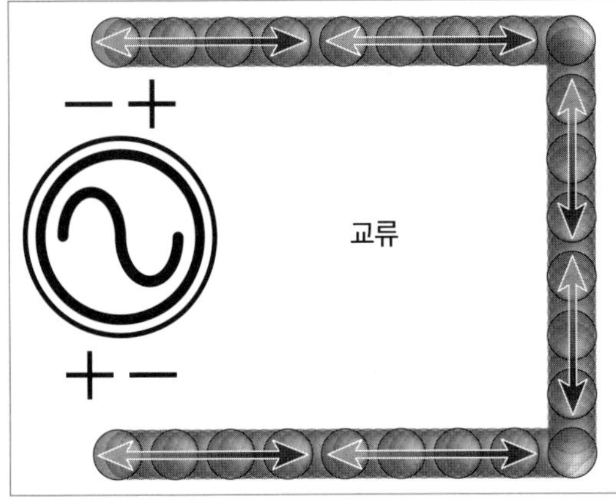

동'시키고 이렇게 앞뒤로 진동하는 전자는 이웃 전자에 에너지를 전달해준다. 이런 방식은 아이들이 하는 레드-로버(red-rover, 어린이 놀이의 일종. 두 팀이 어떤 거리를 두고 마주보고 나란히 서서, 번갈아가며 상대팀 사람을 지명하고, 지명된 사람은 손을 잡고 서 있는 상대방의 열을 돌파하려고 하며, 이에 실패하면 상대팀의 일원이 된다—옮긴이)라는 놀이의 원자 차원 버전처럼 보일 수도 있다. 그러나 실제에서 이 방식은 유연성이 큰 장점이 있기 때문에, 특히 전력의 장거리 송전에 유리하다.

송전, 전기에너지를 보내기

'전류전쟁'은 사람들 앞에서 전기처형 장면까지 연출했지만, 안전보다는 전기를 보내는, 즉 송전과 관련된 문제였다. 초기의 전기모터는 거의 전부가 직류로 구동했는데, 당시에 수 킬로미터 이상 떨어진 곳에 위치한 대규모 발전시설에서 전기를 생산해서 보내는 송전 시스템과 잘 맞지 않았다. 최소한 19세기 말에 이용되었던 전압에서 직류 전력은 송전선을 따라 전달되면서 더 멀리 갈수록 급속히 소멸되는 경향이 있었다. 그래서 초기의 전기 엔지니어들은 먼 거리까지 직류 전력을 보내려면 두 가지 중 한 가지 방법을 선택해야 했다. 하지만 그 두 가지 모두 실용적이지 못했다. 전기가 필요한 소비자 가까이에 발전시설을 많이 짓거나, 값비싼 구리로 충분히 굵게 만든 전선을 이용해서 송전선의 맨 끝에서도 이용할 수 있을 정도의 전기가 남아 있게 하는 방법이었다. 굵은 구리 전력선은 부피가 크고 비용이 많이 들 뿐만 아니라 만들 수 있는 굵기에도 한계가 있었다. 실용적인 목적에서(에디슨의 주장에도 불구하고) 직류는 서부로 빠르게 팽창하던 미국에 전기를 공급할 방법이 될 수 없었다.

전압에 대하여

장거리 송전에 직류 대신 교류를 이용하는 이유는 전압 때문인데, 전압은 가장 이해하기 어려운 전기 개념으로 설명하기도 역시 어렵다. 끌어당기는 힘, 즉 인력이 존재하면 그 힘이 끌어당기는 모든 것에 위치에너지가 자동적으로 생기게 된다. 지구 중력이 끌어당기는 힘을 생각하자. 어떤 물체가 지구 표면으로부터 떨어져(들어 올려져) 있는 거리를 이용해 위치에너지를 계산할 수 있다. 이 위치에너지는 잠재적인데, 언젠가는 물체가 지구 중력에 의해 가속되면서 지구를 향해 떨어지기 때문이다. 그러면 에너지가 활성형이 되어 일을 수행하게 된다. 직류 회로에서는 이러한 전하가 한쪽 방향으로만 움직이고, 전하가 자신의 자리를 바꾸면 각각의 전자가 가진 위치에너지도 변한다.

전압을 이해하기 어려운 이유는 전기회로를 따라 존재하는 위치에너지의 차이 값이라는 개념이다. 이것은 상대적 값이다. 간단히 표현하면, '얼마나 많은 덩어리가 흘러가고 있나'라는 값을 전류로 생각한다면 전압은 '그 덩어리가 얼마나 급하게 그곳에 가려고 하나'를 값으로 나타낸 것이다.[8] 기계적인 용어로, 전압은 수도관 내의 물의 압력에 비유된다. 실제로 신참 엔지니어들이 듣는 말은 전기회로를 닫힌 배관 시스템이라 생각하라는 것이다. 전류가 그 배관 시스템 내에 들어 있는 물의 실제 양에 해당한다면, 전압은 파이프 내 물의 압력이라 할 수 있다(전압의 개념이 명확히 정리되기 전에 테슬라를 포함한 초기의 전기 엔지니어들은 전류를 '받고 있는 압력'으로 설명하였다). 그러나 이것은 정확한 비유라 할 수 없다. 저수지 및 그 저수지와 파이프로 연결된 절벽 밑 사이의 높이 차이가 전압에 더 적당한 비유다. 저수지의 물은 절벽 아래 파이프 끝에서 뿜어 나오는 물과 압력이 다르다. 그러나 가뭄이 들어 저수지가 말라 바닥을 드러냈다고 가정하자. 그래도 전압은 여전히 저수지와 파이프 사이의 위치에너지 차이로 표현된다. 그 차이를 드러내려면 저수지에 물이 차기를 기다려야만 한다.

이러한 위치에너지 차이 값은 직류와 교류의 차이를 생각할 때 필수적이다. 직류회로에서 양극과 음극 말단은 고정이기 때문에 전압은 일정하게 유지되어야 한다. 회로 내 각각의 전자는 말단으로부터 떨어진 거리로 인해 측정 가능한 위치에너지를 갖는다. 하지만 전하는 직류회로 내 전자들의 끈을 통해 흘러가므로, 어떤 한 순

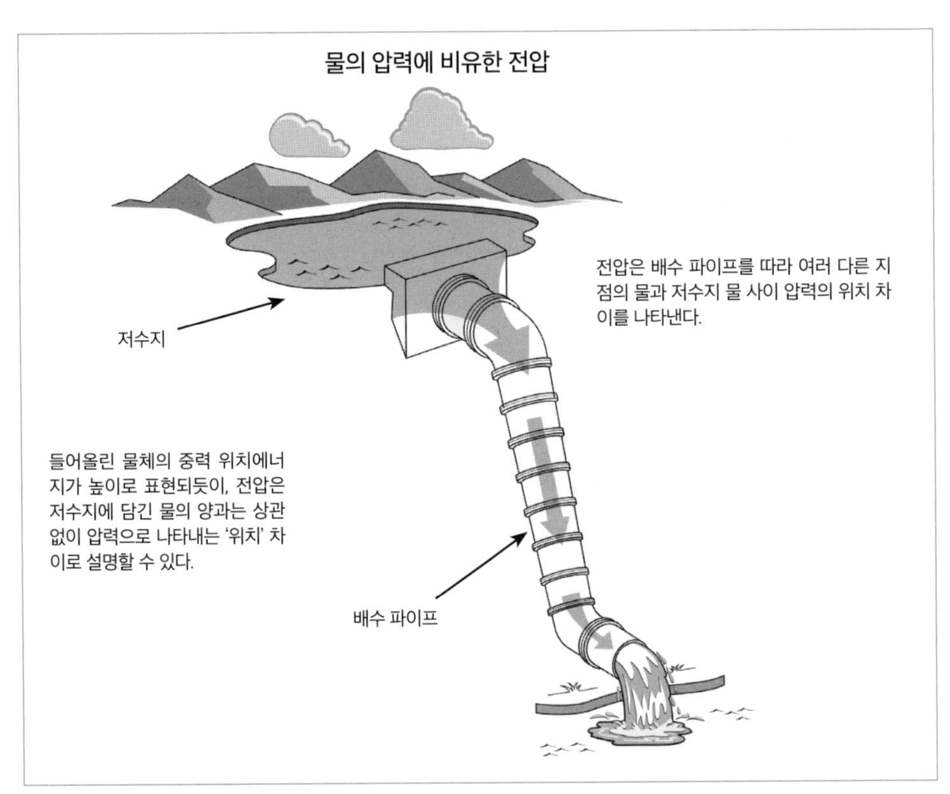

높은 곳에 위치한 저수지와 절벽 아래로 이어지는 파이프

간에는 회로의 모든 지점에 전하가 존재한다. 전하가 한쪽 방향으로 움직임에 따라 그 위치에너지는 항상 같은 비율로 변화한다(높은 위치에너지에서 낮은 에너지로 혹은 낮은 에너지에서 높은 에너지로). 마치 잘 훈련된 군대가 발맞춰 행진하는 모양이다. 전자 각각에서 군인들의 위치에너지는 변하지만, 어떤 두 지점에서 군인들 사이의 위치 에너지 차이는 항상 같다. 그들은 모두 항상 말단을 향해 가려는 동일한 갈망을 가지며, 따라서 말단을 향해 가는 행군의 속도는 일정하다. 전하는 움직이지만 고정된 말단을 향해 혹은 그 반대 방향으로 예측 가능한 동일한 양이 움직인다. 이러한 안정성은 배터리에 양극과 음극이 있고 1.5, 6, 9볼트 등 여러 가지 전압의 제품이 있지만 항상 표시된 전압만 공급하는 이유가 여기에 있다. 전압을 변화시키려면 배터리를 교체해야 한다.

이런 관계를 전적으로 학술적인 문제로만 생각할 수도 있다. 그러나 먼 거리에 전기적 힘(전하)을 전송하는 가장 좋은 방법이 무엇일까 생각하면 이것은 아주 중요하다. 장거리 송전선을 따라 흩어져 나가버리는 전기의 양을 줄일 수 있는 방법 중 하나는 같은 양의 에너지를 적은 전류에 담는 것이다. 이때는 전압이 핵심적 역할을 한다. 구체적으로, 교류회로가 전압을 변화시킬 수 있는 능력이다. 이런 현상을 이해하려면 전기를 전자의 흐름으로 생각하는 것이 좋다.

회로를 통해 전달되는 에너지는 전류(전선을 통해 가는 전자 행의 수가 해당된다)와 전압(각각의 전자 위치에너지 차이)의 곱이다. 직류 전력을 잘 훈련된 군인들의 행렬에 비유할 때, 직류 군인들의 부대가 가지는 힘은 각각의 행에서 행진하고 있는 전자의 수(전류)에 따라 그리고 그 열들이 발맞추어 행진하는 속도(전압)에 따라 결정된다.

전류(흘러가는 전자의 양) 혹은 전압(전자에 가해지는 '압력')과 실제 전력을 혼동하지 않아야 한다. 전력은 전류와 전압의 곱으로 나타내며, 움직이는 전기적 힘, 즉 전하의 에너지가 일을 수행할 수 있는 다른 형태로 전환되는 양을 의미한다. 예를 들어, 전기적 에너지는 기계적 에너지로 직접 전환되어 어떤 일, 예를 들면 구동축을 회전시키는 일을 하거나, 공기를 압축시켜 나중에 압력을 방출하는 경우와 같이 위치에너지로 저장될 때처럼 간접적으로 전환된다. 다시 말하면, 전력이 일을 하려면 전류와 전압이 모두 필요하다.

옴의 법칙과 교류의 장점

19세기 초 독일인 수학교사 게오르크 옴(Georg Ohm)은 자신이 물리학을 가르치면 돈을 더 벌 수 있을 것이라고 생각하며 불만에 차 있었다. 자물쇠공의 아들로 기계장치에 대한 지식이 많던 그는 쾰른의 예수회 학교 물리학 실험실 장치를 이용해 여러 가지를 실험했다. 주로 이탈리아의 루이지 갈바니와 알레산드로 볼타가 최근에 발명한 전기화학적 전지를 활용하는 실험이었다.

그러나 옴은 당시의 다른 사람과는 달리, 전기가 멀리 떨어진 거리에 있는 물체에 힘을 작용한다는 생각에 반대했다. 그 대신 전기를 뉴턴의 흔들 구슬 장난감 금속구슬의 끈과 비슷하게 '인접한 입자들' 사이에 전달되는 힘이라 믿었다. 1827년에는 〈갈바니 회로의 수학적 고찰〉이라는 논문을 발표했다(옴은 볼타보다는 갈바니를 더 좋아한 것으로 보인다). 논문에서 그는 전도체에 가해진 전류와 전압 사이의 수학적 관계를 설정했는데, 옴의 법칙으로 알려진 그 방정식은 현대 전기학의 주춧돌이다.

옴의 법칙을 방정식으로 표현하면 다음과 같다.

$$I(\text{전류}) = V(\text{전압}) \div R(\text{저항})$$

혹은

$$V(\text{전압}) = I(\text{전류}) \times R(\text{저항})$$

아주 간단한 관계식이므로 수식이 나왔다고 겁먹을 필요는 없다. 전선의 저항이 일정하다고 가정하면 전류와 전압 사이는 비례관계이다. 즉, 전압을 올리면 전류도 증가한다. 전압을 낮추면 전류도 감소하는 것은 물론이다.

이와 같은 전압과 전류 사이의 비례관계는 전력을 보내는 방법을 생각할 때 특히 유용하다. 원칙적으로 이 둘은 서로 교환되는 것으로 상대적으로 무거운 500원짜리 동전 두 개를 상대적으로 가벼운 1000원짜리 지폐 한 장으로 바꿀 수 있는 것과 같다. 돈과 마찬가지로 전류와 저항의 곱인 전압도 어떤 형태로도 포장할 수 있다.

아직 이해가 되지 않으면 다시 앞에서 했던 것처럼 전하를 전자들의 군대 행진에 비유해보자. 직류회로에서는 군대가 행진을 시작할 때의 속도를 그대로 일정하게 유지해야 한다. 군인들은 자신의 순서를 지키며 주어진 길을 가고, 목표점이 어디인지 항상 기억해야 한다. 그러나 교류회로의 군인들은 쉽게 방향을 바꿀 수 있도록 덜 엄격하게 행진 대형이 짜여 있어서 행진 중간에 새로운 명령을 받을 수도 있다. 교류 군대의 군인들은 한 전쟁터에서 다른 전쟁터로 언제든 이동하고 행진 속도를 다르게 해서 출발할 수도 있다. 그러나 새로운 명령을 내리자면 비용이 따른다.

저항과 송전선로에서 손실

전자 군대가 행진하는 도중에 행진 속도를 제어할 수 있다면 매우 유용할 것인데, 특히 한 장소에서 다른 장소로 행진해야 하는 지역을 생각하면 더욱 그렇다. 전하가 전도체를 따라 움직이면 저항에 부딪친다. 말 그대로 전도체가 전하의 통과를 저지하는 정도가 저항이다. 대부분 저항은 원자들에 마찰을 일으키고 이것은 열을 발생시킨다. 전도체를 통과하려는 전력이 클수록 저항도 더 크고 따라서 열도 더 많이 생산된다. 전도체가 대부분의 전선처럼 금속으로 만들어졌다면 전도체는 열 때문에 팽창한다. 이렇게 열성팽창이 일어나면 전력선이 처지게 되어 나뭇가지에 걸리거나 합선이 일어나 넓은 지역에 정전을 초래할 수도 있다.

저항은 전력선이 가열되는 문제를 일으킬 뿐만 아니라 그 선로를 따라 송전되는 전력 일부를 써서 없애버린다. 어떤 경우에는 전력의 큰 부분이 이렇게 없어진다. 거의 모든 전도체는 그 속을 통과하려는 전력에 어느 정도의 저항을 발생시키지만, 저항의 크기는 전력의 형태에 따라 다르다.

전선으로부터 전력이 '새어나가는' 속도는 전압이 '새어나가는' 속도보다 빠른 것으로 밝혀졌다. 절벽 위 저수지에 담긴 물과 절벽 아래로 이어진 파이프 끝에서 흘러나가는 물 사이의 위치에너지 차이처럼 전압도 상대적인 값이라는 것을 기억해야 한다. 물이 파이프를 통해 절벽을 떨어져 내릴 때 위치에너지는 일정하게 감소하고 그 감소는 파이프 길이에 따라 결정된다. 전선(송전선로)에서 전압 하강도 이와 같은 방식이다. 전선에서는 전압이 일정한 속도로 떨어진다. 즉, 선로가 길수록 손실이 커진다.

한편으로, 송전선에서는 전류의 제곱으로 커지는 속도, 즉 두 곱의 속도로 전력이 '새어나간다.' 새어나가는 속도가 전류의 제곱으로 증가한다. (이렇게 전류의 제곱으로 손실이 일어나는 것을 대부분의 사람은 전력이 '기하급수적' 속도로 손실된다고 말한다. 흔히 이렇게 말하지만 엄격히 말하면 정확한 용어는 아니다. 수학적 용어로 '기하급수적 속도'는 저항의

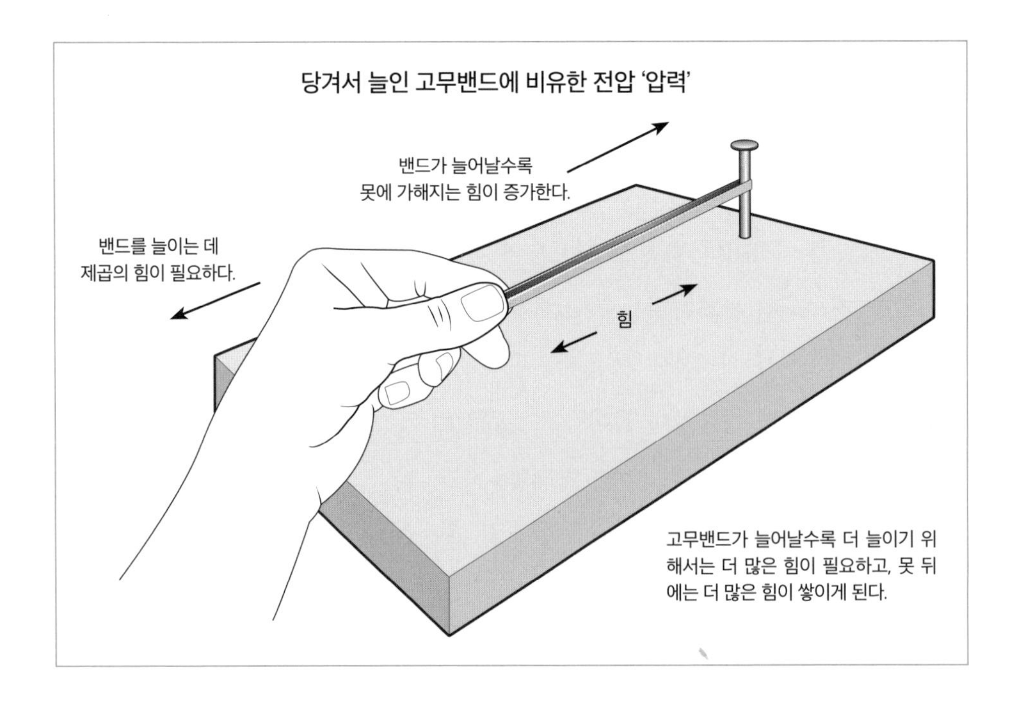

제곱(R^2)에 해당하는 뜻이 아니며 저항이 변수승(RN)에 따라 증가한다는 의미다. 그러나 이것은 수학적으로 어려우므로 같은 송전선을 따라 일어나는 전압의 비례적(선형) 손실과 전류의 '기하급수적' 손실로 비교하여 생각하는 것이 더 간단하다.) 그 이유 중 한 가지는 늘어난 고무밴드처럼 전류를 더 많이 '밀어 넣을수록' 전선의 저항이 증가하기 때문이다. 늘어난 고무밴드처럼 전선에 더 많은 전류를 밀어 넣을수록 뒤로 밀기도 더 어렵게 된다. 그러나 이렇게 저항이 증가하는 속도는 비례적이 아니라 '제곱'으로 빠르다. 옴의 법칙에서 표현된 전류, 전압, 그리고 전압의 관계 때문에 그렇게 된다.

옴의 법칙을 이용해 전선이 주어진 양의 전류를 얼마나 '밀어주기' 어려운지 계산하는 식을 유도할 수 있다.

P 저항으로 손실된 전력:

P(손실된 전력) = I^2(전류) × R(저항) *

옴의 법칙은 전압이 전류와 비례관계(하나가 증가하면 다른 하나도 증가)가 있음을 보여주는데, 이 식에서 전류와 저항 사이에서도 비슷한 비례관계가 있음을 알 수 있다. 그러나 여기에는 중요한 차이가 있다. 전압과 전류는 직접 비례하는 반면, 전류와 전압은 제곱으로 비례한다. 일정한 전압을 가진 직류를 장거리 선로를 통해 보내는 방법을 결정할 때 이러한 차이는 매우 중요하다. 직류 전력의 전압은 변압기를 이용해 쉽게 변화시킬 수 없기 때문에, 정해진 양의 직류 전력을 보내려면(특히, 테슬라의 시기에) 전류로 '포장한' 형태로 송전선을 통해 보낼 수밖에 없었다. 따라서 대용량 직류 전력을 보낼 때는 송전선로 저항으로 엄청난 양의 손실이 발생해 대용량 전기가 필요했다.

---

* 수학적으로 이 방정식은 전력의 정의[P(전력) = I(전류) x V(전압)]와 옴의 법칙[V(전압) = I(전류) x R(저항)]에서 유도된다. 첫째 식에서 V를 IR로 대체하면 [P = I x (I x R)]이 되고, 간단히 $P = I^2R$로 표시한다.

마크 트웨인이 테슬라의 뉴욕 리버티가 실험실에서 스파크갭을 관찰하는 모습

그러나 교류에서는 전력을 전압으로 '포장'하는 방법이 있다(저항에 비례적 손실만 일어난다). 교류회로에서는 전압을 변화시킬 수 있으므로, 행진하는 군대에 행진속도를 바꾸라는 명령이 가능한 것과 비슷하다. 변압계를 이용하면(5장 참고), 에너지 손실 없이 교류를 전선의 한쪽 끝에서 전압으로 다시 포장할 수 있다(승압). 전력은 전압과 전류의 곱이므로 전압이 증가하는 만큼 같은 정도로 전류가 감소한다. 다른 말로 하면, 송전선로를 따라 전압을 높게 하여 적은 전류를 보낼 수 있으며, 반대쪽 끝에서 전류로 다시 포장한다(강압). 손실은 전류 제곱으로 발생하지만 전압에는 단순 비례하기 때문에, 송전선으로 높은 전압, 적은 전류를 보내면 제곱 비례의 저항 손실을 단순 비례의 저항 손실로 대체하여 많은 양의 전력을 아낄 수 있는 것이다.

저항으로 손실되는 양을 적게 하며 장거리 송전이 가능한 교류 전력의 특성은, 교류가 직류보다 위험하다는 점을 강조하기 위해 잔인한 실험까지 동원한 에디슨을 누르고 웨스팅하우스가 전류전쟁에서 승리한 가장 중요한 요인이었다. 궁극적으로 소비자가 안전성보다 장거리를 싼 가격에 보낼 수 있는 교류의 실용성을 선택한 것이다. 테슬라의 교류 모터 구조가 현대 전기 시스템의 발전을 이끈 표준이 된 그리고 결과적으로 이 현대의 천재가 '전기 시대'를 발명한 사람으로 칭송받는 이유도 여기에 있다.

초기 교류 모터의 역사적 사진

위대한 생각을 어느 한 개인이 혼자 이룬 경우는 거의 없다.

생각이 발전하는 역사를 보면 새로운 아이디어가 어떤 세대에서

여러 유능한 사람들의 머릿속에 동시에 떠올랐던 것을 알 수 있다.

……그렇듯이, 여러 사람의 생각과 발명들이 다상 모터 시스템의 토대를 형성했다.

-베렌트, 《전기세계와 엔지니어》 1905년 5월 6일

4
다상 교류 모터

지금 이 순간에도 약 7억 대나 되는 다양한 크기의 전기모터가 전 세계에서 작동 중이다.[1] 전기모터는 냉장고와 에어컨에서 PC까지 현대인의 모든 생활에 동력을 제공할 뿐만 아니라 산업 생산의 거의 모든 과정에서도 없어서는 안 될 요소다. 전기모터는 기차나 지하철 같은 대중교통 시스템을 작동시키는 핵심이기도 하다. 2010년대 초반까지 유가가 계속 상승하자 전기모터는 개인 교통수단에서 더 중요해졌다. 화석연료 모터로 작동하는 시스템에도 전기모터가 핵심 요소라는 점은 간과하기 쉽다. 2012년 슈퍼 허리케인 샌디가 뉴저지를 강타하여 뉴욕이 암흑 속에 빠졌을 때 뉴욕의 자동차 수천 대가 멈춘 채 꼼짝하지 않았다. 휘발유가 없어서가 아니라 주유소의 펌프가 전기모터로 작동하기 때문이었다.[2]

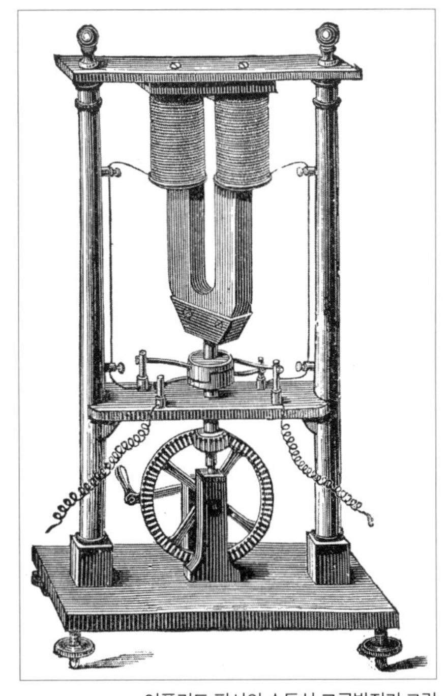

이폴리트 픽시의 수동식 교류발전기 그림

전기모터는 세계 경제에서 중요한 역할을 할 뿐만 아니라 건강한 지구 환경에도 매우 필요하다. 모터는 지구상의 최대 전기 소비자로서 전 세계 전력 소비 중 45퍼센트를 차지한다.[3] 세계 어느 곳에서든 생산되는 모든 전기에 대해 매년 전기모터가 전기를 먼저 사용해야 한다면 다른 전기기계는 6월 16일까지 기다려야만 작동할 수 있을 것이다.

작은 크기에 비교적 조용하고, 별 관심을 받지도 못하는 이 도구가 니콜라 테슬라의 머릿속에 떠오른 가장 위대한 발명 중 한 가지라고 주장하는 사람들이 많으며[4], 일부는 인류가 이룬 발명 중 최고 10가지 중에 속한다고 말한다.[5] 그러나 현대적 전기모터를 '발견한' 사람에 대한 이야기는 보통 사람들의 생각(혹은 테슬라 자신의 설명)보다 훨씬 더 복잡한 문제다.

1887년 10월 12일, 테슬라는 미국 특허사무소에서 '전기-자기적 모터'를 특허 신청했다.[6] 전자기장을 기계적 에너지로 전환하여 축을 회전시키는 설계다. 하지만 전기모터는 분명히 이미 존재했고 널리 사용되고 있었다. 테슬라가 자신의 설계를 구상할 즈음에 전기모터는 엘리베이터와 물품운반용 트롤리를 움직이고, 일부 산업기계에도 사용되었다. (앞에서 데이비가 1821년 무렵에 최초의 배터리 구동형 전기엔진을 발명했다고 설명했다. 미국에서 최초로 작동한 전기모터는 버몬트의 대장장이인 대븐포트가 1834년에 만든 것으로, 이를 구동할 발전기가 만들어지기 전이었다. 대븐포트는 자신의 집과 가게 주위에서 구할 수 있는 재료를 이용해(아내 웨딩드레스의 비단 옷감도 포함해서) 전기로만 가동되는 기차 모형을 만들었다.) 테슬라의 설계가 특허를 신청할 만큼 특별한 이유는 두 가지 혁신 때문이다. 이 혁신은 전기엔지니어링에 혁명을 일으켰을 뿐만 아니라 현대 사회의 기둥인 대규모 전력망을 구축했다.

첫째, 테슬라의 설계는 전류를 기계적 에너지로 전환하기 위해 회전 자기장을 이용했다. 둘째, 이렇게 하는 데 정류자가 필요 없는 구조로 설계했다.

이 두 가지가 무슨 의미인지 이해할 수 없어도 실망하지 말자. 전기모터의 기초적 엔지니어링 원리에 대한 설명을 약간만 들어도 테슬라의 이 유명한 설계가 왜 혁명적인지 알 수 있다.

먼저, 발전기와 전기모터는 동전의 양면이라는 점을 이해해야 한다. 발전기는 전자기 유도를 이용해 기계적 운동을 전기로 바꿔주는 구조이며, 모터는 정확히 그 반대다. 전자기력으로 유도된 전류를 기계적 운동에너지로 바꿔준다.[7] 실제로 발전기와 모터의 구조는 매우 비슷하여, 발전기 대부분이 모터로도 작동하고 모터도 발전기로 작동한다. 그래서 모터 설계의 혁신은 발전기 설계의 혁신이기도 하다.

전기모터의 진화

최초의 전기 장비는 배터리로 구동했기 때문에 직류 전력을 이용하는 구조로 만들어야 했다. 예를 들어 최초의 전신은 각각 다른 알파벳 문자를 나타내는 여러 선을 연결하고 그 선의 끝은 산이 들어 있는 유리관 속에 잠기는 구조였다. 보내는 사람은 전선의 한쪽 끝에 전류를 가하였다. 전류는 전선을 통해 전달되어 산을 전기분해하고 전선의 반대쪽 끝에 위치한 튜브 속에 작은 수소 거품을 방출한다. 받는 사람은 어느 튜브에 거품이 생기는지 관찰하여 알파벳 철자를 기록하고 메시지를 해독한다.[8]

유럽에서 상업적으로 이용한 최초의 전기모터는 영국 과학자 윌리엄 스터전이 1832년에 발명했다. 그는 전자석에 대한 연구를 토대로 직류 전력을 이용해 작은 공구와 인쇄기를 구동하는 기계를 고안했다. 그러나 전기화학적 배터리로 그 기계에 전력을 공급하는 데 비용이 너무 들었기 때문에 스터전과 그를 모방한 몇몇 발명가는 파산하고 말았다.[9] 당시의 많은 발명가가 배터리 전력을 대체하기 위해 전자기 유도로 관심을 전환한 데에는 이러한 한계가 컸다.

전선에 대해 상대적으로 움직이는 자석 혹은 자석에 대해 상대적으로 움직이는 전선을 이용해 전류를 만들어내는 것이 전자기 모터나 발전기의 가장 간단한 형태다. 고정된 전기자(armature) 내에서 자석이 움직이는 구조가 고정된 자기장 내에서 전기자가 움직이는 구조보다 더 실용적일 때가 많다. 따라서 코일(loop) 형태의 전선 내에서 회전하는 막대자석이 있는 형태를 발전기의 가장 기본적 구조로 생각할 수 있다.

자석의 양극에서 나오는 자기력을 상상하면, 전선 코일 평면과 평행하게 위치할 때는 어떤 자기력선도 전선 코일과 교차하지 못한다는 것을 알 수 있다. 그러나 자석이 회전하면 전선 코일은 많은 자기력선을 교차한다. 자석이 회전을 계속하면 자석이 전선 코일 평면에 수직 위치가 될 때까지 점점 더 많은 자기력선이 전선 코일 평면을 교차한다(그림 참고). 그 이상으로 회전하면 교차되는 평면이 점점 줄어들어 자석이 전선 코일에 평행하면 다시 교차가 전혀 없다. 따라서 한 차례 회전이 완결되는 동안 전선 코일 평면이 교차되는 양은 점차 증가해 최대가 되었다가 다시 줄어들어 자석이 처음

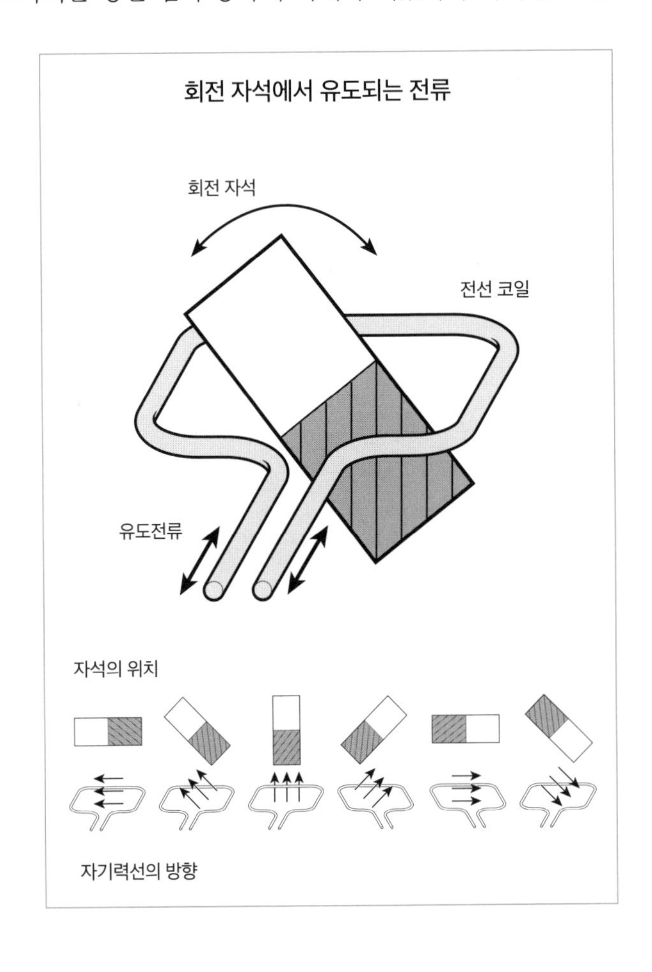

전기모터의 기본적 구조

상업적으로 성공한 전기모터는 형태가 다양하지만 기본 구조는 모두 동일하여 정지 부분(고정자, Stator)과 회전 부분(회전자, Rotor)으로 나뉜다. 가장 흔히 보는 모터 구조의 고정자는 자기장을 일정하게 형성하는 계자석(field magnet)으로 구성되고 회전자에는 전선(주로 구리나 알루미늄) 코일과 축이 있다. 전류가 지나가는 전선은 전기자 권선(armature windings)이라고도 부르는데 전기적 일을 전송한다. 대부분 회전자가 전기자다. 직류 모터나 발전기에서는 교류와 직류를 변환하는 정류자(commutator)가 축에 부착되어 있어 구리 브러시로 고정자에 접촉과 분리를 반복한다.

전기모터의 내부

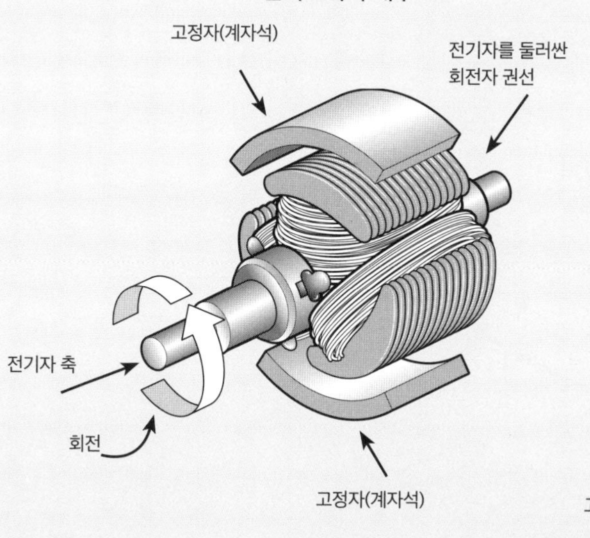

고정자(계자석)

고정자는 전기모터에서 움직이지 않고 고정된 부분이다. 테슬라가 설계한 구조에서는 계자석이 고정자 역할을 하여, 전기장의 양극을 당기거나 밀어내면서 전기자를 회전시킨다.

전기자

전기자는 둘레에 전선 코일이 감긴 구조다. 여기서는 움직이는 부분, 즉 회전자가 해당된다. 전기자에 전류가 흐르면 자기장을 발생시키는 구조다. 회전자와 고정자 자기장 사이의 상호작용(두 냉장고의 자석 사이에 서로 당기거나 밀어내는 힘과 비슷하다)이 토크(회전력)를 발생시키고 이 힘이 일을 수행하는 데 이용된다.

정류자

단순한 정류자는 전기자의 축에 부착된 한 쌍의 판으로 된 구조다. 각각의 판은 전기자의 감긴 코일에 연결되고 이것은 전자기력의 원천으로 이어진다. 전기자가 회전하면 각각의 판이 주기적으로 브러시(보통은 구리선이나 탄소섬유로 만들며, 고정자에 부착되어 있다)와 접촉한다. 각각의 판이 브러시와 다시 연결될 때마다 전류의 방향은 바뀐다. 따라서 정류자는 직류 기계에만 필요한 장치다.

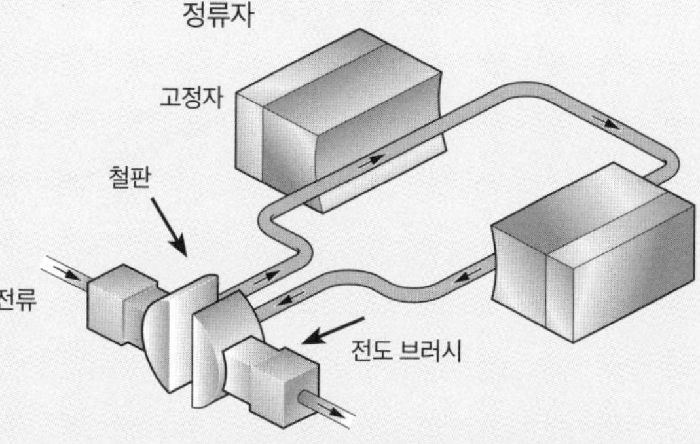

출발한 위치로 돌아가면 교차가 최소 혹은 없어진다.

자석의 위치가 전선에 대해 상대적으로 변화하는 속도에 따라 전자기 흐름이 유도되기 때문에, 유도 전류의 양을 사인파(sine wave) 형태로 나타낼 수 있다. 사인파 한 주기의 절반 동안 자석의 회전은 전선 코일 평면에 교차가 증가하고 변화 속도는 양(+)이다. 즉, 사인파가 최곳값에 접근한다. 나머지 절반의 주기 동안 자석의 회전은 평행을 향해 가고 변화 속도는 음(-)이 된다. 즉, 사인파 값이 감소한다. 이러한 변동이 교류를 만든다. 일정한 시간 동안 이루어지는 자석의 회전수가 이러한 변동의 빈도가 된다. 따라서 자석의 회전은 유도된 전류의 변동을 나타내는 사인파와 '상(相, phase)이 일치한다.'

직류 회로는 대부분 전선 두 개로 작동한다. 한 개는 발전기(배터리도 해당한다)에서 나오는 전류를 그 에너지를 이용하는 장치(여기서는 모터)로 전달한다. 다른 한 개의

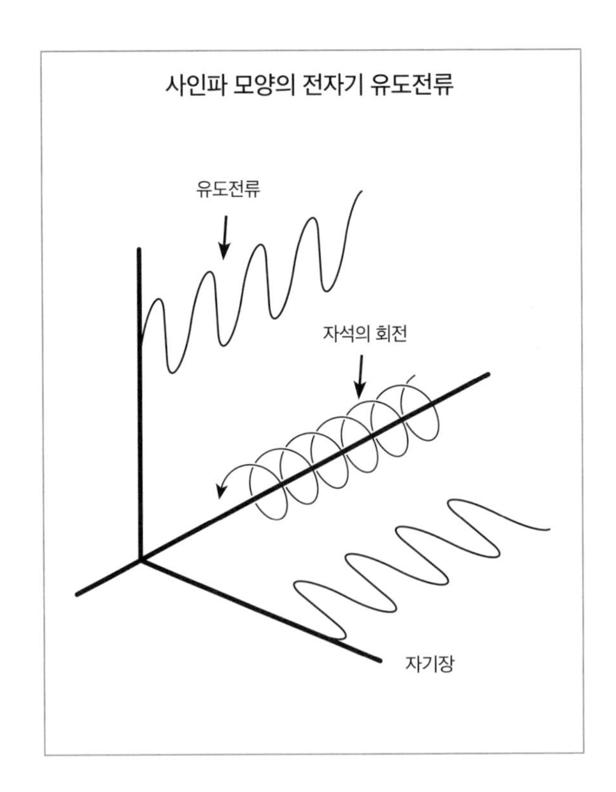

선은 모터에서 전류를 발전기로 되돌려 보낸다. 그러나 마이클 패러데이가 1831년 영국 왕립학회에서 발표한 역사적 논문에서 자신의 실험결과를 발표한 이후, 갑자기 모든 과학자와 아마추어 발명가는 전자기 유도전류 실험에 몰두하기 시작했다.[10] 최초의 유도전류 발전기를 발명했을 때(회전하는 자석을 이용하는 구조다), 자석이 한 번 회전할 때마다 극이 뒤바뀌는 전류로 작업해야 하는 것이 과학자들에게는 문제였다. 따라서 자석의 회전에 따라 유도되는 전류가 변동되는 교류는 흐름이 일정한 전력에 비해 모터를 구동하는 전력으로 실용적이지 못했다. 그래서 전기엔지니어들은 회전운동에서 일정한 전류를 유도해내는 방법을 찾으려고 씨름했다. 사실 그들은 포셸 교수가 테슬라에게 만들 수 없을 것이라고 말한 바로 그것을 찾고 있었다. (흐름이 변동하는 교류를 흐름이 일정한 직류로 변환하려면 최소한 정류자는 이용해야 한다. 그렇지 않으면 불가능하다는 것이었다.)

이폴리트 픽시: 최초의 정류자

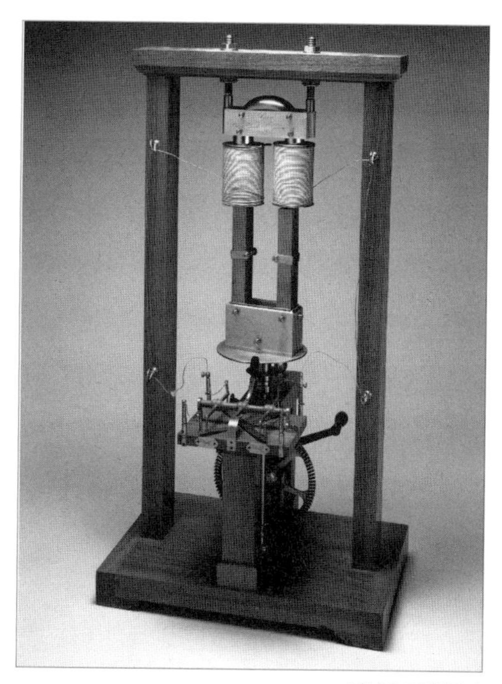
픽시의 교류발전기

프랑스의 도구 제작자인 이폴리트 픽시는 패러데이의 발견을 읽고 나서 1832년에 손으로 축을 돌리는 방식의 전기발전기를 만들었다. 그는 회전운동이 교류를 생성하는 경향을 실제로 보여주었다. 픽시가 설계한 구조는 말굽자석에 연결된 축을 손으로 돌리면 철제 심부 주위에 감긴 코일 위를 자석의 S극과 N극이 지나가는 형태였다. 코일의 말단은 전기를 감지할 수 있는 터미널에 연결했다. 픽시는 자석의 극이 코일 위를 지나갈 때 전기적 파동이 유도되는 것을 확인할 수 있었지만, 그 파동은 코일 위를 지나는 자석의 극이 달라질 때마다 방향이 바뀌었다. 픽시는 현재 우리가 알고 있는 교류를 관찰한 것이다.[11]

1832년 프랑스 학술원에서 자신의 장비를 시연했지만 당시 24세인 픽시는 자신의 발명을 상업적으로 이용할 생각을 하지 못했다. 게다가 당시에는 몇 안 되는 기계만 배터리로 구동했다. 그리고 1840년대와 1850년대에 전기를 가장 많이 사용한 영역은 전신이었는데, 발전기와 수신기 사이에 연결된 전선에 흐르는 직류를 끊어주면서 신호를 보내는 방식이다.[12] 학술원 특별회원이던 앙페르는 교류를 좀 더 유용한 직류로 바꿔주는 장치(지금의 정류자에 해당)로 픽시의 기계를 실용화할 수 있다고 제안했다. 정류자는 둘로 나뉜 링과 구리 전선 브러시를 이용해, 회전하는 자석이 구리 전선 평면에 평행한 위치로 돌아가기 시작하는 지점에서 전류 방향을 역전시킨다. 이런 방식으로 정류자는 방향이 계속 변동되는 유도전류를 한쪽 방향으로만 흐르는 일정한 파동으로 바꿔준다. 정류자는 아래위로 변동하는 사인파 대신 한쪽 방향으로만 오르내리는 전류 흐름을 만들어낸다. 흐름의 강도는 변동하지만 방향을 바꾸지는 않는다.

1833년 픽시는 이 구조를 보완해 런던에서 전시했다.[13] 그러나 이 젊은 과학자는 그 뒤 2년 만에 원인을 알 수 없는 이유로 사망했으며, 자신이 발명한 발전기로 경제적 이익은 한 푼도 얻지 못한 것으로 보인다.

테슬라의 유레카(1881)

테슬라에 따르면 정류자가 필요 없는 모터 설계가 불현듯 머리에 떠올랐다고 한다. 이 천재의 머릿속 한 구석에 숨겨진 진실은 아직 묻혀 있다. 테슬라는 1876년 포셀 교수에게 질책을 들은 이후 정류자 없는 모터를 만드는 과제와 계속 씨름했다고 주장한다. 자신은 끊임없이 방향이 바뀌는 전류를 이용해 일정한 회전운동을 만들어내는 다른 방법을 찾고 있었다는 것이다. 즉, 테슬라는 그라츠에 있을 때 기존 발전기의 다양한 구조를 검토하여 이 문제를 해결하려고 했다. 먼저 머릿속에 직류발전기(다이나모로 알려진 것)를 그린 다음, 상상력만으로 다양한 방식으로 실험했다. 그래도 답이 나오지 않자 '교류발전기 시스템을 상상하고 비슷한 방식으로 그 시스템을 운영하고 탐구했다.'는 것이다.[14]

테슬라가 자신이 상상한 장치를 '교류발전기(alternator)'로 부른 것은 이상하다. 기계적 에너지를 교류로 바꿔주는 단순한 발전기이기 때문이다. 실제로 모든 다이나모는 교류를 생산하는 교류발전기에서 시작한다. 교류 전력을 실용적으로 이용하는 방법을 찾은 사람이 없기 때문이다. 당시의 표준인 모터 구조에는 교류를 직류로 바꾸는 정류자가 포함되었다. 그러나 교류발전기는 단지 다이나모에서 정류자를 없앤 것에 불과했다.

1866년경, 전기 엔지니어인 찰스 휘트스톤, 베르너 지멘스 그리고 새뮤얼 발리 세 명이 각각 현대적 직류발전기 설계를 발표했다(그들 중 발리만이 특허를 신청했다). 지멘스는 1860년대 후반에 직류발전기를 상업적으로 생산하면서 이를 '다이나모'라고 불렀다. 그 후 벨기에 발명가 제노브 그람은 지멘스의 설계를 개선하여 1871년에 그람 다이나모를 생산하기 시작했으며, 당시 가장 많이 이용하는 발전기가 되었다. 사실 테슬라는 포셀 교수 수업시간에 그람의 장치들 중 하나가 작동하는 것을 보았던 것이다.

그람 다이나모는 교류 전력을 만들 수 있었지만, 당시 교류는 야블로치코프 전등을 켜는 데만 이용되었다. 러시아 전기엔지니어 야블로치코프가 발명해 1878년 파리박람회 조명으로 이용된 전등이다. 당시까지만 해도 '교류발전기'라는 용어는 생소했다. 그래서 테슬라가 1875년부터 1876년 사이에 머릿속에서 '교류발전기'를 이용하는 실험을 어떻게 할 수 있었는지 알 수가 없다. 테슬라의 전기작가인 버나드 칼슨은 오스트리아에서 공부하던 학생 테슬라가 야블로치코프의 파리 조명 시스템을 알고 있지는 않았을 것이라고 했다. 그래서 그는 테슬라에게 떠오른 영감이 기존

의 직류모터 작동 연구에서 나왔을 것이라고 결론을 내렸다.[15]

파리박람회에서 시연한 것을 테슬라가 알았는지에 대해서는 이제 확인할 수 없다. 최소한 1880년대 중반까지는 그가 교류 구조를 이용하는 실험을 상상하지는 못했을 것이라고 보는 것이 좀 더 합리적이다. 그때는 교류발전기가 주요 학술논문의 주제로 등장하기 시작한 시기다. 예를 들어 영국 전기엔지니어인 에드워드 고든은 영국과학진흥협회 부회장으로 재직하던 1882년에 대형 교류발전기 두 개를 만들었다. 그 직후 18세의 영국 전기학계 꿈나무 서배스천 페란티는 좀 더 강력한 교류발전기를 설계해 특허까지 취득했다(하지만 그 설계가 페란티의 첫 모델에 도움을 준 윌리엄 톰프슨('캘빈 경'으로 더 잘 알려진) 이 이미 예견한 것으로 확인되어 특허권을 상실했다).

테슬라는 살고 있던 그라츠를 떠나 부친 사망 이후 고스피치에서 짧게 체류하다가 프라하로 이주했는데, 표면적 이유는 카를-페르디난트대학에 입학하기 위해서였다. (체코 당국은 테슬라가 카를-페르디난트대학뿐만 아니라 다른 학교에도 다녔다는 기록을 찾을 수 없다고 말한다. 하지만 전기작가인 미르키치는 테슬라가 수학과 실험물리학, 그리고 최소한 한 개의 철학강좌 여름학기에 출석했다고 주장한다.) 테슬라는 프라하에서 정류자 없이 전기모터를 작동시키는 '획기적인 발전'을 이루었다고 주장했다. 다시 말해 "정류자를 기계에서 떼어내고 새로운 측면에서 그 현상을 연구하는……"[16] 발전이다. 그러나 테슬라는 직류기에서 정류자를 없애면(본질적으로 교류발전기를 만드는 것이다). 지속적으로 당기는 힘을 회전운동으로 전환하는 문제를 풀 수 없었다고 인정했다.[17] 결국 시작한 그 자리로 돌아왔을 뿐이었다. 회전운동을 만들어낼 수 없는 교류발전기였다. 테슬라는 상상 속에서 복잡한 기계를 만들고 작동시키는 신비한 능력이 있었지만, 1880년에는 당시의 다른 사람들보다 회전하는 자기장 발명에 더 근접해 있지 않았다.

1881년 1월에 테슬라는 부다페스트로 옮겼다. 그리고 이듬해에 다상(多相) 교류 모터 발명으로 이어지는 발상이 떠올랐다고 주장한다. 당시 심한 우울증에 빠져 회복 중이었지만 아직 감정의 기복이 심하고 경이감에 사로잡히기도 해서 의사는 다량의

1878년 파리 세계박람회

야블로치코프의 교류 조명시스템이 1878년의 파리 세계박람회장을 밝히고 있다.

테슬라가 야블로치코프의 시스템을 알고 있었을 것이라고 주장하는 일부 대중지나 호사가의 생각이 완전히 틀렸다고는 할 수 없다. 1878년에 열린 파리박람회를 찾은 관람객은 1300만 명 이상이었으며, '빛의 도시' 파리를 방문한 사람의 수는 그 이전에 열린 어느 문화행사 때보다 더 많았다. 파리 세계박람회는 1870~1871년에 벌어진 프러시아와의 전쟁에서 파리가 비스마르크에 포위됐다 통제권을 회복한 것을 축하하는 의미도 있었다. 그보다 불과 수년 전에 프러시아는 오스트리아에도 비슷한 공격을 했는데 당시 오스트리아는 크로아티아 지역을 지배하고 있었다. 어린 테슬라와 가족이(그중 몇 명은 오스트리아군에 복무했다) 거주하던 곳이었다. 프러시아의 공격으로 크로아티아에서 오스트리아의 영향력이 쇠퇴한 것은 1850년대에 세르비아 신문이나 잡지에 민족주의적 경향의 글을 자주 싣던 테슬라의 아버지에게는 분명히 큰 관심사였다. 그래서 테슬라와 가족은 당시 언론에서 크게 다룬 파리박람회 소식도 흥미 있게 읽었을 것이라고 추측할 수 있다. 그리고 야블로치코프의 교류 조명시스템이 파리 오페라가를 환하게 밝힌 기사도 여기에 포함되었을 것이다.

칼륨을 처방하기도 했는데, "유레카!"를 외친 것도 이 시기였다.[18]

테슬라는 자신의 발명에 관심을 가졌다고 주장한 부다페스트의 '청년 그룹'에 속한 젊은 발명가 안토니 시게티와 함께 매일 저녁 부다페스트 시내 공원을 산책했다.[19] 시게티는 기계에 능숙해 보이지만 전기 분야에서 정규 교육을 받은 증거는 없다. 그렇지만 테슬라는 산책하면서 자신이 몰두한 전기모터 설계 개선 문제를 그와 함께 논의했다고 주장한다.

어느 날 시게티와 함께 석양을 바라보며 산책 중이던 테슬라는 괴테의 《파우스트》에 나오는 구절을 떠올렸다.

하루의 노고가 끝나고 햇살은 스러지고 있다네
서둘러야 할 때, 새로운 삶의 장을 찾아서
아, 어떤 날개도 땅에서 날아오를 수 없으니
솟구쳐야 하는데 솟구쳐야 하는데!
위대한 꿈이여! 이제 그 영광은 사라져 가는구나.
오호라! 마음을 날아 올리는 날개,
몸뚱이만을 내게 남겨주는구나.

테슬라는 자신이 몇 년째 시름하고 있는 과제와 이 구절의 단어들이 어떻게 관련이 있는지는 분명히 말하지 않았다. 하지만 그는 파우스트 시구를 읊조리는 동안 다상 전기모터의 개념이 '번개가 번쩍이듯이' 떠올랐다고 한다.[20] 그리고 땅에서 막대기 한 개를 주워 모래 위에다 그림을 그렸다고 주장한다. 하지만 이 개념은 그로부터 6년이 지나 테슬라가 미국전기엔지니어협회(AIEE)에서 이를 발표할 때에야 공식적으로 등장한다.

다상 모터 구조

다상 모터의 기본 개념은 매우 분명하기 때문에 이것이 왜 그렇게 혁명적인지 이해하기 어렵다. 모든 것이 자기장과 관련된 기본 법칙에서 시작한다. 반대 극끼리는 서로 당기고 같은 극은 서로 밀어낸다. 고정된 자석의 극 사이에서 회전할 수 있도록 전자석을 매달아둔 상황을 상상하면 당기는 힘과 밀치는 힘이 어떻게 회전운동을 만들어내는지 이해하기 쉽다. 전자석의 N극은 고정된 자석의 N극에서 밀려나고 S극 쪽으로 당겨진다. 마찬가지로 전자석의 S극은 고정된 자석의 S극에서 밀려나고 N극 쪽으로 끌려간다. 이렇게 해서 전자석은 고정된 자석의 반대 극을 마주하는 위치까지 회전한다.

정상적인 상황에서라면 반대 극끼리 배열될 때 운동은 멈춘다. 전자석이 반 바퀴 회전한 지점이다. 교류가 흘러 일정한 시간 간격으로 전자석의 극이 역전된다고 가정하면 전자석이 회전하여 반대 극끼리 마주할 수 있다. 그러나 유도된 교류 전류는 사인파를 그리기 때문에 자석의 극끼리 배열되면서 전류 세기가 약해진다. 그리고 그 후 다시 반대로 된다. 그 결과 전자석의 방향은 역전된다. '상(相, phase)이 있는' 교류는 전자석을 일정하게 회전시키는 것이 아니라 한 번은 이 방향으로 다음엔 저 방향으로 뒤집는 운동을 만든다.

그러나 두 극을 가진 하나의 전자석 대신에 직각으로 배치되어 극들이 서로 90도 각도를 이루는 전기자(armature)를 생각하자(그림 참고). 이제 이러한 각 전자석에 별개의 발전기들이 전기를 공급하고 그 발전기들이 자석 극에 공급하는 교류의 세기는 감소하기 시작하는 바로 앞 자석 극의 세기를 이어받도록 시간을 설정한다. 말하자면 각각의 자석 극에 공급되는 교류전류는 서로 약간씩 '상이 어긋난다'. 그 결과 전자석이 반대방향으로 움직이는 대신에 반대 극을 갖게 된 쪽을 향해 계속해서 회전한다. 즉, '다상' 모터는 전자석이 뒤집어지는 대신에 회전 진행방향으로 계속 돌아가는 것이다.

테슬라는 이와 같은 개념이 너무나 명백했기 때문에 전기에 거의 문외한이던 시게티도 테슬라가 설명한 것을 '완벽하게' 이해했다고 한다. 테슬라는 이렇게 갑자기 떠오른 개념에 '흥분된 감정을 어떻게 표현할지 모르겠다'고 하며 자서전에 이렇게 적었다.

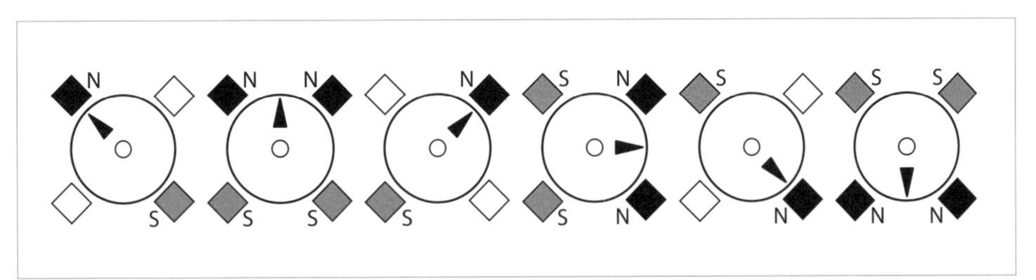

다상 전자석이 회전운동을 만들다.

“자신이 조각한 여인상에 생명이 부여되는 모습을 지켜보는 피그말리온처럼 나는 더 이상 움직일 수 없었다. 내가 그렇게 찾고자 씨름한 자연의 비밀이 돌발적으로 나를 덮쳐 왔다. 내 존재가 사라지는 느낌이었다.”[21]

계시록의 한 장면처럼 벌어진 이러한 상황이 준 심리적 충격은 테슬라가 1903년 특허분쟁에서 설명한 것과 극단적으로 대비된다. 테슬라는 법정에서 선서를 한 후에 시게티와 산책할 때 자신의 머리에 ‘번개처럼 내려친’ 그 특별한 아이디어에 대해 어떤 언급도 하지 않았다.[22]

그 사건은 시게티의 기억에 남아 있지 않은 것으로 보인다. 1889년 뉴욕주 법정에서 증언한 시게티는 부다페스트에서 터져나온 테슬라의 천재성에 대해서는 언급하지 않았다. 그 대신 시게티는 이 발명가가 파리에서 자신의 모터 설계에 대해 말했다고 기억했다. 1882년 두 사람이 함께 에디슨 회사의 파리지사에서 일하던 때다.[23] 시게티는 테슬라가 상이 다른 교류에서 전력을 공급받는 회전 자기장에 대해 설명해주었다고 말하진 않았지만, 테슬라가 “정류자 없이 모터를 작동시킬 수 있다는 생각에 매우 흥분해 있었다.”고 회상했다.[24]

역사 기록은 시게티의 설명과 부합한다. 1919년의 테슬라 자서전에는 부다페스트 공원에서의 장면이 등장하지만, 1903년 특허소송 증언에서 테슬라는 1883년 무렵 파리에서 함께 일하던 동료들에게 자신의 아이디어를 설명하면서 땅에다 그림을 그렸다고 주장한다.[25] 테슬라가 다상 교류 모터를 처음으로 구상한 시기와 상관없이 이 발명가는 그 아이디어가 갑자기 출현한 이후 두 달 이내에 모터 전체 구조를 완성했을 뿐만 아니라 그를 유명하게 만든 교류 전력 배전 시스템도 상세히 구상했다고 주장한다.[26]

특허와 거짓

테슬라는 자신의 모터 설계 특허를 취득할 무렵 이미 조지 웨스팅하우스와 생산을 시작하기로 계약한 상태였다. 그러나 이 두 사람이 최초로 시장에 모터를 출시한 것은 아니다. 1891년 프랑크푸르트 국제전기박람회에서 장거리 교류 송전을 시연한 찰스 브라운과 미하일 도브로볼스키는 스위스와 독일에 다상 모터를 판매하고 있었다. 미국에서는 엘리휴 톰슨과 톰슨-휴스턴 그리고 웨스팅하우스를 떠나 독자 회사를 만든 윌리엄 스탠리 등이 만들고 있었다.[27] 이러한 모터들의 설계는 그 개념이 매우 비슷하기 때문에 그들은 테슬라 혼자만이 다상 교류 모터를 발명했다는 주장에 대항해 법정 소송을 여러 건 제기했다. 미국 법정은 최종적으로 테슬라 손을 들어주었지만, 역사 기록을 면밀히 조사하면 테슬라 최고의 발명이 외로운 발명가의 번뜩이는 아이디어라기보다는 그보다 앞선 여러 선구자의 머리에서 나온 것임을 알 수 있다.

엘리휴 톰슨

웨스팅하우스와 뉴잉글랜드 그래닛의 소송전(1900)

웨스팅하우스는 다상 모터를 테슬라 혼자 최초로 발명했다는 데 의구심을 가졌지만 테슬라의 특허를 확고히 해야 한다고 생각했다. 점점 늘어나는 경쟁자들을 따돌리고 이미 팔려버린 다상 모터에 대한 특허권료를 다시 찾기 위해서였다.[28] 웨스팅하우스는 뉴잉글랜드 그래닛을 사냥감으로 정했다. 코네티컷과 매사추세츠의 채석장에서 스탠리의 모터를 사용하던 기업이다. 웨스팅하우스는 코네티컷의 연방 지법에 이 회사를 상대로 소송을 제기했다. 그 모터가 테슬라의 모터 설계를 채택하고서도 특허료를 지불하지 않아 테슬라의 특허를 침해했다는 주장이었다.

뉴잉글랜드 그래닛은 웨스팅하우스의 특허 침해 주장에 대응하기 위해 테슬라 특허의 타당성을 무너뜨려야 했다. 특히 상이 다른 전류를 이용하는 회전 자기장의 개념을 테슬라가 발견한 것이 아니라는 것과 이것으로 전기모터를 가동한다는 생각도 테슬라가 해낸 것이 아니라는 점을 증명해야 했다. 회사는 이를 위해 두 명의 발명가 월터 베일리와 마르셀 드프레즈를 주로 인용했다. 이 두 사람은 테슬라가 부다페스트에서 아이디어가 떠올랐다고 주장하기 전에(그리고 그 모터설계 특허 신청 훨씬 전에) 테슬라의 다상 모터 배경이 되는 원리를 간략히 기술하는 과학 논문을 발표했다.

월터 베일리

1879년 영국의 과학자 월터 베일리가 런던 물리학회에서 〈아라고의 회전을 만드는 방법〉이라는 논문을 발표했다. 프랑수아 아라고가 구리 원판 위에 매달아 둔 자석침을 회전시켜서 구리원판이 돌아가도록 만든 실험에 대해 처음으로 설명한 논문이다.[29] 베일리가 발표하던 무렵, 과학자들은 대부분 아라고의 회전으로 알려진 효과를 안의 구리원판이 놓인 자기장의 회전 때문이라고 생각했다. 실제로 당시 자기장을 회전시키는 유일한 방법은 자기장이 생성되는 자석을 기계적으로 돌리는 것이었다.

베일리는 움직이는 부분이 필요없고 기계적으로 돌려주지 않아도 자기장을 회전시키는 다른 방법이 있을 것이라고 생각했다. 그리고 원판 아래에 고정된 전자석 두 극의 세기가 변화할 수 있다고 추정했다. 예를 들어 양극이 강해지면 원반에서 자석의 극으로부터 가장 먼 부분을 끌어당길 것이고, 음극의 세기가 줄어들면 원반에서 가장 가까운 부분에 가해지는 끌어당기는 힘이 더 약해질 것이다. 따라서 원반을 같은 방향으로 계속 회전시킬 수 있다. 베일리는 당시에 이를 진지하게 생각하지 않았지만, 자석의 극성을 교대로 바꾸어 기계적 에너지를 만들어내는 방법을 발견했다. 전력을 생산하고 전달하는 테슬라 시스템의 핵심 특성이다.

베일리의 발견은 교류 모터 설계 특허를 자신이 가져야 한다는 테슬라의 주장을 반박할 수 있었지만 법정은 이를 검토하지 않았다. 1900년 윌리엄 타운젠드 판사는 특허 침해를 주장하는 웨스팅하우스의 손을 들어주면서, 베일리의 설계에는 정류자가 포함되지만 테슬라 모터는 정류자를 모두 없앤 구조라고 지적했다.[30] 타운젠드에게는 이와 같은 차이가 매우 중요했다. 테슬라의 설계가 새로운 것임을 주장하는 한 가지 핵심 요소, 즉 유도 교류전류를 이용해 지속적인 회전운동을 얻는다는 것을 중심으로 법률적 검토를 하기보다는 그보다 덜 중요한 다른 요소에 초점을 맞추었다. 두 발명가의 설계가 전류를 이용하는 방식의 차이였다.

마르셀 드프레즈

마르셀 드프레즈는 대학을 졸업하지 못했지만, 전기엔지니어링에 관심이 많았다. 1876년과 1886년 사이, 이 프랑스인은 전력을 장거리 송전하는 실험을 여러 차례 했다. 당시 드프레즈는 다른 사람들처럼 직류로부터 시작하여 1881년 파리 국제전기박람회에서 장거리 직류 배전 시스템을 시연하고자 했으나 성공하진 못했다. 1년 후에는 높은 전압과 여러 개의 경유지를 활용해 독일의 미스바흐에서 뮌헨까지 56킬로미터 거리에서 1.5킬로와트 직류 전력을 송전할 수 있었다.

드프레즈는 프랑스 과학아카데미에서 1880년부터 1884년 사이 발표한 일련의 보고서에 테슬라가 기계적으로 만들어낸 것을 수학적 방식으로 제시했다. 회전하는 자기장은 교류전류를 만들어낸다는 것이다. 1881년에 과학아카데미에서 발표한 보고서는 직각으로 배치된 철제 링 주위를 감은 구리 코일에 정류자 브러시를 이용해 서로 반대되는 극을 만들어내는 장치를 자신이 발명했다고 기술했다('환상비교자(annular comparer)'라는 이름을 붙였다).[31]

마르셀 드프레즈

드프레즈는 링 속에서 회전하는 자석

드프레즈의 환상비교자

은 변하는 자기장을 생성하며 이와 같이 90도의 위상 차이에 따라 교류 전류가 만들어진다고 지적했다.[32] 그는 이와 같은 구조가 소량의 전력을 생산하는 데 사용할 수 있을 것이라 생각했지만, 그의 주된 관심은 먼 바다를 항해하는 선박에서 이 장치를 새로운 형태의 전기나침반으로 이용하는 데 있었다.

그래도 타운젠드는 견해를 바꾸지 않았다. 드프레즈가 이 장치로 소량의 전력을 만들 수 있다는 이론을 제시했지만, 그의 발견이 에너지를 한 번도 생산하지 못했다는 사실은 테슬라의 모터가 '가장 좋은 성과를 얻을 수 있는 특정 유형의 전류를 이용하며…… 실용화가 가능한 발명'이었음을 말해주는 것이었다.[33] 타운젠드에게 가장 중요한 것은 상(phase)이 다른 교류로 구동하는 전기모터의 개념을 가장 먼저 생각해낸 사람이 누구인지가 아니라 이를 가장 먼저 실용화한 사람이 누구냐 하는 문제였다. 테슬라가 회전 자기장을 처음 발견했거나 이것이 기계적 운동을 만드는 데 이용할 수 있다고 처음으로 제안한 것이 아니라 하더라도, 타운젠드는 "알려진 요소들을 새로 배치하고 조합하여 그 이전에는 얻지 못한 새롭고 유익한 결과를 (테슬라가) 만들어냈다."고 판시했다.[34]

상 분할 구조

테슬라는 자신의 모터 설계가 새롭다는 점을 열심히 강조했지만, 그의 재정 후원자들은 그것이 비실용적이고 비용이 너무 높다고 우려했다. 테슬라의 초기 설계는 자석의 극 각각에 별개로 동력을 공급하는 방식이다. 말하자면 모터의 상은 각각 자체적 회로가 있어 별개의 교류발전기에 직접 연결되는 구조다. 따라서 그 시스템에는 2개, 혹은 그 이상의 발전기를 모터에 연결하기 위해 값비싼 구리 코일선이 4개에서

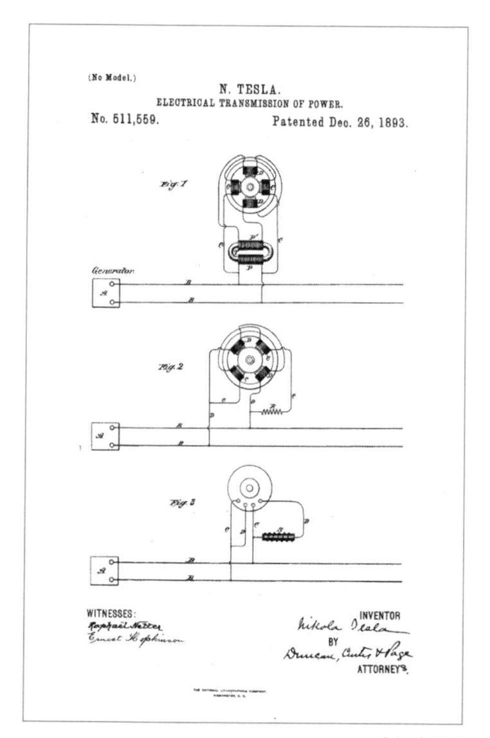

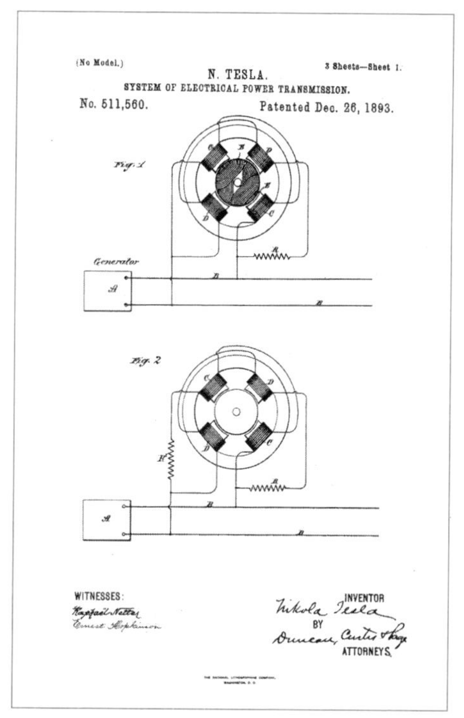

테슬라의 상 분할 설계 특허

6개나 필요했다.[35] 당시 테슬라의 가장 큰 재정후원자인 앨프리드 브라운은 직류 전력이 장거리 송전에는 어려움이 있지만 고객은 값이 훨씬 싼 직류 모터를 더 선호할 것이라고 우려했다. 그래서 테슬라전기회사는 테슬라가 구리를 더 적게 이용하여 모터를 가동하는 방법을 찾을 때까지 다상 모터 생산을 시작하지 않았다. 실용적인 고려였다.

테슬라가 이 문제로 얼마나 오래 씨름했는지는 분명하지 않지만 마침내 해결책을 찾았다. 1888년 12월에 테슬라는 자신의 다상 모터 설계를 발전기 한 개로 가동하도록 변경하여 다시 특허를 신청했다.[36] 자석 각각의 극이 별개의 모터(상에 약간씩 차이가 나도록 하여)로 에너지를 공급받는 대신에 '상 분할' 구성으로 하나의 발전기에서 나오는 교류를 이용했다. 전기자 주위를 코일로 감싼 횟수를 늘리거나 줄이면 상에 차이가 생기게 할 수 있는데, 이것이 테슬라 모터 구조의 토대였다.

테슬라는 1887년 가을에 뉴욕 리버티가 실험실에서 이와 같은 '상 분할' 모터의 여러 형태를 만들었다고 주장한다. 그러나 그가 1888년 4월에 자신의 특허 변호사인 제임스 페이지를 찾아가기 전까지는 이와 관련해 아무 말도 하지 않았다. 페이지는 테슬라의 다상 시스템 특허 신청서를 작성하면서 문득 테슬라의 모터가 전선 2개만으로 작동할 수 있을까 하는 의문이 생겼다. 테슬라는 가능하다고 대답하고 상 분할 설계를 상세히 설명했다.[37] 몇 년 후의 법정 증언에 따르면 테슬라는 변호사가 직류모터처럼 하나의 회로를 이용해 모터를 구동하는 것이므로 큰 발견이 아니라고 생각할지 모른다고 우려해서 그 설계를 비밀에 부쳤다고 한다. 변호사 페이지가 발전기 한 개로 된 구조를 알게 되면 그 설계의 참신성을 모르고 다상 시스템에 심혈을 기울여 특허를 신청하지 않을 것으로 생각했다는 것이다.[38]

칼슨이 2013년에 출판한 테슬라 일대기에는 테슬라가 이와 같은 상 분할 설계 변경으로 '자신의 다상 시스템이 가진 이상적 대칭성'이 훼손될 수 있다고 보았을 것이라고 추정했다. 그리고 다른 발명가와 마찬가지로 테슬라도 자신의 연구가 상업적으로 어떤 결과를 가져올지 예상하지 못했다고 말한다. 테슬라가 보여준 이상한 행동을 발명가에게 흔한 일종의 기벽이라고 설명해버리면 전문가들을 매도하는 결과를 초래할 수 있다.[39] 뛰어난 천재는 평범한 사람들과는 다른 식으로 행동하는 게 당연하고, 그의 이상한 행동과 매우 비합리적인 기벽 때문에 소외된다는 식으로 역사를 기록하여, 고독한 천재라는 신화를 만드는 것이다.

역사가는 사실 관계를 테슬라가 어떻게 설명하는지 꼼꼼히 살펴보기보다는 확실하지도 않은 일차적 증거를 대충 섞어서 기록한다. 그것은 의심스럽고 터무니없을 때도 마찬가지다.

페이지 변호사가 모터 설계를 잘 모르기 때문에 다상 모터 특허 신청을 허술하게 할 수 있다는 걱정을 테슬라가 실제로 했다면, 페이지가 물었을 때 아무런 망설임도 없이 설계를 공개한 이유는 무엇일까? 물론 테슬라는 페이지 변호사가 전기에 대해 얼마나 이해하는지 잘못 판단했을 수도 있다. 그러나 페이지는 테슬라가 걱정한 것처럼 발전기 한 개로 구동하는 이 시스템을 별 가치 없는 것으로 무시하기보다는, 즉시 그 효용성을 이해하고 상 분할 설계 특허 신청서 작성을 시작하여 그 초안을 테슬라에게 검토하도록 했다.[40]

웨스팅하우스와 데이턴의 소송전(1901)

타운젠드 판사가 뉴욕 법원에서 자신의 견해를 전개하는 동안, 남부 오하이오의 연방순회법원 판사 앨버트 톰프슨(남북전쟁 중에 북군 장교로 근무했다)도 거의 동일한 소송을 다루고 있었다. 웨스팅하우스가 데이턴사(Dayton Fan & Motor Company)를 상대로 소송을 제기한 것이다. 1889년 데이턴은 테슬라의 상 분할 구조와 비슷한 교류 다상 모터 생산을 시작했다. (데이턴은 1920년대 초 라디오 부품 생산을 시작하면서 회사명을 데이-팬 라디오(Day-Fan Radio)로 변경했다. 그리고 1929년 말 혹은 1930년 초에 제너럴모터스(GM)에 매각되어 델코(Delco) 상표로 라디오 생산을 시작했다. 하지만 법무부에서 반독점법을 적용하여 GM은 1939년에 라디오 지분(델코도 포함해서)을 매각할 수밖에 없었다.) 그래서 1901년에 시작한 이 소송은 모터의 최초 설계와 관련한 테슬라의 특허보다 이러한 수정 설계에 대한 이 발명가의 주장에 더 초점을 맞추어 진행하였다.

방어에 나선 데이턴은 자석의 극에서 전류를 지체시켜 상(phase)에 차이가 나게 만드는 것은 전혀 혁신이 아니라고 주장했다. 자석의 극에 전기를 공급하는 코일의 크기나 형태를 바꾸면 별도의 발전기가 없어도 자석의 극 사이에 상의 차이가 생기도록 저항을 조절할 수 있다는 사실은 숙련된 전기기사라면 누구나 알 수 있다고 주장했다.[41]

톰프슨 판사도 타운젠드와 마찬가지로 다른 사람들이 이미 테슬라의 상 분할 설계를 이론적으로 이해하고 있었는지는 중요하지 않고 테슬라의 특허 신청보다 먼저 그 지식을 실제로 구현한 사람이 있었는지에 더 집중했다. 톰프슨은 웨스팅하우스의 침해 주장을 인정하면서, "한 기술이 어디서 끝나고 발명이 시작되는지 결정하기 어려우며…… '데이턴사'뿐만 아니라 어느 누구도 테슬라가 특허를 신청하며 그 방법을 지목하기 전까지는 상 분할 시스템을 구성하지 않았다."고 지적했다.[42] 다시 말해 톰프슨 판사는 테슬라의 설계 변경이 1888년에 완벽하게 구성되었는지 결정하기보다는, 특허법의 목적을 크게 무시하면서 혁신이라는 개념을 특허사무소까지 달리기 경주로 격하시켜버렸다. 테슬라가 상 분할 설계 특허를 가장 먼저 신청했기 때문에 법원과 많은 역사가는 그가 그 구조를 가장 먼저 생각해냈다고 간주한 것이다.

데이턴은 즉시 톰프슨의 판결에 불복하고 제6 순회항소법원에 이의를 제기했다. 판사 세 명으로 구성된 재판부의 일치된 의견을 대표하여 헨리 세버런스 판사는 이 회사가 다상 모터와 상 분할 설계 특허를 침해했다고 판시했다.[43] 세버런스 판사는 하급법원의 타운젠드 판사의 결정을 확인하면서 테슬라의 설계 변경이 "실제적인 목적에서 원래의 발명에서 크게 발전했다."고 지적했다.[44] 하지만 그는 자신의 판결이, 처음의 특허를 실용화하는 데 '상당한 필요성'이 있다면 두번째 특허를 유지해야 한다는 법률적 규칙에 따랐다고 지적했다.[45]

즉, 이러한 두 소송사례의 결과에서 실용성은 서로 상반된 역할을 했다. 뉴잉글랜드 그래닛 소송 담당 법정은 다상 모터 발명가라는 테슬라의 주장을 지지하면서 그 이전에 있었던 베일리와 드프레즈의 발명이 이론적이고 비실용적이라 모두 무시했다. 그러나 데이턴사 소송 담당 법정은 상 분할 모터 발명가라는 테슬라의 주장을 받아들이고 테슬라의 첫 모터가 비실용적이었다는 사실을 지적하면서, 상 분할 설계 변경이 처음의 모터를 실용적으로 만들기 위해 필요하다고 보았다.

웨스팅하우스와 캣스킬 조명회사의 소송전(1903)

1890년대 말, 웨스팅하우스가 법적으로 자신의 특허 권리를 강제하는 조치를 시작했을 때 첫 제물이 된 회사가 캣스킬(Catskill Illuminating & Power)인데, 어퍼밸리 전기철도회사(Upper Valley Electric & Railroad Company)로 통합되는 주의 북부에 있는 공장 중 하나다. 1989년에 웨스팅하우스는 뉴욕 남부 지구 연방순회법원에 이 회사를 상대로 특허침해 소송을 제기했다.[46] 이 사업가는 캣스킬사가 테슬라의 다상 시스템뿐만 아니라 상 분할 변경 설계도 이용하고 있다고 주장했다. 뉴잉글랜드 그래닛과 데이턴 소송 사례처럼, 1903년 법원은 테슬라의 특허를 다시 한 번 확인하고 캣스킬 조명회사가 두 가지 특허를 침해했다고 판결했다. 회사는 최소한 상 분할 변경설계에 대한 판결에 불복하여 항소하기로 했다.

그동안 시어도어 루스벨트(전임 대통령 윌리엄 매킨리의 암살 이후 대통령에 취임했다)는 뉴잉글랜드 그래닛을 판결한 판사 타운젠드를 연방 제2순회항소법원 판사로 지명했으며 캣스킬의 항소를 이 법원에서 담당했다. 따라서 타운젠드 판사는 아주 독특하게도 테슬라 발명의 진실성에 대해 다시 결정해야 했다.

갈릴레오 페라리스

캣스킬사가 주장하는 핵심은 이탈리아 물리학자이자 전기엔지니어인 갈릴레오 페라리스가 쓴 논문에 있다. 그는 1885년 많은 시간을 들여 교류 전력 시스템의 효율

갈릴레오 페라리스

성을 연구했다. 그 전 해인 1884년 이탈리아 토리노 전기박람회에서 프랑스 발명가 뤼시앵 골라르와 영국인 엔지니어 존 깁스가 시연한 시스템이다. 테슬라보다 10년 앞서 출생한 페라리스는 토리노 외곽 마을에서 온 약사의 네 자식 중 한 명이었다. 페라리스는 토리노의 대학에서 공학을 전공하여 1869년에 수학과 도시공학 학위를 받았다. 이 시기는 테슬라가 고스피치의 마을에서 소방호스를 고쳐 영웅 대접을 받은 때와 거의 비슷하다. 그는 공부를 계속해 석사학위를 받고 토리노 왕립 과학원의 물리학 교수가 된다.

1881년에 페라리스는 이탈리아를 대표해 제1회 파리 국제전기박람회의 심사위원으로 위촉되었다(야블로치코프의 교류 조명 시스템과 마르셀 드프레즈의 직류 전력 장거리 송전을 시연한 전시회다).[47] 1878년 파리 세계박람회를 밝힐 때 전기 아크등을 처음 이용한 이후 전기 분야에서 추진한 여러 발전을 공개하는 자리였다. 박람회 이후 페라리스는 넓은 실험실을 갖춘 전기기술학교를 세우고, 2년 후에는 자신의 근거지 토리노에서 국제전기박람회 개최를 주도하였다.[48] 이 박람회에서 골라르와 깁스가 설계한 변압기를 사용해 란조 토리네제에서 토리노까지 40킬로미터 거리의 교류 전력 송전에 성공했다. (실제로는 골라르와 깁스의 변압기가 1881년 런던에서 가장 먼저 선보였다. 웨스팅하우스가 그곳에 있었는지 아니면 단순히 공학 문헌에서 그 발견에 관한 글을 읽은 것인지 이견이 있지만, 그 미국인 사업가는 골라르-깁스의 설계에 크게 감명을 받아 그들로부터 설계를 사들이고, 아직 웨스팅하우스를 떠나 자신의 회사를 시작하기 전인 윌리엄 스탠리가 이를 개선하여 그 결과물에 '스탠리 변압기'라는 이름으로 1886년에 특허를 취득했다(제2장 참고).)

페라리스도 베일리나 패러데이와 마찬가지로, 전기를 기계적 에너지로 바꾸는 전기모터에 관심을 보였다. 베일리의 논문을 읽은 페라리스는 1885년에 처음으로 교류의 상을 두 개로 다르게 하여 이용하면 회전 자기장을 만들 수 있다는 생각을 했다. 그 후 3년 동안 그는 교류(각각의 교류는 상에서 90도 차이가 있었다) 전원의 전자석을 이용하는 모터 설계에 매달렸다. 움직여야 하는 다른 부분 없이 회전자(rotor)를 돌릴 수 있는 구조였다. 그리고 페라리스의 설계는 자기장을 회전시키기 위해 상에 차이가 나는 여러 개의 전류를 만들어내는 데 발전기는 하나만 필요했다. 1888년 4월 2일, 이와 같은 구조를 소개하는 논문을 토리노에서 열린 왕립 과학아카데미에서 발표했다. 이 논문은 영어로 빠르게 번역되어 같은 해 말에 《인더스트리》에 실렸다. 그럼에도 테슬라는 자신의 다상 시스템에 특허를 승인받았다.[49] 하지만 1888년 12월 4일까지 그는 상 분할 변경 설계에 대해서는 특허 신청을 하지 않았다.

이해가 개입된 목격자

타운젠드는 페라리스의 논문을 검토한 결과 테슬라가 특허를 취득한 상 분할 시스템을 완벽하게 기술했다고 판단했다. 1903년 타운젠드는 세 명의 재판부를 대표해 작성한 판결문에서 1888년 4월 12일에 페라리스의 논문이 발표되기 전 테슬라가 자신의 상 분할 변경설계를 구상했다고 볼 증거는 불충분하다고 지적하며 하급법원의 결정을 뒤집었다.

웨스팅하우스는 테슬라의 특허를 방어하면서 주로 세 가지 단편적인 증거에 의존했다. 1887년 테슬라의 뉴욕 리버티가 연구실에서 찍었다고 주장하는 상 분할 모터 사진, 테슬라의 주요 재정지원자인 앨프리드 브라운의 증언, 그리고 테슬라의 특허를 직접 신청한 제임스 페이지의 증언(테슬라는 콜로라도스프링스에서 무선 전송 실험을 하느라 바빠서 증언하지 못한 것으로 생각된다) 타운젠드는 체계적으로 이러한 증거를 각각 엄격하게 검토하여 모두 기각했다.

사진은 테슬라가 1888년 12월 특허 신청 전에 상 분할 변경설계 모터를 만들었다는 유일한 물리적 증거다. 브라운의 증언에 따르면, 테슬라의 모든 시제품은 이 발명가의 5번가 연구실로 옮겨졌는데 그 연구실은 1895년 화재가 발생해 내부의 모든 기계와 함께 잿더미가 되었다. 그러나 타운젠드에게 그 사진은 실제로는 무용지물이었다. 사진 속의 모터는 테슬라의 원래 다상모터와 다를 게 없어 보였으며, 모터가 한 개의 발전기로 가동되도록 변형되었다고 시사할 만한 어떤 것도 없었다.

브라운은 1903년에 테슬라전기회사의 지분을 매각했지만, 1900년 아직 소송의 결과에 재정적 이해가 걸려 있던 때에 이렇게 증언했다. 테슬라가 상 분할 설계에 대해 자신에게 상세히 설명해주었을 뿐만 아니라 리버티가 연구실에서 작동되는 상 분할 모터 몇 개를 보여주기도 했다. 이땐 이 발명가가 1892년 여름 사우스 5번가로 작업실을 이사하기 전이다. 그러나 타운젠드는 테슬라가 모터를 공개한 날짜를 확인하지 못하고 또 그 기계에 대해 '모호하게 전체적 설명'밖에 하지 못한다는 점을 지적했다. 게다가 테슬라가 주장하는 공개에 대해 브라운이 기억하여 설명한 것은 모순되는 내용이었다.

캣스킬사는 테슬라가 1888년에 거의 2주 동안이나 매더전기회사(Mather Electric Company)에서 보냈다는 증거를 제출했다. 코네티컷에 본사를 두고 하트퍼드(Hartford)와 맨체스터(Manchester)에 주로 공급하는 회사인데 테슬라는 이 회사가 자신의 다상모터를 생산하도록 설득하는 중이었다. 캣스킬은 테슬라의 설계에는 발전기를 추가해야 하고 표준 직류모터보다 구리선이 훨씬 더 많이 필요하다는 이유에서 매더의 기술진이 반대했다는 증거도 소개했다. 이상하게도, 테슬라는 이와 같은 추가 비용이 필요하지 않은 버전의 모터를 자신이 이미 설계했다는 말을 매더의 엔지니어들에게 하지 않았다.

칼슨은 테슬라가 브라운의 지시를 받아 일하던 중이었고 브라운은 테슬라가 개량에 성공한 내용이 알려지지 않길 바랐을 것이라고 추정했다.[50] 그러나 이와 같은 설명에는 문제가 있는데, 테슬라가 자신의 모터 생산을 위해 손잡은 첫번째 파트너가 매더전기회사라고 칼슨 자신이 확인했기 때문이다. 또한 칼슨은 테슬라가 윌리엄 앤서니(1887년 코넬대학 전기공학 교수직을 사임하고 매더의 수석 엔지니어가 되었다)를 자신

의 모터 설계 개선에 도움이 될 사람으로 생각했다고 지적하기도 했다.[51]

1888년 3월에는 브라운이 테슬라를 매더의 맨체스터 지사에 파견하여 앤서니로 하여금 테슬라의 다상모터를 검토할 수 있게 했다. 당시 앤서니는 테슬라 모터에 추가로 필요한 구리선에 거의 신경을 쓰지 않는 것처럼 보였다. 매더는 비용이 문제되지 않는 특수 산업 용도로만 테슬라의 다상모터를 출시할 것으로 생각했기 때문이다.[52] 그러나 매더가 일반적 목적으로 시장에 출시하기에는 그 다상모터의 비용이 너무 높다고 지적하자, 테슬라로서는 자신의 상 분할 설계를 계속해서 숨겨야 할 이유가 없어졌다. 칼슨은 테슬라가 자신의 개선된 모터 버전을 공개하지 않고, 자신이 가장 선호한 회사와 거래를 끊어버리는 납득할 수 없는 선택을 한 이유를 설명하지 않는다.

테슬라의 특허변호사 페이지는 자신도 1887년과 1888년에 테슬라의 시제품을 보았다고 주장했다. 그러나 그는 질문에 대한 답변에서 '어떤 식으로든' 테슬라 자신이 여러 개의 별도 발전기가 필요하지 않는 모터 구조를 발명했다고 그에게 알려준 적이 없다고 시인할 수밖에 없었다. 사실 테슬라가 모터를 공개한 사실에 대한 페이지의 기억은 모두 변호사의 업무일지 내용에 의존하는데, 1888년 4월 8일에서 18일 사이 언젠가 '이 특별한 문제에 대한 서비스'로 기록했다고 회상했다.[53] 타운젠드는 이런 증언을 즉시 기각하며, 페이지의 회상을 입증할 것이 전혀 없을 뿐만 아니라(일지조차도), 그 변호사는 1888년 5월과 10월에 각각 테슬라의 다른 발명에 대해 특허를 신청했다고 지적했다. 페이지는 그해 12월 8일까지 상 분할 모터 설계에 특허를 신청하지 않았다는 사실에서, 타운젠드는 페이지가 주장하는 그 '특별한 서비스'가 상 분할 설계가 아니라 이와 같은 다른 발명을 지칭할 가능성이 더 크다고 보았다.[54]

테슬라의 증언: 웨스팅하우스와 뮤추얼생명보험의 소송전(1904)

웨스팅하우스의 패배는 충격적이었다. 캣스킬 조명회사 소송에서 법원이 내린 판결

A HISTORIC SCENE IN THE WILCOX RESIDENCE, BUFFALO.
[Judge Hazel administering the oath to President Roosevelt in the presence of Mr. Milburn, Secretary Long, Secretary Root, Secretary Wilson, Postmaster General Smith and others.]

THE NATION'S HEART THROBS HEAVY AT THE PORTALS OF THE TOMB.

루스벨트 대통령 앞에서 취임선서 중인 존 헤이즐 판사의 모습을 그린 신문 삽화

에 따라 웨스팅하우스의 다른 상대들은 페라리스의 논문에 근거하여 방어 논리를 펴기 시작했다. 테슬라 모터와 거의 동일한 모터를 대량생산하던 스탠리기계회사(Stanley Instrument Company)도 그중 하나다.[55]

그러나 겁 없는 이 발명가가 콜로라도에서 돌아오자 모든 상황이 변했다. 웨스팅하우스는 뉴욕 서부연방법원에 뮤추얼생명보험회사를 상대로 소송을 제기했다. 제2 순회항소법원 관할 구역 내 법원이다. 판사는 존 헤이즐 판사로 루스벨트와 밀접한 매킨리 대통령이 임명했다. 그는 상급법원의 결정을 뒤집고 테슬라의 상 분할 모

터 설계 특허가 어찌되었건 유효하다고 판결했다.[56]

기판력(旣判力)의 원칙, 즉 제기된 소송을 법원이 이미 검토하여 유지했다는 주장에 근거하여 웨스팅하우스는 소송을 당하지 않았다. 그러나 헤이즐 판사는 웨스팅하우스의 손을 들어주는 긴 판결문에서, 이러한 법률적 원칙이 '해당 사건에 대한 새로운 증거가 나타나지 않을 때'에만 적용된다고 지적했다.[57] 그의 법률적 추론이 가진 정당성과 상관없이 헤이즐이 사건의 재심 가능성을 열어두자 그의 법정은 타운젠드의 분석을 재고할 수 있게 되었다(그리고 결국은 반대했다).

헤이즐은 다음과 같은 두 가지 새로운 단편적 증거에 근거해서 타운젠드 판사와 전혀 다른 결론에 도달했다. 첫째, 페라리스가 논문을 발표하기 전에 테슬라가 만들었다고 주장하는 상 분할 모터의 시제품의 기이한 형태, 둘째, 1887년 2월 어느 날 모터를 만들었다는 테슬라의 증언이다.

타운젠드 판사가 근거가 없고 일관성이 없는 목격 증언이라고 본 곳에서 이와 같은 새 증거가 주어지자 이제 헤이즐 판사는 테슬라의 주장을 확증하는 것으로 보았다. 테슬라에 따르면, 뮤추얼생명보험 소송건을 위해 갑자기 생산된 시제품이 살아남은 것은 1895년 이전 어느 시점에 워싱턴DC의 특허사무소로 보내졌기 때문이라고 한다.[58] 그의 뉴욕 5번가 연구실이 화재로 소실되기 전이다. 헤이즐은 테슬라의 '단호하고도 빈틈없이 역설하는' 증언(1997년 이후 계속되는 연방법원의 판례에 따르면, 발명가 자신의 증언은 발명의 날짜를 결정하는 근거로 불충분하며, 별도로 확증해야 한다. 이러한 규정은 한 발명가의 확증되지 않은 구두 증언이 가져온 역사적 불신에서 비롯되었다. 따라서 테슬라의 증언이 얼마나 단호하게 진술되었는지와는 상관없이 현대 특허법에서도 선행 발명의 증거로 충분한지 의문이다.)과 브라운의 추가 증언으로 테슬라가 페라리스의 논문 발표 전에 상 분할 모터 설계를 생각해냈다고 결론 내리기에 충분했다.[59] 테슬라의 특허 신청을 담당한 변호사 페이지는 이전 증언에서, 그가 직접 특허사무소로 가지고 간 것으로 생각되는 모터 시제품에 대해 아무런 언급도 하지 않았다. 하지만 헤이즐 판사는 이 부분을 이상하게 생각하지 않은 것으로 보인다. 테슬라 측은 거의 10년 동안 이와 관련해 10건이 넘는 소송이 있었어도, 워싱턴 어디엔가 선반 위에 놓여 있을 이 장치와 관련해 문서로 된 증거를 제출한 적이 없다.

테슬라의 주장을 지지해주는 것은 타운젠드가 모호하고 모순되는 것으로 보았던 브라운의 동일한 증언뿐이었다. 소송의 결과에 브라운의 재정적 이해가 걸려 있다는 사실을 생각하면 그의 증언이 가지는 힘은 '명백히 약화된다.' 그럼에도 헤이즐은 이를 배척할 '이유가 충분하지 않다'고 결론 내렸다.[60]

매더전기회사 임원에게 상 분할 모터 설계를 설명하지 않은 것에 대해서도 테슬라는 그 발명을 비밀로 하라는 브라운과 페이지의 지시가 있었다고 증언했는데 두 사람 다 재정적으로 그와 밀접한 관련이 있다.[61] 헤이즐은 이러한 설명을 '중요한 사실'로 받아들였다. 하지만 브라운이나 페이지가 그 이전의 증언에서 자신들이 테슬라에게 이런 지시를 했다고 언급하지 않은 이유를 묻지 않았다. 그와 같은 증언은 테슬라의 우선권을 확인하려는 법률소송에서 매우 중요한 역할을 했을 것이다. 테슬라의 상 분할 시스템을 초기에 유일하게 눈으로 확인한 목격자가 그 설계와 재정적 이해가 얽혀 있던 사람들이라면 그 이유가 설명되기 때문이다.

뮤추얼생명은 자체적으로 새로운 증거를 찾아냈다. 윌리엄 스탠리의 증언이었는데, 그는 1888년 5월 15일에서 6월 15일 사이 테슬라 연구실을 방문했을 때 그 모터 시제품을 보지 못했을 뿐만 아니라 테슬라가 설계를 개선했다고 말하지도 않았다고 증언했다.[62] 그러나 헤이즐은 자신이 중요하다고 생각한 두 가지 새로운 사실을 근거로 이 증언을 무시했다.

첫째, 페라리스가 논문을 발표한 지 6개월 정도 지난 시점인 1888년 6월 24일에 테슬라가 웨스팅하우스에 보낸 편지에 상 분할로 변경한 구조가 어떻게 작동하는지 설명하고 있다.[63] 브라운과 페이지 두 사람이 테슬라에게 그 설계를 비밀로 하라고 지시했다고 하지만, 이와 같은 경고를 웨스팅하우스에 적용하지 않았다(공교롭게도 니콜라 테슬라가 그 편지를 썼다고 주장하는 시점에 그는 아직 테슬라에게 재정 투자를 하지 않은 상태였다).[64]

이상하게도 칼슨은 당시 웨스팅하우스를 위해 일하고 있던 스탠리의 테슬라 연구실 방문 날짜를 1888년 6월 23일로 기록했다. 칼슨에 따르면 테슬라의 다른 사업파트너인 찰스 펙은 스탠리도 그 자신의 교류 모터를 설계하는 것으로 의심하고는 비밀 유지와 관련된 이전의 모든 우려와는 반대로 테슬라에게 상 분할 모터를 그에게 보여주라고 지시했다고 한다. '행여나 스탠리가 테슬라의 모터보다 더 좋은 것을 발견했다고 주장하지 못하게 막아두자는' 목적에서다.[65]

칼슨은 상 분할 모터 설계를 갑자기 공개하기로 한 결정이 웨스팅하우스와 협상할 때 테슬라의 사업파트너들에게 더 유리한 위치를 만들기 위해 정교히 계획된 것이라고 해석하지만, 테슬라가 매더와 협상하는 과정에 그 설계를 숨기려 한 것을 고려할 때 그와 같은 설명은 의미가 없다. 스탠리가 자신의 모터를 설계 중일 것으로 본 펙의 우려와도 어긋난다. 특히 테슬라가 자신의 상 분할 모터 설계에 특허를 신청한 때로부터 거의 6개월이나 앞선 시기다. 실제로 세이퍼는 스탠리가 웨스팅하우스에 보고서를 제출하며 테슬라의 모터에는 새로운 것이 없다고 주장했다고 지적한다. 스탠리는 테슬라를 극찬하는 대신에, 자신이 1882년부터 교류 전력 배전 시스템에 대해 구상하며 기록해둔 메모 내용을 자신의 고용주에게 보여주었다. 테슬라의 설계와 거의 동일한 것이었다.[66] 스탠리는 보고서에서 이전에 이미 설계한 상 분할 구조를 지칭했거나 아니면 좀 더 일반적으로 다상 시스템을 지칭했을 것이다(테슬라가 자신의 모터를 상업적으로 성공시킬 그 설계변경을 아직 스탠리에게 공개하지 않았다는 의미다).

테슬라가 특허신청을 내기 전에 스탠리가 상 분할 설계를 훔칠지 모른다는 걱정이 펙에게 있었다면, 스탠리를 협박하여 그 자신의 모터를 포기하도록 하려는 불순한, 그리고 세이퍼에 따르면 성공하지 못한, 목적에서 그 설계를 공개하도록 지시하고 웨스팅하우스에는 테슬라의 설계를 구입하도록 권유했을 것이다. 어떤 경우든, 웨스팅하우스는 이미 페라리스 논문을 알고 있었고 테슬라의 특허권 주장을 크게 우려했기 때문에 1888년 브라운 및 펙과 협상을 진행하면서 페라리스의 설계 옵션을 구입하도록 자신의 에이전트를 이탈리아로 보냈다.[67]

둘째, 헤이즐 판사는 통상적인 생각과는 반대로, 테슬라가 상 분할 구조를 구상했다고 주장했을 당시 그의 조수이던 시게티를 찾지 못했기 때문에 "테슬라의 주장에 대한 그 조수의 확증이 없어도 타당하다는 설명이 된다."고 결정했다.[68] 헤이즐에게는 없음에 대한 증명이 증거가 없음을 의미하지 않았다. 테슬라의 주장이 허위로 밝혀지지 않는 한 진실이라는 가정에 입각한 것이다. 모든 법률적 원칙과는 반대되는 가정이었다. 이 기계의 발명가에 대한 주장이 서로 대립하는 가운데, 법정이 시게티를 찾지 못한 것은 미스터리를 더 증폭시켰다. 칼슨은 2013년에 기고한 글에서 1891년에 시게티가 자신의 발명을 추구하기 위해 테슬라를 떠났으며 남미로 갔을 가능성이 많다고 기록했다.[69] 그러나 1998년 세이퍼가 기록한 방대한 일대기에서는 테슬라가 자신의 가족에게 보낸 편지에 시게티가 사망했고 그 때문에 새로운 세상에서 "외로움을 느꼈다."고 쓴 구절을 인용했다.[70] 이런 후자의 설명이 좀 더 정확하다면, 법정에서 그의 증언을 찾았을 때 시게티가 사망했다는 말을 아무도 하지 않은 이유를 궁금해할 사람들이 많을 것이다.

특허 공유

1905년 5월 4일 테슬라의 상 분할 모터 특허권이 상실되자 웨스팅하우스의 오래된 경쟁자이자 부하 직원이었던 윌리엄 스탠리는 족쇄를 풀었다. 스탠리는 《전기세계와 엔지니어*Electrical World and Engineer*》에 기고한 글에서 테슬라의 특허권 주장이 법정에서 권리를 유지한 것은, 자신들의 고용주인 웨스팅하우스와 윌리엄 애스토, 그리고 1890년에는 토머스 에디슨의 회사인 제너럴일렉트릭까지 망라하여 구성된 '특허 공유 연대'의 재정적 이해가 얽혀 있기 때문이라고 추정했다.[71] 사실 1891년 초에 웨스팅하우스는 재정적 파탄에 직면했다. 런던의 대형 중개업자 베어링 브러더스의 파산으로 웨스팅하우스의 채권자들은 공황 상태에 빠졌고 그중 많은 수는 부채 상환을 요구했다.[72] 웨스팅하우스는 법정관리에 들어갔고, 수년 동안 경영권을 되찾기 위해 절치부심했다. 테슬라는 웨스팅하우스를 살리기 위해 자신의 다상 및 상 분할 특허에 로열티 요구를 포기했다. 테슬라의 희생은 분명히 도움이 되었지만, 이 발명가는 자신의 파산을 막을 수 있던 수십억 달러를 거절한 결과가 되었다.[73] 그러나 웨스팅하우스의 청산 전략에는 안전장치가 있었다. 에디슨의 '제너럴일렉트릭'(그때는 J. P. 모건 외에는 후원자가 없는 상태였다)과 엘리휴 톰슨의 '톰슨-휴스턴사' 등 경쟁자들과 힘을 합치는 것이었다.[74]

1895년에는 웨스팅하우스와 에디슨이 공식적 라이벌이었지만 두 사람이 시범적으로 특허를 공유하는 협약에 합의했다는 소문이 돌았다.[75] 하지만 제너럴일렉트릭(1892년에 톰슨-휴스턴과 합병된다)이 테슬라의 다상모터 특허를 이용하는 대신에 웨스팅하우스는 에디슨의 여러 가지 트롤리 시스템 특허를 사용할 수 있는 협정에 웨스

웨스팅하우스 관계자와 함께한 테슬라

팅하우스와 모건, 에디슨이 서명하기까지는 몇 년이 더 걸린 것으로 보인다.[76] 특허 공유협정으로 공유한 모든 특허 가치의 62.5퍼센트가 제너럴일렉트릭에 돌아간 반면, 웨스팅하우스는 37.5퍼센트를 얻었다. 어느 회사가 특정 상품에서 자신의 지분을 넘어 판매하면, 협정 지분을 유지하기 위해 상대 회사에 로열티를 지불했다(많은 사람이 에디슨이 테슬라와 웨스팅하우스에 손해를 입혔다고 말하지만, 특허공유협정에서 테슬라의 상업적 성공을 궁극적으로 좌절시킨 사람이 웨스팅하우스임을 분명히 알 수 있다).

특허공유협정이 발효하자 이들은, 테슬라의 다상모터 시스템 특허권을 더 엄격히 적용하여 윌리엄 스탠리의 회사(1903년 제너럴일렉트릭에 흡수되었다)와 같은 다른 경쟁자를 장악하거나 업계에서 축출하는 데로 눈을 돌렸다.[77] 1898년에는 테슬라의 상분할 설계 특허도 포함되어 공유협정이 더 확고해졌다. 1903년에는 미국에서 가장 강력한 자본가와 기업가가 연합하여 막강한 영향력으로 테슬라가 페라리스에 앞서 그 모터를 발견했다는 주장을 지지하고 나섰다.[78]

스탠리는 테슬라의 특허 소유자들이 제너럴일렉트릭과 합병하여 이익을 얻었지만, 여론의 힘으로 그 소송담당 재판부에 압력을 가하는 체계적 공작을 벌여서 결과를 왜곡했을 수 있다고 비난했다. 스탠리에 따르면, "테슬라 자신이 갖가지 놀라운 발언과 약속, 시연 등을 통해 그와 그의 발명에 관심을 고조시키려는 노력에 힘을 보태주었다."고 한다.[79]

어떤 책략이 개입된 증거를 찾아낸 사람은 없지만, 선행 판결을 뒤집고 테슬라의 상 분할 특허의 가치를 인정한 판사와 이 발명가 그리고 그의 재정 후원자는 서로 밀접한 사이였다. 테슬라의 사회적 교류 범위에는 정치 엘리트와 재정적 이해 당사자들이 포함되어 있었다. 뉴욕에서 테슬라와 가장 가까운 가족인 로버트 존슨과 캐서린 존슨은 시어도어 루스벨트가 1881년 뉴욕주 의원에 출마하기 전부터 알고 지내는 관계였다.[80] 테슬라의 절친인 루스벨트와 스탠퍼드 화이트는 미국자동차클럽의 초기 회원으로 서로 관계를 형성했다.[81] 루스벨트의 여동생인 커린 로빈슨은 테슬라의 여성 우인들 중 핵심이었다. 헤이즐 판사는 뉴욕주지사이던 시어도어 루스벨트를 부통령 후보로 지명한 1900년 공화당전당대회 대의원이었다.[82] 그는 1901년 매킨리 대통령 암살 이후 루스벨트의 대통령 취임선서를 주재하기도 했다. 어떤 추잡한 영향력을 행사했다는 증거는 없지만, 루스벨트가 직접 뽑은 판사로 구성된 법정이 '본의 아니게 덫에 걸려', 엄연한 증거가 있음에도(혹은 증거가 없었는데도) 테슬라의 재정 후원자들의 손을 들어주는 판결을 내렸다. 스탠리로서는 이렇게 결론내리기에 충분한 정황이었다.[83]

나선형 코일 앞에 앉은 테슬라, 1896년

일이 빠르게 진행되어 1891년 강의에서 스파크를 발산하는 5인치 코일을 보여줄 수 있었다.

……내가 앞서 그 발명에 대해 발표한 이후 이제는 널리 이용되고 있으며,

많은 부분에서 혁명을 가져왔다.

-니콜라 테슬라, 《나의 발명에 대해》(1919)

5
변압기와 테슬라 코일

2010년 겨울, 연방재난관리청(FEMA)과 군대의 고위 장교 몇 명이 콜로라도 볼더에서 비밀리에 만나 시뮬레이션을 진행했다. FEMA는 기록에 있는 최대 규모(1859년 캐나다를 강타한)와 비슷한 정도의 심각한 태양 폭풍이 북아메리카 대륙을 덮칠 때 전력망이 어떻게 반응할지 알고자 했다. 그 결과는 충격적이었다. 이 폭풍은 북반구 전체에 거대한 전류 스파이크를 발생시켜 남쪽으로는 애틀랜타나 조지아까지 포함하는 지역에 연쇄적으로 대규모 정전을 일으킬 수 있다는 것이 전문가의 견해였다. 100년에 한 번 정도 지구를 강타하는 것으로 알려진 규모의 태양 폭풍은 미국의 전력망을 파괴하여 2조 달러에 달하는 경제적 피해를 일으키고 정전은 6개월 이상 지속되는 것으로 시뮬레이션되었다.

그와 같은 재난의 핵심에는 많은 수(최대 350개)의 초고압 변압기(전력 송전을 도와주는 장치로, 예를 들면 퀘벡에서 뉴욕까지 전력을 보낼 수 있다)가 있었다. 태양 폭풍으로 유도된 전류가 이 장치를 과열시켜서 핵심부에 영구적인 손상을 초래하는 것이다. 설비 대부분은 백업 변압기를 갖추지 않았기 때문에 매우 강력한 태양 폭풍에 타버린 변압기를 대체할 방법이 없었다. 더구나 변압기가 대부분 해외에서 생산되고 있었다. 세계 각국도 대체할 변압기가 많이 필요하기 때문에 미국의 주문은 6개월까지 지연될 수 있었다. 그러는 사이 전력망의 필수 부문은 속수무책의 상태가 될 수 있었다.

전 세계의 대규모 전력 송전 시스템은 전적으로 변압기에 의존한다. 변압기는 먼 거리 교류 송전에서 필수 장비다. 송전선에서 일어나는 손실을 극복하려면 전압이 높아야 하는데, 변압기가 없으면 대량의 전류를 고압으로 변환할 수 없다. 이러한 종류의 위기에 대처해야 할 정부 관료들은 충격을 받았다. 그런 일이 일어나서는 안 되었다. 교류 전류를 송전하고 배전하는 시스템 전체를 좌우하는 기술에 대해 극소수만이 생각하고 또 이해하는 사람도 거의 없는 상황은 무서운 현실이었다.

태양 폭풍이 미국의 초고압 변압기에 미치는 영향

변압기의 원리

간단히 말하면, 변압기는 전자기 유도를 이용해 한 회로의 에너지를 다른 회로로 전달하는 장치다. 앞에서 설명했듯이, 전류가 흐르면 언제나 그에 상응하는 자기장이 생성되고 모든 자기장은 전류 흐름을 유도할 수 있다. 마이클 패러데이는 처음 흐른 전류가 자기장을 생성하고, 이 자기장은 특정 조건 아래서 2차 전류를 유도할 수 있는 것을 발견했다(97쪽 참고).

전자기 유도의 법칙을 처음 발표한 사람은 패러데이지만 그 현상은 거의 1년 전에 모든 초등학교에서 관찰되었다. 1829년 올버니 아카데미의 수학과 과학(당시에는 자연철학이라 불렀다) 소장 교수이던 조지프 헨리는 여러 형태의 자석을 이용해 그 힘을 증가시키는 실험을 하고 있었다. 초창기 전자석의 가장 기본적인 구조는 연철(軟鐵) 코어 주위로 전기가 흐르는 구리선(지금은 '권선winding'이라 부른다)을 감은 형태였다. 철심 주위로 구리선을 감은 턴 수를 늘려서 자석의 강도를 높이는 실험은 이미 되어 있었다. 그러나 곧 구리선의 턴이 서로 너무 밀집되면 자석의 강도가 어떤 역치에 도달한다는 것을 알게 되었다. 헨리는 턴 사이로 전류가 흘러가지 못하게 막아서 자석의 세기를 더 강하게 만들 수 있다는 것을 발견했다.[1] 간단한 원리였다. 전선의 턴 각각에서 생성되는 자기장은 철심을 통과하고 철심 속으로 들어가기 때문에 턴 수를 늘리면 더 강한 자기장이 생성되는 것이었다. ('오른손 법칙'(96쪽 참고)을 기억하자. 오른손의 손가락이 전선의 턴을 나타낸다고 생각한다. 이때 엄지손가락의 방향은 철심을 지나는 자기장 선의 방향을 가리키며, 만들어지는 전자석의 N극도 이 방향이다. 여기서, 철심 주위로 감긴 손가락 수가 많을수록 엄지손가락에 생성되는 자기장의 세기도 더 강하다.)

유도코일

하나의 자석 코어 주위를 서로 별개인 두 전선으로 감싸면 어떤 현상이 나타날지 누군가는 발견했을 것이다. 잘 알려지지 않았지만 그 누군가가 아일랜드인 신부이자 과학자인 니컬러스 캘런이다. 헨리가 더 강력한 전자석을 만들고자 한 곳에서 캘런은 패러데이의 유도전류 발견에 대한 내용을 읽은 다음에 더 강력한 전자기 전류를 생성하려고 했다. 1836년 아일랜드 메이누스대학의 지하 실험실에서 연철 막대 주위를 두 개의 별도 구리선으로 감싸고 전선의 끝이 각각 별개로 매달리게 했다. 다음에는 그 두 전선 중 하나에만 시작 말단에 배터리를 연결했다. 그러자 배터리와 첫번째 전선의 연결을 차단할 때마다 두 전선 말단들 사이에서 전기 스파크가 일어났다.[2] 그는 새로운 종류의 전자석을 만들었다고 생각했지만 실제로 그가 만든 것은 최초의 유도코일이었다(변압기의 원초적 형태다).

1840년대와 1850년대에 몇몇 학자는 캘런이 설계한 구조를 이용해 상대적으로 전압이 낮은 직류로 고압 전류 생성 실험을 했다(당시에 널리 보급된 배터리나 발전기는 직류를 생성했다). 그 실험에서, 두번째 구리선의 턴 수를 늘리자 전류 공급을 차단할 때마다 일어나는 스파크의 전압이 첫번째 전선에 공급된 전류보다 훨씬 더 높은 것을 발견했다.

어떻게 해서 전압이 높아졌을까? 직류가 첫번째 전선('1차 권선'이라 한다)으로 흐르면 그에 대응해 자기장이 생성된다. 두 전선이 자기장 코어(자심)를 공유하기 때문에 1차 권선에서 생성되는 자기장은 두 번째 전선(2차 권선)에 겹친다. 이 상태에서 직류 공급이 차단되면 자기장도 붕괴되면서 급속히 변화한다. 패러데이가 발견한 것처럼, 자기장의 변화는 2차 전류를 유도한다. 그러므로 첫 전류가 차단될 때마다 두 전선이 공유한 자기장이 유도전류 펄스를 생성한다. 이렇게 각 전선 말단 사이에서 전류 펄스가 공기 갭을 넘

니컬러스 캘런 신부

룸코르프 램프

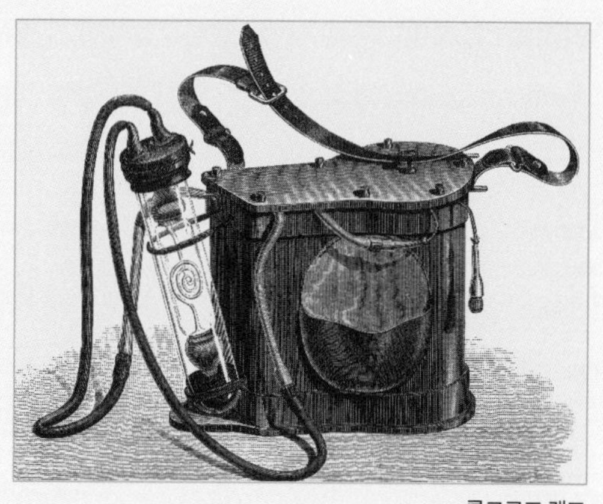
룸코르프 램프

1870년에 쥘 베른이 출판한 《해저 2만 리》는 네모 선장과 그의 잠수함 노틸러스호의 모험을 그린 과학소설인데 그 잠수함은 '룸코르프 램프'를 조명으로 이용한다. 이 초기 이동식 전기 램프의 이름은 유도코일을 최초로 상업적으로 생산한 독일인 장비제조업자인 하인리히 룸코르프에서 따왔다. 룸코르프 램프는 배터리 전원을 이용하는 유도코일이 네온, 아르곤과 같은 안정된 가스나 수은 증기로 채워진 진공 튜브 내에서 스파크를 일으킨다. 일종의 조잡한 네온등인 이러한 튜브는 유도코일로 전기를 가하는 기체의 종류에 따라 여러 가지 빛을 발했다. 쥘 베른은 소설을 통해 룸코르프 램프를 널리 알렸지만 이와 같은 전등을 실제로 처음 개발한 사람은 프랑스 생프리스트의 철광산에서 근무하던 알퐁스 뒤마였다.

어가면 스파크가 일어난다.[3] 결과적으로 최초의 유도코일은 '스파크 코일'로 알려졌고, 코일이 생성할 수 있는 스파크의 길이에 따라 분류되었다(그의 발견은 테슬라의 5인치 코일만큼 인상적이진 못했지만, 하인리히 룸코르프는 2인치 코일에 스파크를 생성하는 유도코일의 특허를 신청했다. 1851년의 일로, 테슬라보다 40년이나 앞섰다).

전자기 유도를 생성하려면 초기 전류가 생성되는 자기장에 변화를 일으켜야 한다. 따라서 직류 공급을 반복해서 차단해 2차 전류를 생성해야 한다. 그래서 초기의 유도코일은 '차단기'라 부르는 진동 팔을 이용하여 전원공급과 1차 권선 사이의 연결을 반복적으로 차단했다.

감긴 횟수와 전압 비

재주 있는 발명가라면 직류 연결을 1초에 수백 번씩 끊어 자기장 변화를 유도하는 차단기를 설계할 수 있지만, 교류는 차단기 없이도 자기장 변화를 일으킬 수 있고 그 변화 주파수도 훨씬 높았다. 이것은 교류 전력을 훨씬 먼 거리까지 송전할 때 매우 유리한 특성이다.

전기의 힘, 즉 전력은 전류와 전압을 곱한 값이다(107쪽). 교류 전력의 전압을 높이면(전류는 작아진다) 송전선에서 저항으로 소실되는 양을 줄일 수 있다. 유도코일(혹은 변압기)은 1차·2차 권선이 공유하는 자기장을 이용해 전력의 형태를 변환한다. 오른손법칙을 적용하면, 1차 권선을 따라 흐르는 전류가 흐름에 수직방향의 자기력선을 생성한다. 이러한 자기력선은 바깥쪽을 향하며, 2차 권선 각각의 턴을 가로지르게 된다. 전자석의 쇠막대에 감긴 구리선의 턴 수가 많을수록 자석에 세기가 강해지듯이, 유도되는 전압의 세기는 2차 권선의 감긴 턴 수에 따라 결정된다.

1차 권선의 턴 수와 2차 권선의 턴 수 사이의 비가 2차 권선에서 생성되는 전체 전압을 결정한다.[4] 교류로 생성되는 자기장이 유도코일의 코어를 통해 고르게 뻗어나간다고 가정하자. 이와 같은 상황에서는 자기력선이 2차 권선 각각의 턴을 고르게 가로질러간다. 그래서 각각의 턴에서 생성되는 전압은 동일하다. 2차 권선에서 생성되는 전체 전압은 턴 수가 증가할수록 높아진다. 턴이 많을수록 더 높은 전압이 생성되고, 턴이 적으면 생성되는 전압도 낮다.

옆 그림의 단순한 변압기를 생각해보자. 공통 코어 주위로 감긴 1차 권선의 턴 수는 10회이며, 역시 공통 코어 주위로 감긴 2차 권선의 턴 수는 2회다. 전압의 비는 5:1이며 이는 턴 수의 비(10:2)와 같다. 따라서 1차 권선으로 들어가는 전력의 전압은 2차 권선에서 그 1/5의 전압을 유도하게 된다. 2차 권선에서 유도되는 전압이 1차 권선에 들어가는 전압보다 낮아지기 때문에 이런 구조를 '강압' 변압기라 부른다. 이와 비슷하게 턴 수의 비가 2차 권선에 더 높은 전압을 유도하면 '승압' 변압기가 된다.

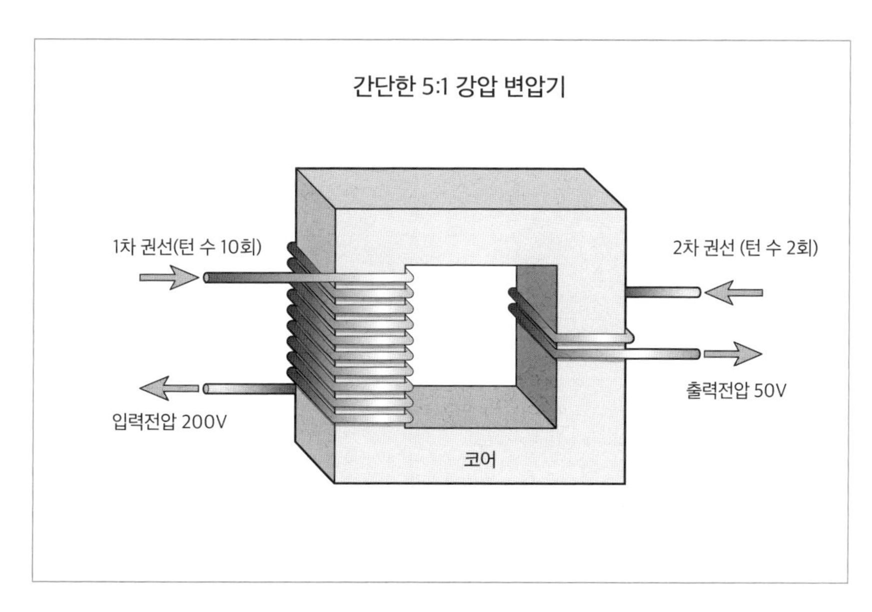

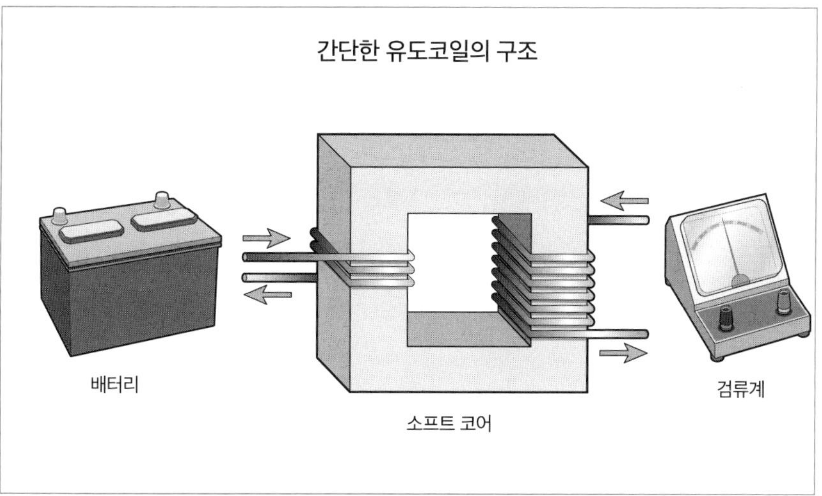

전자기 복사

1865년, 어린 니콜라 테슬라가 크로아티아 고스피치에 새로 장만한 집으로 이사할 무렵에, 스코틀랜드 천재 물리학자 제임스 맥스웰은 〈전자기장의 역학 이론〉을 발

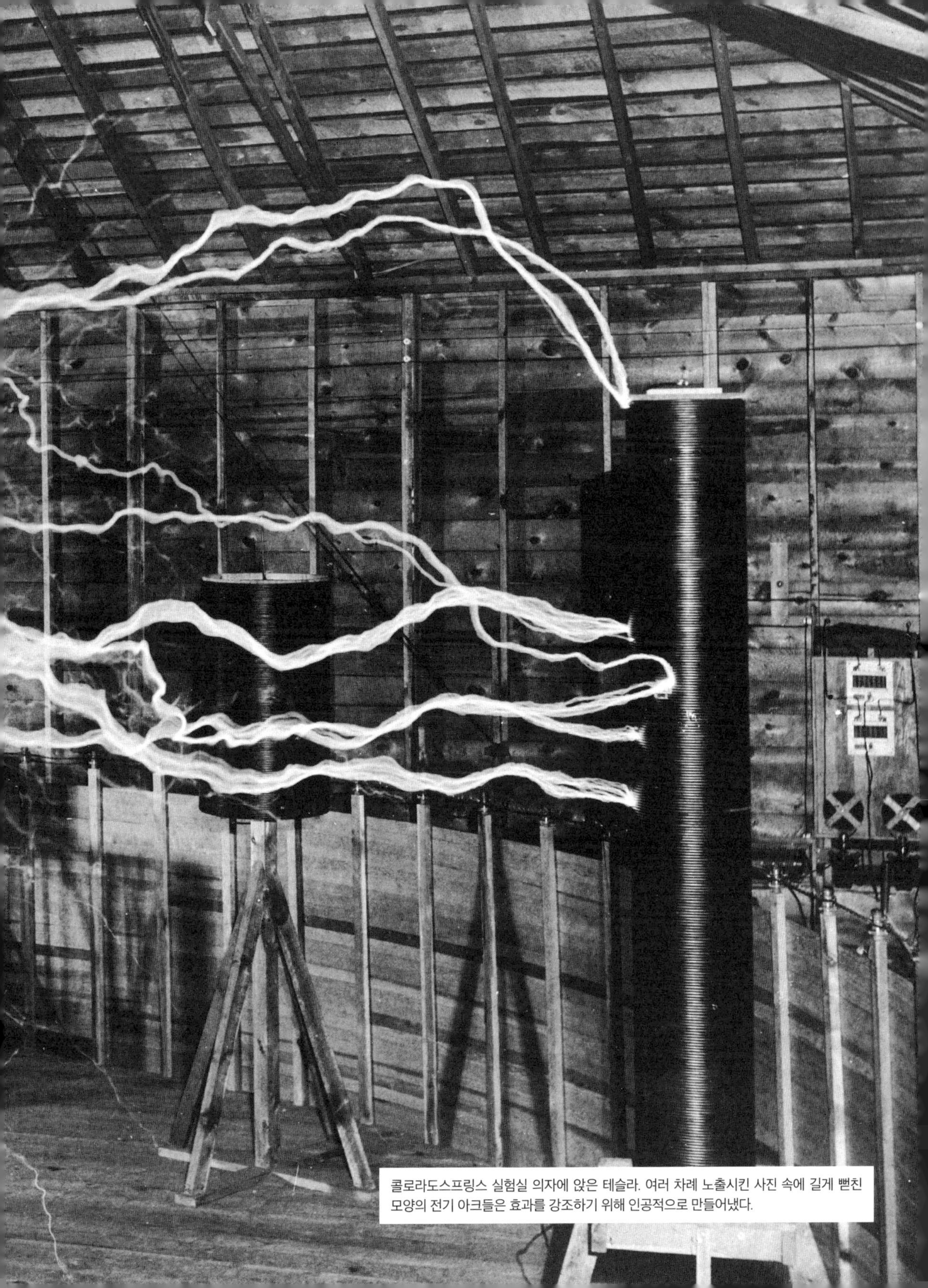

콜로라도스프링스 실험실 의자에 앉은 테슬라. 여러 차례 노출시킨 사진 속에 길게 뻗친 모양의 전기 아크들은 효과를 강조하기 위해 인공적으로 만들어냈다.

제임스 맥스웰 하인리히 헤르츠

표한다. 이 논문에서 맥스웰이 제시한 주장은 혁명적이었다. 전기장과 자기장은 빛과 마찬가지로 공간 속을 동일한 속도로 움직인다. 그리고 이 세 가지는 본질적으로 같은 현상의 다른 형태이며, 에테르 속을 빛의 속도로 날아가지만 주파수는 서로 다른 진동이다.[5]

맥스웰은 수학적으로 자신의 이론을 이끌어냈는데, 전기장이 빛의 속도로 전파되어 간다는 자신의 초기 계산이 중요한 역할을 했다. 그는 이것을 우연으로 생각하지 않았다.[6] 1891년까지 맥스웰이 수학적으로 도출한 이론들 중 많은 수가 실험으로 확증되었다. 1888년에는 독일 물리학자 하인리히 헤르츠가 맥스웰 방정식을 토대로 전자기 파동(지금은 전파라 부른다)을 보내고 받도록 설계한 장비를 만들어 실험했다. 헤르츠는 알려진 다른 모든 형태의 무선 에너지들을 검토한 다음에, 자신의 실험이 빛과 전기장, 그리고 자기장이 공간 속에서 복사에너지를 싣고 빛의 속도로 날아가는 전자기파의 모든 형태임을 확증해주었다고 결론 내렸다.[7] 헤르츠는 맥스웰의 이론을 증명하는 실험 도중에 뜻하지 않게 최초의 전파 송신기와 수신기를 만들었지만, 그러한 도구에 대해 특허를 신청하지는 않았다. 그는 전자기파가 전도체에 전하를 유도하고, 전하는 그 전도체 내에서 전자기파의 주파수와 공명하는 주파수로 진동한다는 이론을 세웠다. 이를 토대로 이 천재적 독일인은 간단한 장치를 만들었는데(작은 스파크갭이 있는 고리 형태의 전선), 공명하는 전자기장에 근접할 때 스파크를 방출하는 것이다.

테슬라도 당시의 다른 사람들처럼 빛과 전기 및 자기를 하나로 보는 맥스웰의 새로운 이론에 열광했다. 그는 전기를 진동으로 생각하기 시작했다. 그는 전례 없는 밝기의 전등을 만들고자 고압 전류를 생성할 수 있는 장비를 설계하기 시작했는데, 가시광선의 주파수에 가까운 주파수로 진동하는 장치였다(그는 그 주파수를 초당 500조 회로 계산했다).[8]

변압기와 기후변화

전력선과 마찬가지로, 변압기의 구리권선 내에도 전류 저항이 어느 정도 존재하며, 전력선처럼 이와 같은 저항은 열을 발생시킨다. 대부분의 열은 더 차가운 주위 공기 속으로 발산한다. 그러나 일부 대형 변압기에서는 열이 너무 많이 발생하여 구리권선과 철심을 보호하기 위해 능동적으로 냉각시키는 기전이 필요하다.

초기의 변압기 기술자들은 미네랄 오일이 절연액 기능을 할 뿐만 아니라 상당히 효과적인 냉각 효과도 있다고 생각했다. 사실, 변압기에 사용할 미네랄 오일은 1899년에 이미 시중에 나와 있었다.[9] 1936년경, 엔지니어들은 폴리염화바이페닐(PCBs)이라는 액체류를 이용하기 시작했는데, 미네랄 오일에 비해 인화성이 낮기 때문이었다. 그러나 1970년대에 와서 미국 환경보호국은 PCBs가 발암물질이며 환경독성이 있다고 판단했다. 그래서 1977년부터 공익 시설장비에 PCBs의 사용을 금지했다

PCBs가 감시대상 물질로 지정되자 전력업체는 PCBs처럼 불이 잘 붙지 않으면서도 독성이 없는 화학적 냉각재를 찾았다. 육불화황(SF_6)은 화학적으로 안정하면서도 변압기 내의 열을 효율적으로 흡수해준다. 그래서 SF_6는 1960년대에 소개되었지만 PCBs가 금지된 이후부터 냉각재로 거의 독점적 위치를 차지하였다.[10] 그러나 SF_6의 여러 가지 장점에도 불구하고 지금까지 발견된 온실가스들 중에서 가장 강력한 온난화 물질로 확인되었다. 지구온난화 효과가 이산화탄소의 22,000배나 된다.[11] 이 물질이 변압기 포장막을 빠져나가서 기후변화에 중요한 역할을 할 위험성 때문에 캘리포니아는 SF_6 사용을 제한했으며, 유럽의회에서도 사용금지를 요구했다.

진동변압기: 테슬라 코일

1890년 5월 26일, 테슬라는 새로운 형태의 변압기와 관련해서 첫번째 특허를 신청했다. 그는 '진동변압기(oscillating transformer)'라 불렀지만 '테슬라 코일'이라는 이름으로 더 유명한 장치다.[12] 이것은 기본적으로 승압 변압기에 크게 세 가지 변형을 가한 장치로, 1차 권선과 2차 권선을 분리하는 커다란 스파크갭, 전원과 1차 권선 사이에 축전기 장착, 그리고 축전기의 방전과 유도전류의 펄스를 공명주파수로 동조화하는 것이다. 이와 같이 세 가지를 개량한 획기적 장치를 만들었지만 역사적 기록을 잘 살펴보면 이 중에서 테슬라가 새로 창안한 개량은 한 가지도 없다. 테슬라는 여러 요소에 대해 특허를 취득했지만 이들은 이미 여러 과학자가 발견한 과학적 원칙과 전기적 구조를 단순히 응용한 것에 불과했다. 테슬라는 자신의 특허를 마무리 지어 신청하기 전 수 년에 걸쳐 이들 과학자들과 교류하고 있었던 것이다.

넓은 스파크갭

테슬라 코일은 두 단계로 이루어졌다. 첫째, 테슬라는 1차 권선과 2차 권선 사이의 공기 갭을 넓게 하여 승압 변압기 표준을 다시 설계했다. 기존의 변압기에서는 전자기적으로 유도된 전류가 공유된 자기장을 통해 1차 권선에서 2차 권선으로 넘어간다. 밀접 커플링이라는 구조로, 별개의 두 전선이 공통의 철심 주위에 빽빽이 감겨 있을 때 이와 같은 공유가 생긴다. 그러나 매우 높은 전압을 얻을 때는 두 권선 사이의 절연이 무너져서 턴들 사이에 직접 전류가 흐를 수 있다. 테슬라는 둘 사이의 공간(스파크갭)을 넓혀 1차 권선과 2차 권선이 분리되도록 설계하여 이 문제를 해결했다. 이런 구조의 테슬라 코일에서는 1차와 2차 권선이 동일한 자기장의 20퍼센트 정도만 공유했다. 그렇지만 두 권선 사이에서 전류를 유도하기에는 충분했고 분리된 턴 사이의 절연물질이 녹아내리지 않고 훨씬 높은 전압을 생성할 수 있었다.

아크등과 형광등

가이슬러 기체 방전관

최초의 실제 전등은 1803년에서 1809년 사이 어느 때에 험프리 데이비가 발명한 탄소-아크등이다. 아크등이란 고압 방전, 예를 들어, 스파크갭에 의해 기체가 이온화될 때 빛이 발생하는 구조를 말한다. 데이비가 발명한 전등은 탄소막대들이 2000셀 배터리에 연결되어 4인치(약 10센티미터) 스파크갭 위로 아크를 방전한다.[13] 1870년대에 들어 거리와 광장을 밝히는 데 가스 대신 아크등을 사용했다.

1856년, 독일의 유리공 하인리히 가이슬러는 진공펌프를 이용해 기체 수은 튜브를 이전보다 훨씬 더 완전한 진공상태로 만들었다. 그가 이와 같은 '가이슬러관(Geissler tube)' 속으로 전류를 흘렸을 때 전극이 삽입된 튜브 끝의 벽에서 밝은 녹색 불빛이 발산되었다. 진공튜브의 효율성이 높아짐에 따라 일부 과학자들은 가이슬러관 내에 여러 물질을 넣어 흥분상태로 만드는 실험을 시작했다.[14] 예를 들어, 1907년 토머스 에디슨은 텅스텐산칼슘 코팅을 이용하는 형광등을 만들어 특허를 받았다(하지만 생산으로 이어지진 않았다). 형광등 시대의 첫발을 내딛는 일이었다.

테슬라도 1890년대에 고주파 교류를 이용해 흥분상태로 만드는 비슷한 형광등 실험을 했지만, 에디슨과 마찬가지로 상업적으로 성공하지 못했다.[15] 그러나 1893년 시카고 컬럼비아세계박람회가 열렸을 때 테슬라는 웨스팅하우스 전시장에서 이러한 장치 몇 가지를 시연해 보였다.[16] 이 행사 때문에 많은 사람이 테슬라를 형광등 발명자로 잘못 알게 된다.[17]

미국의 엔지니어이자 발명가인 대니얼 무어는 1896년 형광등에 앞선 제품인 '무어 튜브'를 개발했다. 이것은 오늘날의 형광등과 매우 비슷한 형태지만 길이가 더 길고, 흥분 기체로 이산화탄소와 질소를 사용해서 특이한 핑크 빛을 발했다. 무어는 1900년대 초 뉴욕 시내의 백화점에서 자신의 튜브를 판매해 어느 정도 성공을 거두었다. 1901년에는 미국의 또 다른 발명가인 피터 휴잇이 수은증기등에 대한 특허를 최초로 취득했는데, 보통은 이것이 오늘날의 형광등으로 발전했다고 생각한다.[18]

축전기

다음으로, 테슬라는 유도코일의 1차 권선과 교류발전기 사이에 축전기를 연결했다. 이 구조는 1차 코일에 들어가는 전류 일부를 빼돌려서 정전하로 저장하여 축전기에 쌓아둔다. 나머지 전류는 교류 형태로 1차 권선을 흐르면서 2차 권선에 전류를 유도해낸다. 이 두 전류는 같은 주파수로 진동하는 경향이 있는데, 두 전선을 분리시키는 스파크갭 내에 생성되는 자기장을 공유하고 이 자기장이 변할 때 두 권선이 같은 방식으로 반응하기 때문이다. 사실, 진동은 사인파 형태이며, 여기서 파형의 봉우리 정점은 유도가 최대인 시기를, 골짜기는 최소인 시기를 나타낸다.

공명

헤르츠와 마찬가지로, 테슬라도 유도 임펄스에 의해 2차 권선 내의 유도 펄스가 생성하는 파장은 진동과 비슷하고 따라서 공명을 일으킬 수 있다고 생각했다. 물리학에서도 음악처럼 비교적 작은 힘이라도 동일한 주파수로 들어가면 큰 진폭으로 진동하는 경향이 있다. 즉, 공명이 일어난다(공명은 조화되는 주파수에서도 발생할 수 있는데, 공명주파수의 정수배일 때다. 하지만 여기서는 간단한 것만 생각한다). 예를 들면 소프라노

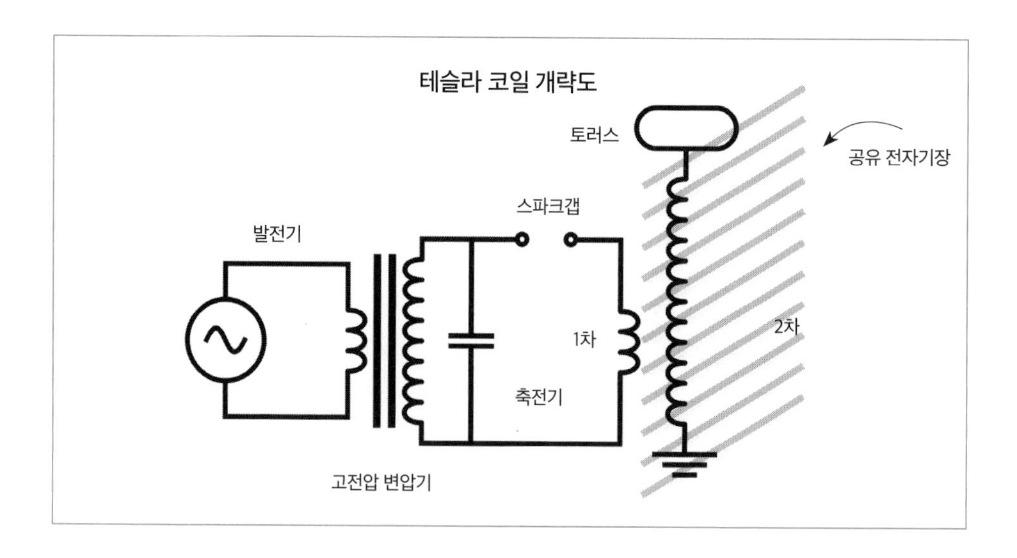

가수가 목소리 힘만으로 유리컵을 깨트리는 것과 같은 현상이다. 힘이 유리잔에 가해질 때, 여러 요소(예를 들어, 유리잔의 모양과 두께)에 따라 특정 주파수에서 진동한다. 소프라노가 해당 주파수로 노래하면 유리잔에 가해지는 음파는 상대적으로 작은 힘을 전달한다. 그러나 이 작은 힘은 유리잔의 물리적 특성에 따라 증폭되며 상승의

축전기: 한꺼번에 방전하는 배터리

축전기도 배터리와 마찬가지로 에너지를 저장하는 장치다. 배터리는 전력을 전기화학적 에너지로 저장하여, 산화환원 반응 과정에 전자가 양극에서 음극으로 이동하면서 서서히 그리고 지속적으로 방출한다. 축전기는 전력을 전기장 내에 정전기적 에너지로 저장해두었다가 한꺼번에 폭발하듯이 모두 방출할 수 있다.

간단한 축전기는 두 개의 전도성 판이 비전도성 공간(유전체)으로 분리된 구조로 되어 있다. 축전기에 전류가 가해지면 전도판의 서로 마주보는 면에 세기가 동일한 반대 극의 전하가 생긴다. 이러한 전하가 축적되면 유전체를 가로질러 전압으로 표현되는 전위차가 생기며 축전기 내부에 전기장이 형성된다. 어느 순간에는 두 전기판을 분리하는 절연체의 특성에 따라 전압이 서로 끌어당기는 이러한 힘을 분리하는 유전체의 능력을 넘어서고, 절연체가 전도체처럼 작동하여 축적되어 있던 모든 에너지를 정전기 방출의 형태로 내보낸다.

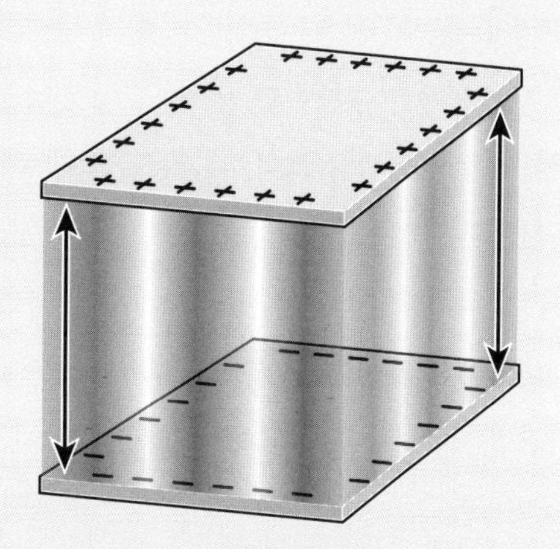

간단한 축전기 개략도

축전기를 수도관의 유연성 있는 막으로 비유할 수 있다. 수도관 안의 물(전류) 흐름이 많아져 막을 누르면 수압(전압)이 높아진다. 물이 더 많이 공급되면 막이 늘어나서 팽팽해지며, 막이 물을 관 안에 붙잡아두려면 더 강한 힘으로 물을 밀어내야 한다. 막이 늘어나서 팽팽해지는 동안 물의 흐름(전류)이—따라서 시간 지체가 있다—압력을 축적한다(전압). 어느 지점이 되면, 수도관의 막이 압력을 견디지 못하여 막이 터지고 압력과 물을 방출한다. 그러나 축전기가 방전되면 물의 흐름(전류)보다 압력(전압)이 더 빠르게 떨어진다. 그러므로 방전 때는 전압이 전류를 앞서게 된다(잠시 동안).

유리잔을 깨트리는 오페라 가수

피드백 루프를 생성하고 이렇게 계속 커져 유리잔이 깨지는 것이다(작은 힘이 지속적으로 가해진다고 가정할 때다. 숙련되지 않은 가수가 이와 같은 현상을 일으키기는 어렵다. 피치와 음량이 높아야 할 뿐만 아니라 유리컵의 공명반응이 일어나는 좁은 주파수 대역 내에 피치를 정밀하게 유지해야 되기 때문이다. 기타 튜너를 이용해 일정한 피치가 유지되는지 확인하면서 노래를 불러보면 이것이 얼마나 어려운지 금방 알 수 있다).

테슬라의 진동변압기는 축전기를 이와 비슷한 방식으로 사용했다. 전하가 축전기 내에 쌓이면 전도판 사이를 왔다갔다 움직이다가 마침내 높은 주파수의 정전기 전하로 방출된다. 유도코일의 특성을 조정하여 축전기에서 전하 방출을 최대 유도 시점과 동시성으로 일어나도록 설정한다. 이렇게 하면 축전기에서 방출되는 전류가 비교적 작아도 두 권선 사이의 스파크갭에서 생성되는 자기장 유도 전류 펄스에 동조하여 이를 강화할 수 있다.[19]

테슬라가 설계한 구조는 축전기가 충전될 때 전압이 축적되고 따라서 전류보다 시간이 지연되는 장점도 있다. 차단막 뒤에 물이 축적되면 수압이 차츰 높아지는 것과 비슷하다. 전류 유도 중에는 이와 정반대가 일어난다. 유도자는 전압보다는 전류 변화에 더 큰 장애물로 작동하기 때문에, 유도 과정에 전류가 전압보다 시간적으로 지연되는 경향이 있다.

테슬라 코일에서는 스파크갭이 일종의 절연체로 기능한다. 축전기에 에너지가 쌓이면 스파크갭을 사이에 두고 전압 차가 커지고, 그 속의 공기는 점점 더 전하를 띠게 된다(이온화).[20] 공기가 한계에 도달하면 극히 짧은 시간 동안 전도체로 기능하여 전류가 갭을 통과하여 흐르게 된다. 전류가 방출된 후에는 갭을 사이에 둔 전압은 같아지고 공기는 다시 절연체로 돌아간다. 전압이 전류를 앞서거나 뒤처지는 사이의 차이가 매우 중요한 부분이다.

스파크갭을 넘는 전압이 떨어지면 바로 축전기에서 방전이 되도록 시간을 맞추면, 전류와 전압이 갭 너머로 서로 앞서거나 뒤처지고를 반복하게 만들 수 있다. 축전기 내에 정전기 전하가 쌓이면서 전압이 전류를 뒤따른다. 축전기가 방전되면 전선을 통해 전압을 뒤따라 전류를 보낸다. 이런 물리학적 현상이 어렵다고 생각하는 독자는, 유도코일의 구조에 축전기를 삽입하여 전기적 진동을 발생시킬 수 있다는 것만 기억하자. 그리고 이와 같은 전기적 꼬리 물기 게임으로 생성되는 진동에 정확히 시간을 맞춰 준다면 공명이 일어나 자체적으로 계속 축적되어 간다. 테슬라는 이와 같은 구조의 결과물이 당시에 알려진 어떤 장치보다 더 높은 주파수와 훨씬 높은 전압을 생성하는 코일이었다.[21]

혁명적일 수 없는 개념

테슬라 코일은 그의 발명들 중에서 가장 덜 알려졌다.[22] 일부에서 교류 송전에 필수적인 변압기를 테슬라가 고안했다고 잘못된 주장을 하는 데는 이러한 '진동변압기'의 특성과 활용을 둘러싼 이해 부족도 한몫을 했을 것이다(현대의 교류 전력 배전 시스템과 테슬라의 관련성 때문에 혼란이 가중된 것은 분명하다. 현대 배전 시스템은 전적으로 테슬라 코일이 아닌 전기적 변압기를 이용한다). 그러나 테슬라 자신도 여기에 어느 정도 책임이 있다. 테슬라는 1919년에 쓴 자전적 에세이에서 자신의 코일이 "보편적으로 사용되고 혁명을 가져왔다."고 썼을 뿐만 아니라 그 발명이 "전쟁에 화약이 도입된 만큼이나 혁명적이다." 하고 단언했다.[23]

테슬라 코일은 그 이전의 어떤 장치보다 더 높은 주파수를 얻을 수 있었지만, 혁명적인 도구라기보다는 이상한 전기현상 정도로 취급되었다. 미국전파공학회 회장을 역임한 앤더슨은 "고주파 영역에 테슬라가(테슬라 코일도 마찬가지다) 기여한 역할은 놀랄만큼 미미한 정도다." 하고 말하기도 했다.[24] 사실, 테슬라의 진동변압기에서 전례 없이 높은 주파수와 전압을 얻을 수 있었지만, 그의 변압기 설계뿐만 아니라 그가 추구한 전기적 공명의 개념은 모두 혁명적인 것이 아니었다. 테슬라 자신도 인정했듯이, 당시에 그가 특허 신청한 코일 등의 발명은 기존의 아이디어를 개량한 것에 불과했다. "현재의 장치를 개선하기 위해…… 한 발짝 더 나아간 것일 뿐이며, 꼭 필요하다고 생각되는 특별한 개념은 없었다."[25] 테슬라가 여행한 경로를 보면 이러한 혁명적 개념들의 진정한 출처를 알 수 있을 뿐만 아니라 그보다 훨씬 전에 있었던 개념에 테슬라가 접근할 기회가 된 여러 계기를 확인하게 된다.

첫째, 테슬라의 진동변압기 초안이 그의 '전기변압기 혹은 유도장비' 특허에 처음 나타났지만, 우리가 테슬라 코일이라 부르는 구조는 여러 차례 반복하여 개선된 것으로, 그중 대부분은 1890년 3월부터 1893년 7월 사이의 특허신청서류에 포함되어 있다. 예를 들어, 테슬라가 변압기에 대해 신청한 첫 특허에서는 1차 권선과 2차 권선 사이에 넓은 공기갭을 만드는 개념을 처음으로 제시했다.[26] 그러나 '전기적 전환과 배송을 위한 방법론과 장치'로 특허 신청을 한 1891년 2월 4일까지는 표준 유도코일 내의 차단기를 축전기로부터의 정전기 방출로 대체할 생각을 하지 않았다.[27] 그때에도 그는 이 발명을 '저명한 과학자들이 관찰한 어떤 전기적 현상'으로 언급했다.[28] 아직 '활용되지 않아 유용한 실제적 결과를 만들지 못하고 있는' 현상이라고 했다. 축전기로부터의 유도 방출에 일치하는 구체적 길이(테슬라 코일에서 공명 요소)로 권선들을 구성한다는 개념은 테슬라가 '전자석용 코일' 특허를 신청할 때까지도 나타나지 않았다. 1893년 7월 7일이었다.[29]

같은 기간에 변압기 개발의 역사에 중요한 몇 가지 일이 일어났다. 그중 가장 중요한 것은 1891년 8월, 브라운과 도브로볼스키가 프랑크푸르트 전기박람회 기간에 교류 전력을 독일의 라우펜에서 프랑크푸르트로 송전하는 데 성공한 것이다.[30] 175킬로미터 거리였다. 두 사람은 상전류(phased current, 테슬라의 다상 시스템과 매우 유사하다)와 변압기를 이용하여 이러한 업적을 달성했다. 이 변압기는 당시에 '2차 발전기'로 알려졌으며, 골라르와 깁스가 1883년 런던에서 처음 시연한 구조를 토대로 한 것

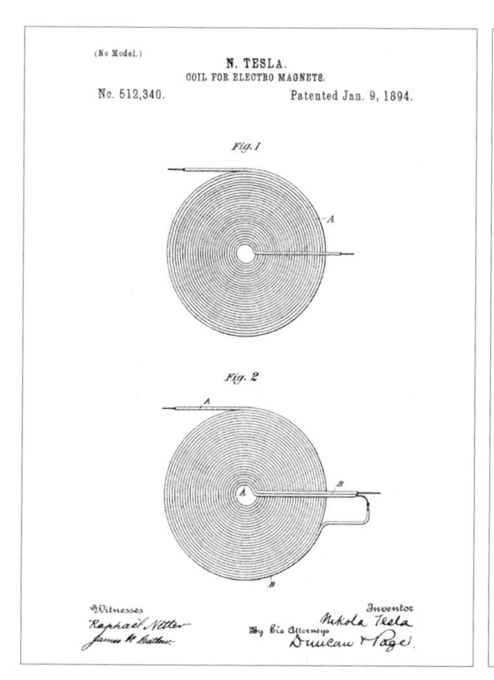

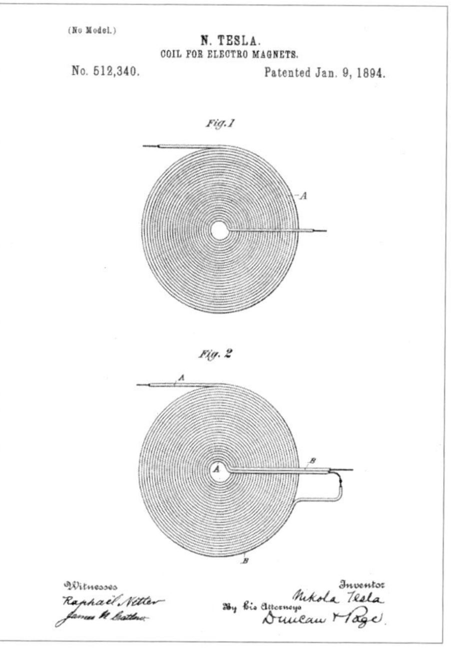

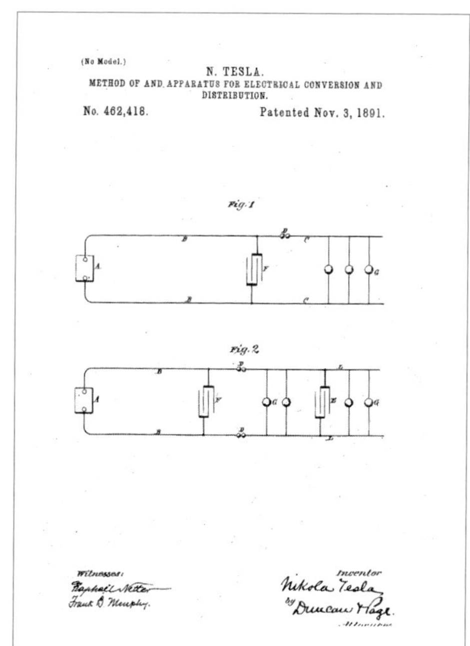

테슬라 코일 특허에 제시된 그림들

이었다.[31] 일부 사학자에 따르면, 조지 웨스팅하우스가 《엔지니어링*Engineering*》 1885년 봄호에 실린 기사에서 골라르-깁스가 설계한 구조를 알게 되었다고 한다. 1885년 런던에서 열린 국제발명박람회에 전시된 전기장치들을 소개한 기사였는데[32] 그 전기장치에 대한 기사를 읽은 웨스팅하우스는 즉시 에이전트를 유럽으로 보내 골라르-깁스 변압기에 대한 권리를 확보했다. (웨스팅하우스는 골라르와 깁스에게 그들의 시스템에 대한 로열티로 5만 달러를 지불하고, 윌리엄 스탠리에게 1886년에 이를 매사추세츠의 그레이트배링턴에 설치하게 했다. 웨스팅하우스는 스탠리에게 이 새 장치를 이용하여 자신이 미국에서 특허를 취득할 수 있도록 시스템을 개선하라는 과제를 주었다. 스탠리가 설계를 개선하여 스탠리 변압기라 알려진 장치는 미국에서 현재도 이용되고 있는 교류 배전 시스템의 원형이 되었다.)

웨스팅하우스의 가장 큰 경쟁사인 '에디슨 회사'는 이에 질세라, 골라르와 깁스보다 수 년 앞서 '간츠웍스(Ganz Works)' 소속 물리학자 팀이 개발한 변압기 시스템에 대한 권리 협상에 착수했다. 부다페스트에 본사를 둔 그 회사는 원래 해양 정기선박 건조사업으로 시작했으나 조명 시스템 구축사업으로 주력 분야를 바꾸고 있었다 (1885년까지 많은 사업이 유럽 전기조명 시장을 두고 에디슨의 시스템과 경쟁 상태에 있었다).[33] 회사는 1878년에 전기공학 부서를 설립하고 지퍼노프스키라는 헝가리인 엔지니어를 책임자로 영입했다. 그의 주도로 간츠웍스는 아크등과 백열등 시장에 진입하여 유럽 전역에 자신의 시스템을 설치했다.[34] 이러한 시스템은 하나의 철제 링 주위를 감은 두 개의 구리선을 기본으로 하는 초보적 변압기를 사용하는 형태였다.[35]

오토 블라티는 1883년부터 간츠웍스에서 기계엔지니어로 일한 유능한 청년이다. 그는 전기 엔지니어링 분야의 정규교육을 받은 적이 없지만, 제임스 맥스웰의 논문을 읽고 전자기학 이론을 많이 습득했다. 블라티는 1884년에 열린 이탈리아 토리노 박람회에서 골라르-깁스 교류 전력 시스템을 본 다음, 그 설계의 개선을 구상했으며, 곧 지퍼노프스키의 부서로 재배치되었다. 그 부서에서 그는 1884년 여름에 믹셔 데리라는 젊은 세르비아인 엔지니어의 도움을 받아 실험에 착수했다. 간츠웍스의 이 엔지니어 세 명은 함께 교류 배전 시스템의 새로운 형태를 개발했는데, 그 토대는 '변압기'로 볼 수 있는 최초의 장비를 이용하는 것이었다. 이 장비는 하나의 철제 링 둘레를 균등하게 감는 두 개의 코일로 구성되었고, 고압의 교류 전력 전압을 낮추어 백열등 시스템에 사용할 수 있게 하려는 목적이었다. 엔지니어들은 자신들의 이름에서 한 글자씩 따서 ZBD 변압기로 이름붙인 시스템을 1885년 부다페스트 국가 박람회에 전시했다.[36]

그 이전의 변압기

칼슨은 1953년 비엔나 기술박물관에서 열린 회의 때 세르비아인 엔지니어 오사나 마리오가 말한 이야기를 2013년에 쓴 테슬라 일대기에서 다시 언급했다. 마리오는 1893년 시카고 세계박람회에서 테슬라를 만났을 때 그로부터 직접 들었다고 주장했다. 테슬라가 1882년 간츠웍스를 방문했을 때던가 아니면 그곳에서 일할 때 링이 부러진 변압기를 만지기 시작했다고 한다.[37] 이때는 블라티가 그곳에서 일하기 전이고 ZBD 변압기가 완전히 개발되기 한참 전이지만, 그 기간은 테슬라가 우울증에서 회복하려고 부다페스트에 머물며 시게티와 저녁 산책을 하던 짧은 시기와 일치한다. 1882년 초에는 테슬라가 푸슈카스 형제 밑에서 일할 때인데, 그 형제는 테슬라를 시게티와 함께 파리로 파견했다. 4월이었다.[38] 하지만 테슬라는 아마 1881년 말과 1882년 초에 간츠웍스를 들락거리는 동안 ZBD 변압기의 초기 버전을 접했을 것으로 생각할 수 있다.

프랑크푸르트에서 브라운과 도브로볼스키의 교류 전력 송전 시연이 있은 후, 테슬라는 자신이 가진 여러 특허의 우선권이 걱정되어 유럽 여행을 계획했다. 자신의 발명을 둘러싼 의심을 가라앉히기 위한 목적도 있었다.[39] 테슬라는 유럽으로 떠나기 전에 나중에 '테슬라 코일'이 된 발명품에 대한 첫번째 특허를 신청한 것으로 알려져 있다. 그러나 세이퍼는 테슬라가 1892년 8월 말 뉴욕으로 돌아온 이후에야 그 발명을 완성했다고 지적했다.[40] 그렇기 때문에 테슬라가 유럽 여행을 하면서 자신의 코일 설계와 관련해 중요한 힌트를 얻었을 가능성이 있다. 사실이 어떻든 1892

ZBD 변압기

년 1월 26일 런던에 도착한 즉시 그는 런던에서 발행하던 《전기엔지니어*Electrical Engineer*》 기자와 만나 경쟁을 잠재우기 위한 대책에 착수했다. 그로부터 불과 사흘 후 발표된 긴 기사에서 테슬라는 자신이 브라운과 도브로볼스키에 앞서서(그리고 우연히, 갈릴레오 페라리스가 논문을 발표하기 전에), 다상 모터를 어떻게 개발하게 되었는지 설명했다.[41]

1892년 2월 3일, 테슬라는 런던 전기엔지니어학회에서 유럽 여행 중 첫번째 강연을 했다. 〈고전압과 고주파의 교류를 이용한 실험〉이라는 제목의 강연에서, 테슬라는 고주파 전류를 이용한 실험과 정전기장과의 상호작용을 강조했다. 구체적으로는 영국 물리학자 플레밍의 연구를 지적했는데, 진공관을 특정 파장의 전류로 고조시키면 불을 밝힐 수 있다는 내용이었다.[42] 플레밍은 그 이전에 케임브리지와 노팅엄 대학에서 전기 변압기 이론을 강의했지만 미국의 엔지니어 사회에는 알려지지 않았다. 하지만 테슬라의 강연 후 어느 땐가 에디슨 회사의 자문 전기학자로 고용되었다.[43] 테슬라는 강연이 아주 큰 호응을 얻자 다음 날 런던 왕립학회로부터 자신의 업적에 대해 계획에 없던 강연을 요청받았다.

축전기 이용

플레밍은 두 번의 강연에 참석하여 테슬라에게 주말 동안 런던대학에 있는 자신의 연구실로 초대했다. 그는 자신의 연구실에서 테슬라의 진동변압기와 거의 비슷한 장치를 구성할 수 있었다. 1892년 2월 5일 플레밍은 테슬라를 공식적으로 초대하기 위해 보낸 편지에서 자신이 '스포티스우드 코일(Spottiswoode Coil)을 1차 코일로, 그리고 라이덴 병(Leyden jars)을 2차 코일로 설정하여 진동 방전'을 구성하는 데 성공하였음을 상세히 적었다.[44] 1877년에 그 장치를 발명한 영국 과학자 윌리엄 스포티스우드의 이름을 딴 이 코일은 매우 큰 유도코일로 120만 볼트까지 생성할 수 있다. 스포티스우드 코일의 1차 코일은 구리전선이 1344회 감겨 있으며 축전기에 연결된 배터리로 충전된다.[45] 라이덴 병은 당시에는 '콘덴서'로 알려진 축전기의 초기 형태로 유리항아리 내측에 한 전극, 외측에 다른 한 전극의 두 전극 사이에 정전기로 전기를 저장한다.[46]

플레밍은 스파크갭 대신에 분리된 축전기를 이용하여 전류진동을 만들어냈는데, 이것은 테슬라가 자신의 코일 구조를 이용해 최종적으로 얻은 전류진동과 같은 종류였다. 플레밍은 대학 실험실에서 자신이 구성한 장치에 대해 별도로 특허신청을 하지 않았지만 그 구조는 1905년 '교류를 직류로 전환하는 장치'에 대한 플레밍의 특허 신청 속에 포함되었다. 마르코니 전신회사와 미국 정부 사이의 소송에서 대법원이 내린 결정문의 상당 부분은 전파에서 필수가 된 요소에 대해 특허를 신청할 때 테슬라가 플레밍의 1905년 특허에서 아이디어를 '빌려온' 문제에 관한 내용이다. 궁극적으로 대법원은 플레밍의 특허를 뒤엎었는데 진동 구조와는 완전히 별개로 필수 요소가 에디슨이 20년 전에 발급받은 특허로 설명될 수 있다는 근거였다.[47]

테슬라가 플레밍의 초대를 받아들여 진동 방전을 생성하는 장치를 개인적으로 볼 기회가 있었는지 분명하지 않지만(세이퍼는 베오그라드의 테슬라박물관에 수집된 자료에 테슬라가 실제로 플레밍을 만났다는 증거가 포함되어 있다고 한다.)[48] 테슬라가 1892년 2월 둘째 주 어느 날 영국을 떠나 파리로 간 것은 확실하다. 따라서 플레밍의 장치를 보았을 시간은 충분하다. 파리에서 테슬라는 물리학회(Societe de Physique)와 전기학회(Societe Internationale des Electriciens)의 합동 회의에서 강연했으며 그 내용은 잘 알려져 있다. 그는 어머니가 위독하다는 전보를 받고 프랑스에서 크로아티아 고스피치의 어릴 때 살던 집으로 긴 여행을 떠났다. 어머니 주카 테슬라는 눈을 감기 전에 아들을 만날 수 있었지만 4월을 넘기지 못했다. 테슬라는 장례를 치르고 10년 넘게 보지

존 플레밍

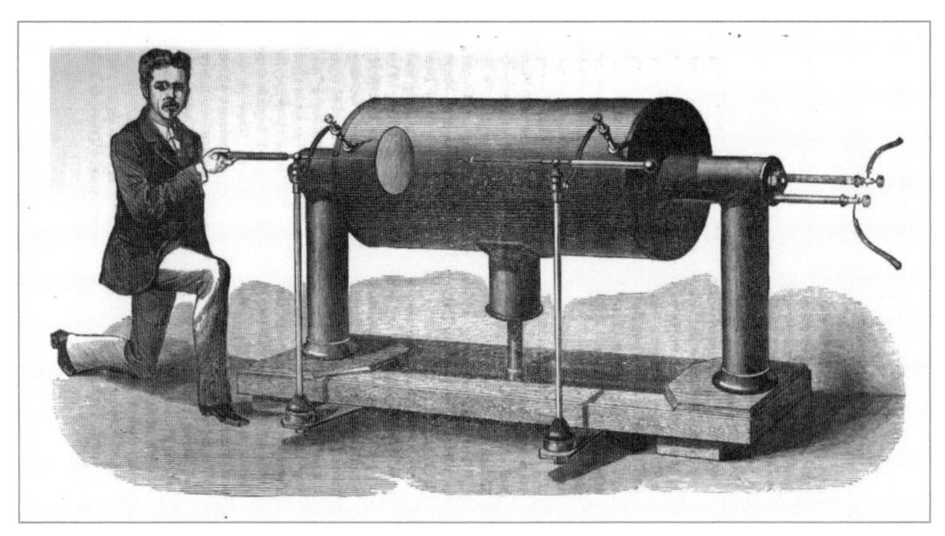

스포티스우드 코일

못한 가족과 함께하느라 고스피치에 6주 동안 머물렀다.[49]

이 기간에 테슬라는 작은 여행을 몇 번 했는데, 부다페스트의 간츠웍스를 최소한 한 번은 방문했다. 그곳에서 무엇을 했는지 정확히 알 수 없지만, 당시 그 회사는 1000마력에 이르는 거대한 교류발전소를 건설하고 있었다.[50] 그와 같은 발전소 건설은 지퍼노프스키가 감독한 것은 틀림없으며, 1892년에 지퍼노프스키와 블라티, 그리고 데리가 하는 작업을 접했을 것으로도 생각할 수 있다. 그 속에는 유럽 최대 규모 수력발전 프로젝트의 일부로 간츠 팀이 개발하던, 그때까지 어느 회사에서도 시도한 적 없는 고압 변압기도 포함되어 있었다. 지퍼노프스키, 블라티, 데리가 설계한 시스템은 티볼리의 고압 발전기로부터 로마의 배전 시스템까지(개별 소비자들이 이용하도록 전압을 낮춰주는 곳이다) 교류 전력을 송전할 수 있었다.[51]

헤르만 헬름홀츠

공명을 엿보다

테슬라는 파리에 돌아와서 잠시 머물렀다. 베를린대학의 저명한 독일 물리학자 헤르만 헬름홀츠를 방문하기 위해서였다. 그는 전자기 복사에 관한 맥스웰 이론, 특히 빛과 색의 특성을 연구한 학자였다.[52] 당시 헬름홀츠는 떨어진 거리에서의 전기역학적 작동이론을 구성하여 전기와 자기력의 동시성 전달을 이론화하는 데 몰두하고 있었다.[53]

그곳에서 테슬라는 헤르츠를 만나려고 본으로 갔다. 당시 헤르츠는 헬름홀츠 아래에서 박사후 과정을 마쳤다. 그리고 1883년까지 그의 실험실에서 조수로 일했다. 불과 5년 전에, 헤르츠는 전자기의 특성에 관한 맥스웰의 이론을 증명하여 전기학계를 크게 놀라게 했다. 당시 헤르츠는 전파신호 송수신용으로 코일 공명 전선 장치를 이용했는데, 그 장치에는 테슬라가 자신의 코일 구조에 추가하는 요소와 매우 유사한 부분이 있었다. 예를 들어, 헤르츠는 초고주파의 전자기파로 하는 실험 중에 축전기의 고전압 전기방전으로 유발되는 진동전류로부터 전파를 생성했다. 그리고 헤르츠가 전자기파를 잡아내는 방법에는 스파크갭에 연결된 안테나도 포함되어 있었다. 헤르츠는 강연 준비를 위해 나중에 이러한 실험을 시뮬레이션하면서, 유도코일의 1차 권선에서 나오는 주기적 방전이 스파크갭을 지나갈 때 관찰하면 고주파의 전자기파를 연구할 수 있는 것을 알았다. 이것은 테슬라가 최종적으로 설계하게 되는 코일과 섬뜩하리만큼 유사하다.[54]

특허 신청을 가장 먼저 한 사람은 테슬라지만, 테슬라가 특허 신청서를 완성하기 훨씬 전에, 헤르츠가 먼저 전기적 진동의 공명을 만들고 이를 이용해 고주파를 생성하는 메커니즘을 발명했을 가능성이 크다. 세이퍼는 1998년에 펴낸 테슬라 일대기에서, 테슬라가 그의 코일 구조를 완성하기 훨씬 전에 헤르츠가 고리모양 전선을 이용해서 1차 권선과 2차 권선 사이의 공명효과를 테슬라에게 시연해 보였으며 '정재파(定在波, standing waves)'의 존재를 입증했다고 주장한다. 이것은 1차 권선에 입력되는 전력의 진동이 2차 권선에서 생성되는 전류의 진동에 동시화될 때 생기는 현상이다.[55] 그 전기작가는 테슬라가 헤르츠와 별로 좋지 않게 헤어졌다고 말하지만, 훨씬 더 중요한 의미는 알지 못했던 것으로 보인다. 헤르츠의 공명 개념(그리고 그의 실험실 장치)이 테슬라의 유명한 코일에 대한 특허 신청보다 먼저였다.

테슬라가 두 권선 사이에 큰 에어갭을 이용하고, 고압의 진동 전류를 생성하기 위해 축전기를 추가하여 축전기의 방전을 동시화함으로써 공명주파수를 생성하는 유도코일 특허를 가장 먼저 신청한 것은 분명하다. 하지만 1891년부터 1892년까지 유럽 여행을 하면서 놀랍도록 유사한 장치나 그 기본 개념(혹은 두 가지 모두)을 접한 이후에 그의 특허들 중 상당수가 신청된(혹은 이후에 크게 수정된) 것 또한 확실하다. 예를 들어, 1892년 늦여름에 헤르츠의 전기적 공명이라는 개념을 접했지만(그리고 공명

주파수를 생성하기 위해 헤르츠 자신이 고안한 장치도 접했을 가능성이 크다), 이러한 개념은 1893년 그가 여행에서 돌아온 이후에야 신청한 특허에 활용되었다. 그렇지만 유럽 여행 중에 행한 강연 내용으로만 볼 때, 테슬라가 그 장치를 자신이 발명한 것이라고 주장하고 그 장치와 테슬라의 이름이 영원히 함께하게 된 것이 전혀 근거가 없지만은 않다.

1906년 NBS 무선전화 시연

어떤 기술, 과학의 발전, 발견 혹은 발명과 연결되어
한 사람의 이름이 계속 거론되면 지울 수 없는 인상을 남기게 되는데,
가장 지적인 계층들 가운데서도 마찬가지다.
-커머퍼드 마틴, 《사이언스》, 1900년 11월 2일

6
무선 송전

제2차 세계대전이 끝난 후, 독일의 천재 엔지니어이자 전직 나치 SS요원이던 베르너 폰 브라운은 미국으로 건너가 '페이퍼클립'이라는 미군의 극비작전에 참가하여 탄도미사일 기술 개발을 지원했다. 폰 브라운은 계속해서 항공우주국(NASA)의 새턴 5호 발사 로켓 개발도 지휘했는데 이것은 미국인을 달까지 보내고 귀환시킬 때 사용한 운반체이다. 1967년 NASA의 마셜 우주비행센터 책임자로 임명된 직후의 어느 날 오후에 비행센터 회의실에서는 폰 브라운이 참석한 가운데, 레이시언(Raytheon)의 마이크로웨이브 앤 파워 튜브(Microwave & Power Tube)실 소속 과학자들의 시연이 있었다.[1]

폰 브라운은 이 역사적인 달 탐사 프로그램이 진행되는 도중에 레이시언의 전기 엔지니어 윌리엄 브라운으로부터 큰 영감을 얻게 된다. 윌리엄 브라운은 3년 전, 지상에서 발사된 마이크로웨이브 빔의 힘만으로 작은 무인 헬리콥터를 공중에 10시간 동안 떠 있게 만들어 신문의 헤드라인을 장식한 적이 있다.[2]

이제 윌리엄 브라운은 이 최첨단 로켓 과학자에게 자신이 한 일의 원리를 시연하며 보여주려 한다. 한 손으로는 작은 모터 팬에 부착된 안테나를 잡았다. 그리고 탁자의 반대편 끝에는 직경 90센티미터 정도인 접시형 반사기가 마이크로파 튜브에 부착된 채 놓여 있다. 전기 스위치를 켜자 팬이 항공기 프로펠러처럼 회전하기 시작했다. 윌리엄 브라운은 반사기와 안테나 사이에서 손을 여러 차례 흔들어 모터에 에너지를 공급하는 원천이 100와트 마이크로웨이브 빔임을 증명해 보였다. 1868년에 이미 무선 전력 송전의 배경을 다룬 이론이 나왔다는 주장도 있지만, 윌리엄 브라운의 연구진은 그 실용화에 따르는 가장 큰 문제점을 해결했다. 한 지점에서 다른 지점으로 효율적인 송전이 될 수 있을 정도로 좁은 빔 내로 전자기 에너지를 집중시키는 과제였다.[3] 자신이 감명 받기보다는 남을 감명시키는 일이 더 잦았던 폰 브라운은 이러한 시연으로 충격에 가까운 감명을 받고, 레이시언과 위성에 전력을 공급하는 기술을 발전시키는 연구계약을 체결했다.[4]

오늘날 테슬라라는 이름은 무선 송전이라는 꿈의 대명사로 통한다. 어떤 사람은 비록 현실화되지 않았지만 테슬라의 가장 중요한 발견이 이것이라 주장한다.[5] 지금도 테슬라의 극렬 추종자들은 뜻있는 사업가가 그 기술을 완성해서 테슬라의 천재성을 입증할 날을 기다린다. 전선 없이 엄청나게 큰 규모의 전력 송전 시스템을 구축한다는 것이다.[6] 그러나 무선 송전이라는 비전과 그 과정의 어려움이나 그 속에서 테슬라의 역할을 생각하려면 먼저 전자기 공명이라는 과학적 개념을 이해해야 한다.

전자기 공명

제임스 맥스웰이 전자기 복사에 대한 놀라운 이론을 발표하여 물리학계를 충격으로 몰아넣은 때로부터 3년이 지난 1868년, 그는 판사이자 과학자인 윌리엄 그로브와 저녁 시간을 함께했다. 그로브는 에디슨의 전구보다 무려 40년 가까이 앞서서 첫번째 백열등을 발명한 사람이다.[7] 당시 그로브는 진공 튜브 속으로 전기를 방전하는 실험에 열중하고 있었다. 그는 교류발전기의 전력을 받는 유도코일의 1차 권선(winding)을 축전기에 연결하면 축전기가 없을 때보다 훨씬 큰 스파크가 발생하는 것을 발견했다. 물론 1차 권선 코일을 통해 훨씬 많은 전류가 흐른다는 의미다. 이러한 발견에 당황한 그로브는 수학 천재로도 알려진 이 젊은 물리학자에게 어떻게 해서 발전기와 스파크 사이에 축전기를 삽입하면 발전기 자체가 공급하는 것보다 훨씬 더 큰 전류가 생성되는지 생각해보라는 과제를 주었다.[8]

집으로 돌아온 맥스웰은 밤을 꼬박 새우며 그 문제를 생각하고 계산식을 만들었다. 아침이 되어 맥스웰은 그로브에게 간략하게 편지를 썼다. 편지에서 그는 축전기가 저장했다가 방출하는 정전기 에너지는 1차 권선에 공급되는 전류의 방향이 교대로 변하는 변화 빈도에 비례하는 주파수로 진동하는 것으로 추정했다. 이것은 전기적 공명에 대한 매우 정확한 설명인데, 맥스웰은 이 용어를 사용한 적이 없으며, 테슬라가 그의 진동변압기를 설계한 때보다 22년이나 전이었다.[9] 축전기가 공명을 이용하여 그에 대응하는 주파수로 방전함으로써 입력 전류보다 훨씬 큰 교류 전류를 만들어낸다(160쪽 참조).

다른 모든 공명과 마찬가지로, 전기적 공명도 파동의 특성이 있는데 이 경우는 전자기파다. 자기장이 변하거나 전류가 흐르면 전자기 복사가 생성되고 복사에너지가 공간을 통해 퍼져 나간다. 이와 같은 에너지는 파동처럼 작동하기도 하는데, 전류는 전기장 및 자기장과 관련된다는 사실을 기억하자. 자기장의 변화는 전류를 유도하고 이것은 다시 자기장을 생성하고 또 이것은 전류를 유도해낸다. 이렇게 계속된다. 다른 말로 하면, 전기장 혹은 자기장은 서로가 서로에 의해 유도되는 것이다. 오른손 법칙을 적용하면 전기장과 자기장 및 그로 인해 유도되는 자기장은 서로 수직 방향이 된다. 그리고 이러한 현상은 두 개의 장 사이에서 다시 서로 수직으로 반복하면서 공간 속을 퍼져 나간다. 전기장과 자기장이 교대로 가리키는 방향과 수직인 방향으로 진행한다. 그러므로 전자기 복사를 전기장과 자기장이 교대로 진동하는 횡파로 생각할 수 있다.

전자기파의 일반적 특성도 다른 파와 동일하다. 파의 구릉 모양 최대 높이 사이의 거리가 파장이 된다. 그와 같은 구릉의 크기(중간 지점에서 최대 높이까지 측정된다)는 진폭이라 부른다. 주파수는 단위시간에 일어나는 진동의 빠르기를 말하며, 맥스웰의 유명한 이론을 증명한 독일인 물리학자의 이름을 따서 헤르츠 단위를 사용한다. 파의 주기가 1초당 한 번 나타날 때의 주파수가 1헤르츠에 해당한다. 공간으로 전파되는 모든 전자기 복사의 속도는 동일하다. 빛의 속도이며, 초당 3억 미터를 진행한다. 하지만 전자기파의 주파수는 그 파를 발생시키는 진동에 따라 변할 수 있다. 그러므로 모든 전자기 복사는 그 파를 특징짓는 주파수에 따라 분류할 수 있다. 예를 들어 전파(라디오파)의 주파수는 보통 3킬로헤르츠(kHz, 초당 파의 주기가 3000회 반복한다)에서 300기가헤르츠(GHz, 초당 파의 주기가 3000억 회) 범위다.

높은 주파수를 가진 파는 파장이 짧고 낮은 주파수의 파는 파장이 길어야 한다는 것은 쉽게 생각할 수 있다. 즉, 전자기파의 주파수는 파장에 반비례한다. 파장이 길수록 주파수는 감소하고, 또 그 역도 마찬가지다. 그러므로 모든 전자기 복사는 파장에 따라 분류할 수 있다. 긴 파장(낮은 주파수)에서 짧은 파장(높은 주파수) 순서로 음파, 전파, 마이크로파, 적외선, 가시광선, 자외선, X-선, 그리고 감마선 등이다.

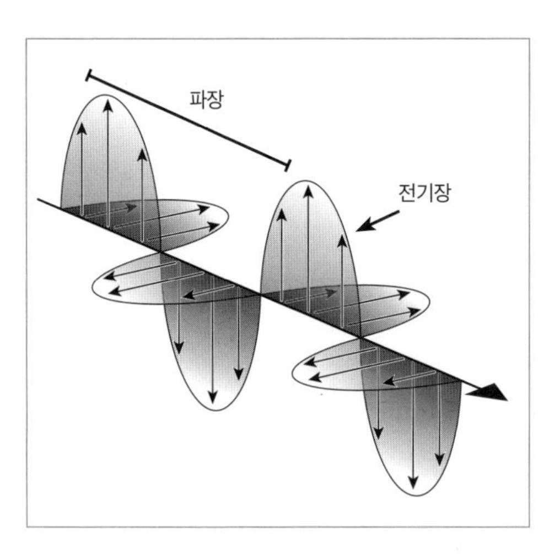

전자기파 스펙트럼

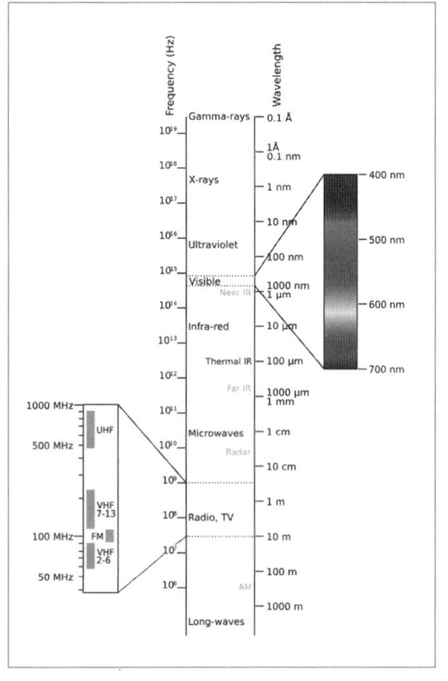

그리고 주파수와 에너지는 직접 비례한다. 주파수가 높을수록 더 많은 에너지가 전달된다. 가시광선의 범위처럼 전자기 복사파의 여러 유형들 사이는 그 경계가 명확하지 않고 서로 겹치는 부분이 많다. 그래서 물리학자들이 주파수 범위를 이용해 전자기 복사를 여러 유형으로 분류하는 것이 이상하게 생각될 수 있다. 그 이유는 이러한 전자자기 복사들이 빛이 그렇게 하듯이, 파동처럼 움직이면서도 때로는 입자처럼 행동하기 때문이다. 모든 복사파(빛도 포함된다)를 구성하는 진동에너지는 광양자(혹은 광자)라 부르는 작은 덩어리 형태로 움직인다. 원자가 광양자를 흡수하면 원자 내부의 전자가 흥분 상태로 되고, 이렇게 흥분된 전자는 원자핵에서 더 멀리 위치한 궤도로 뛰어오른다. 이와 같이 전자가 높은 궤도로 점프하는 현상을 '양자도약(quantum leap)'이라 부른다. 복사에 의해 에너지가 전달될 때는 흥분 상태의 전자가 낮은 에너지 궤도로 다시 돌아가며 그 과정에 에너지 덩어리인 광양자를 방출한다. 원자 내부에서 전자가 궤도 사이를 오르내리는 과정에 에너지가 분자에서 분자로 옮겨질 수 있다(파동의 형태로).

원자가 외부와 상관없이 자신만의 영역에 몰두해 있을 때, 이를 '양자상태(quantum state)'라 부르며, 이것이 그 원자가 가진 에너지다. 이러한 원자에 광자가 들어와 부딪치면 원자의 양자상태가 달라진다. 그리고 이 원자가 광자를 방출하면 그 이전의 양자상태로 돌아간다. 이 두 가지 양자상태 사이의 차이가 방출되는 광자의 주파수를 결정한다. 그러나 원소를 구성하는 원자들은 흩어진 상태로 존재하며 그 형태는 원소마다 고유하다. 이것은 일반적으로, 원소의 원자구조에 따라 생성되는 전자궤도의 유형에 따른다. 즉, 원소마다 전자들이 회전하는 궤도 그리고 핵으로부터의 거리가 다르기 때문에 한 원소에서 방출되는 광자의 주파수는 다른 원소에서 방출되는 광자의 주파수와 다르다. (완벽한 비유는 아니지만, 전자가 행성 주위를 회전하는 위성에 해당한다고 생각할 수 있다. 토성에는 알려진 위성이 62개나 있는데 각각의 고유한 궤도에서 공전한다. 이러한 궤도는 위성 각각의 질량과 모 행성의 질량에 따른 중력(서로 끌어당기는 인력으로 작용한다)뿐만 아니라 위성들끼리 서로 밀어내거나 끌어당기는 중력 작용으로 결정된다. 그 결과

토성 위성들의 궤도는 목성의 확인된 위성 67개의 궤도와 완전히 다른 형태다. 이와 비슷하게, 전자의 궤도도 전자, 원자핵, 그리고 원자의 다른 모든 전자들 사이의 상호작용 결과다(전자의 에너지 및 그 각운동량도 마찬가지다)). 그렇기 때문에 과학자들은 '분광(spectroscopy)'이라는 과정을 통해 어떤 물질에서 방출되는 광자의 주파수를 관찰하여 그 속에 어떤 원소가 들어 있는지 확인할 수 있다. 예를 들어, 천문학자는 이러한 기술을 이용해서 수백만 광년 떨어진 별의 구성 성분을 추정한다.

전자기 복사의 광자가 다른 종류의 물질(따라서 다른 주파수)과 상호작용하는 방식은 복사파의 여러 종류를 구별하는 데 이용되어 왔다. 예를 들어, 광자의 주파수 에너지가 원소의 외곽 궤도 전자들이 한꺼번에 원자를 벗어날('광전효과'라 부르는 현상이다) 지점까지 흥분시켜 올릴 정도라면 대략 자외선 복사에 해당한다. 그리고 X-선의 광자는 대략적으로 원자 중심의 전자를 날려보낼 수 있는 에너지를 가진 주파수다. 이러한 작용 때문에 원자에 손상이 발생하는데, 이와 같은 형태의 전자기 복사파가 생명체에 매우 위험한 이유가 여기에 있다.

전선으로 전기가 전달될 때는 전도체 내부에서 벌어지는 일들이(저항, 열성팽창 등) 엔지니어에게 더 중요한 관심사다. 전류가 전선을 흐를 때는 자기장이 만들어지지만 이것은 단지 부산물일 뿐이며 설비의 에너지 전달에는 중요한 문제가 아니다(그러나 고압선 가까이에서 생활하는 주민들에게는 이러한 전자기장은 매우 중요할 수 있다).

이와 달리 전파에서 마이크로파까지 어떤 전자기파의 무선 송전은 전적으로 전도체 외부의 전자기장에 관련된 문제다. 이러한 전자기장이 만들어내는 파동은 팽창하는 풍선과 같은 공간 속으로 전파된다. 그러나 풍선과는 달리 이러한 파동의 세기는 그 발송원으로부터의 거리 제곱에 비례하여 줄어든다. (전자기 복사에서 '역제곱의 법칙'은 파동이 전파될 때 형성되는 구의 표면적에서 나온 결과다. 아르키메데스가 최초로 구의 표면적을 $4\times\pi\times r^2$(반지름의 제곱) 식으로 계산했다. 따라서 팽창되는 전자기 에너지가 만드는 구의 반지름은 전자기 복사의 공급원에서부터의 거리가 된다. 특정 전자기파가 전달하는 에너지는 팽창하는 구의 표면 전체에 균등히 분포되기 때문에, 어떤 한 지점이 가진 에너지의 양은 r^2, 즉 전

테슬라의 리버티가 실험실에서 스파크갭을 관찰하고 있는 프랜시스 크로퍼드

력원으로부터 거리제곱에 의해 결정된다.) 전자기 복사는 모든 방향으로 흩어지기 때문에 무선 송전은 전력을 보내는 데 일반적으로(최소한 장거리 송전에는) 적당하지 않다.[10] 즉, 전자기 에너지 파동의 강도가 너무 빨리 흩어져버리므로 이용하기 어려운 것이다.

지각(地殼)을 이용하려는 테슬라의 꿈

테슬라는 무선 송전을 가로막는 어려움을 극복할 수 있다고 생각했다. 그는 1892년에 유럽 여행을 떠나 돌아온 직후인 1893년 2월 25일 세인트루이스에서 열린 전국전등협회에 초대받아 강연을 했다. 강연장에 발 디딜 틈 없이 빽빽이 들어찬 관중 앞에서 그는 유도코일로 발생한 강력한 전자기장만으로 형광튜브에 전력을 공급하여 빛을 내고 이를 마치 레이저 검처럼 휘둘러서 보는 사람들의 탄성을 자아냈다. 몇몇 놀란 관중은 전시장을 빠져나가며 테슬라가 '악마의 일'을 하고 있다고 비난하기도 했다. 우리가 알기로는 이때 테슬라가 처음으로 무선 송전이라는 개념을 언급했다.

> 일부 자신감이 넘치는 사람들은 공기를 통한 유도를 이용하면 어떤 먼 거리까지라도 음성 송신이 가능할 것입니다. 저는 그처럼 상상력을 크게 펼칠 수는 없지만, 아주 강력한 기계가 있다면 지구의 정전기 상태에 변화를 주어 식별 가능한 신호나 전력까지도 보낼 수 있을 것이라 믿습니다.[11]

테슬라는 자신이 생각하는 무선 송전 개념을 상세히 구상했지만 너무 대담한 제안이어서 투자자들이 겁을 먹을지 모른다는 걱정 때문에 그날 밤에는 언급하지 않았다고 주장했다.[12]

테슬라는 머릿속으로 세계를 설계하는 비상한 능력이 있지만, 공기를 통한 무선 송전이라는 개념을 요약해 표현하지는 않았다. 최소한 처음에는 그랬다. 그가 '자신감에 넘치는'이라고 지칭한 사람들은 대부분 땅에 심은 안테나에서 어느 정도의 거리에 있는 송신기까지 모든 방향으로 전파를 보내는 방법을 연구하고 있었다. 이와 같은 형식의 무선회로 모델은 안테나에서 나오는 일차 전류(신호)와 수신기로부터 지각을 통해 안테나로 돌아오는 전류라는 그림이 된다. 테슬라는 이처럼 발송지에서 모든 방향으로 전자기파를 발산하는 시스템이 전력을 보내는 수단으로서는 극히 비효율적이라고 생각했다.[13] 그래서 그는 자신의 머릿속에서, 지구를 전도체로 활용하여 땅에 심은 안테나에서 1차 전류를 역시 땅에 심은 수신기로 보내고, 다시 안테나에서 공기를 통해 전류를 송신기로 돌려보내는 시스템으로 방향을 바꾸었다.

지하 전기라는 테슬라의 추론을 '기상천외'한 생각으로 보는 역사가도 있지만(헤르츠나 마르코니 같은 당대의 다른 사람들은 공기를 통해 전기를 보내는 방법에 집중했다), 지하로 전기가 흐른다는 개념은 테슬라 당시에도 새로운 것이 아니었다.[14] 1820년경부터 가장 먼 거리의 전신 시스템은 최소한 두 개의 전선을 이용했는데, 하나는 신호를 보내고 다른 하나는 돌아오는 데 이용되어 회로가 완성되는 구조였다. 그러나 1836년 말 혹은 1837년 초, 스타인하일이라는 독일 물리학자는 전송 전선의 한쪽 끝을 지하에 매설된 금속판에 연결하면 돌아오는 데 이용되는 전선이 없어도 된다는 사실을 발견했다.[15] 그러므로 테슬라가 1893년에 이미 전력을 무선으로 보내는 데 지하 전류를 이용한다는 생각을 했더라도, 무선 전신에 지하 전류를 이용할 수 있다는 추론은 이미 수십 년 전부터 존재했다.[16]

뉴욕으로 돌아온 테슬라는 고주파를 지하로 보내 지하에서 전류를 생성하여 공중에 매달린 회송 터미널까지 보내는 실험에 착수했다. 모든 방향으로 퍼지는 전자기에너지의 복사파로부터 회송전류가 생성된다는 일반적 생각을 테슬라가 받아들이지 않은 것은 흥미롭다.[17] 그 대신에 테슬라는 전류가 전기적 진동의 이동에서 생긴다는 견해를 유지했다. 대기 상층부의 낮은 압력에 존재하는 기체 입자를 통한 전도작용이라는 것이다. 테슬라는 해수면 높이의 공기가 절연체(스파크갭 사이의 공기 같은)처럼 작용하는 것을 알았다. 그러나 이 발명가는 낮은 압력(예를 들어, 가이슬러관)에서

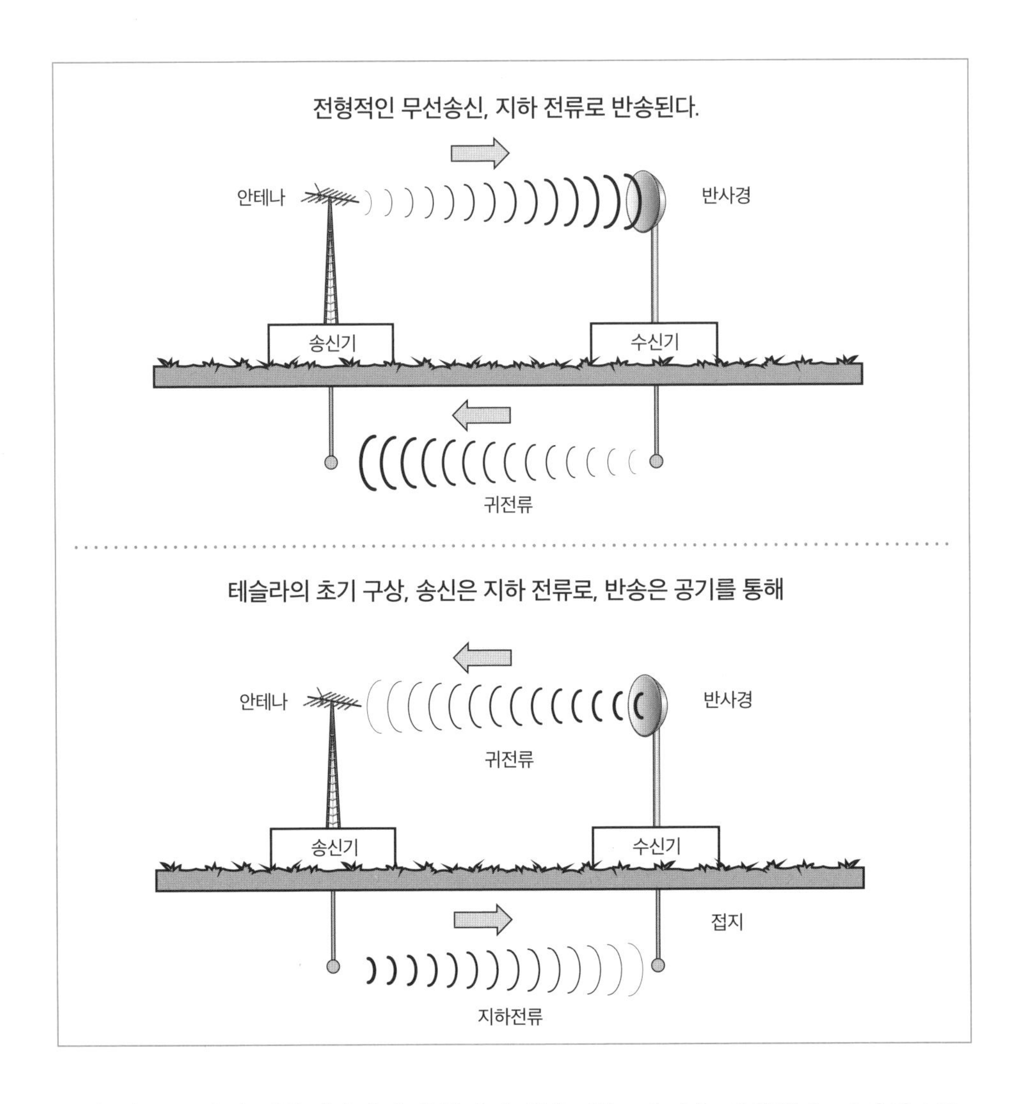

고압 전류를 가해 비활성기체가 흥분하면 빛을 내는 장면을 관찰했다. 따라서 그는 전압이 높을수록, 대기압이 낮을수록, 대기를 통해 더 많은 전력을 보낼 수 있다고 추론했다.[18]

1894년 테슬라는 5번가의 실험실에서 공중으로 고압전류를 날려 방 안의 전등까지 보내는 방법을 실험하기 시작했다. 장치를 세팅하면서 유도코일을 승압변압기에 연결했다. 그러나 그는 곧 자신의 진동변압기를 사용하면 전압을 충분히 높여서, 방

열에너지가 전달되는 세 가지 경로

간단히 설명하면 열은 전도, 대류, 복사의 세 경로로 전달된다.

전도는 이웃한 원자들 사이에서 '진동'을 통해 에너지가 전달되는 방식이다. 전도가 일어나려면 원자들이 서로 밀집해 있어야 하기 때문에 전도는 주로 고체 물질에서 가장 잘 일어나는데, 금속선 같은 것이 이에 해당한다.

대류는 유동성이 있는 상태에서 원자들이 서로를 비켜 흘러가면서 에너지를 전달하는 것이다. 서로 비켜가면서 평형을 이루기 위해 더운 곳에서 차가운 곳으로 에너지가 건너간다. 대류가 일어나려면 고체처럼 원자들이 서로 밀집되어 있지 않아도 되기 때문에, 액체나 기체 상태에서는 주로 이런 방식으로 에너지가 전달된다.

복사는 원자들 사이에서 미세한 덩어리 형태로 에너지를 건넨다. 원자가 흥분 상태가 되면 에너지 덩어리를 방출하고 이것이 빛의 속도로 달려가 다른 원자에 부딪친다. 여기에 부딪친 원자는 에너지를 흡수하여 흥분 상태로 되고 이 원자가 다시 한 번 에너지 덩어리를 방출한다. 즉, 원자들 사이에서 뜨거운 감자 게임이 연속적으로 일어나는 것이다. 복사에 의한 에너지 전달은 원자들이 서로 가까운 곳에 위치할 필요가 없으며 텅 빈 광대한 공간을 통해서도 복사가 일어날 수 있다. 그렇기 때문에 천문학자들은 전자기 복사를 통해 수천 광년 너머의 별들이 가진 특성을 알아낼 수 있다.

의 한쪽 끝에 위치한 1차 권선과 반대쪽 끝의 2차 권선 사이에서 무선으로 전력을 보낼 수 있다는 것을 알았다.[19] 그것은 실험실 전체를 거대한 스파크갭으로 바꾼 것과 같아서, 방 안의 공기는 방의 폭만큼 떨어져 위치한 두 코일이 공유하는 자기장으로 꽉 차 있었다. 그는 자신의 테슬라 코일을 이용해 방 둘레에 감겨 있는 두꺼운 전선으로 고압전류를 방전했다. 이것은 넓게 감긴 한 가닥 전선이지만 변압기의 1차 권선처럼 작동했다. 2차 권선으로는 받침대 위에 약 90센티미터 높이로 세운 전선 코일을 이용했다. 왜냐하면 실험실 주위 여러 다른 지점에서 어떻게 무선전류를 받아들이는지 실험하기 위해서다.[20]

테슬라는 1894년 2월까지 친구나 유명인들(눈이 휘둥그레진 기자도 있었다) 앞에서 자신의 새로운 무선조명 시스템을 시연해 보였다. 칼슨은 이를 두고 투자자를 끌어들이기 위한 일종의 정교한 자기선전이라고 표현했다.[21] 하지만 이것은 이상한 전략이었

테슬라 실험실에서 빛을 내는 관 앞에 선 마크 트웨인

다. 테슬라와 함께한 마크 트웨인은 아직 페이지나 브라운과 함께 일하고 있었다. 테슬라에게 새로운 발명이 있으면 절대 비밀을 유지해야 한다고 충고한 사람들이다. 그런데 이 경우에는 테슬라가 페이지와 브라운의 충고를 반대로 거슬러 자신의 발명을 찬미하는 기사가 실리도록 인터뷰하고, 많은 사진을 배포했다. 사진은 대부분 실험실을 방문한 유명인의 사진이었는데 형광 기체가 빛을 내는 유리관에 현혹된 모습이었다.

1895년 2월, 테슬라는 나이아가라 수력발전 프로젝트 사업자인 애덤스를 구슬려 손을 잡고, 앨프리드 브라운에게는 벤처기업(니콜라 테슬라 회사)을 새로 만들게 했다. 자신이 개발한 고주파 전류를 상업화할 목적이었다. 그러나 그는 다른 많은 발명에서와 마찬가지로 자신의 극적인 발명품 시연을 상업적 제품으로 연결하지 못했다. 1895년 말까지 회사는 단 한 명의 유명 투자자도 끌어들이지 못했다.[22]

테슬라는 자신의 발명이 상업화에 계속 실패하는 이유를 비판적으로 분석하기보다 규모를 더 키우는 것이 투자자를 끌어들이는 열쇠라고 생각했다. 이제 초점을 무선 조명에서 전 세계적인 무선 전력 시스템을 구축하는 것으로 확대했다. 1893년 강연에서 처음 그 힌트를 살짝 언급했다. 그는 전기적 진동과 공명에 관한 문헌을 파고들었다. 그는 지각에 전기가 흐르기 때문에 지구를 하나의 거대한 전기에너지 전달체로 활용할 수 있다고 주장했다.[23] 지각이 전기 전도체로 작용할 때 그 특징적 주파수를 측정할 수 있다면 그에 공명하는 주파수의 전류를 지각 속으로 밀어 넣으면 크게 증폭되고, 지각에 박혀 있는 수신기라면 어디에 있든 전달될 수 있을 것이라고 생각했다. 1894년 말에서 1895년 초 사이에 그는 뉴욕 인근에서 비밀리에 수차례 실험을 시행했으며 그중 일부는 나중에 발표한 저술 속에 설명되어 있다. 그러나 그의 무선 시스템이 상세한 부분까지 완성되기 전에 실험실에 화재가 발생해 거의 모든 실험장비가 불타버렸다.

테슬라가 실험실의 피해(그리고 심각한 우울증)를 회복하기까지는 2년이 걸렸다. 그 기간 동안 보험에 가입하지 않은 상태에서 타버린 장비 비용도 지불해야 하는 등 재정적 어려움은 더욱 가중되었다. 테슬라는 긁어모을 수 있는 모든 자금을 들여 이스트휴스턴 45번가에 공간을 빌려 실험실을 다시 만들었다. 1895년 여름부터 1896년 내내 그는 전기적 진동과 공명 실험에 몰두하며 구조를 더 작은 형태로 바꾼 진동변압기에 대한 특허를 신청했다. 새로 발명한 진공 전구 특허도 함께 신청했는데, 이것은 에디슨의 백열등 시스템보다 더 효율적이며 비용도 적게 소요되는 조명장치였다.[24] 이 기간에 그는 독일 물리학자 뢴트겐이 발견한 X-선도 연구했으며 그가 1895년의 화재로 파괴되었다고 주장한 여러 가지 원격조정 장치의 시제품도 다시 만들었다.[25]

1897년 9월 2일 테슬라는 '전기에너지 전송 시스템'에 대한 자신의 첫번째 특허를 신청했다.[26] 이것은 테슬라가 전파를 발명했다고 주장하는 근거가 되지만, 그는 '전기에너지를 발생시키는 지점과 이를 받아들여 이용하는 지점 사이에서 상승된 공기층을 가로질러 가는' 전류를 발생시키는 것이 목적이었다고 분명히 밝혔다.[27] 본질적으로 테슬라는 자신의 실험실에서 무선조명에 이용한 설정을 확대한 버전을 제안한 것이었다. 1차 권선에 세운 터미널과 2차 권선에 세운 터미널이 서로 떨어져 있고 그 사이에 공유되는 자기장 코어가 존재한다. 1차 권선과 2차 권선은 낮은 압력의 공기로 분리되고, 이 둘의 전위에 큰 차이(전압차)를 만들면, 스파크갭처럼 '전류가 상승된 공기층을 통과해 전달되는데, 저항이 거의 없거나 구리선을 통해 갈 때보다도 저항이 작을 것이라는 것이 테슬라의 추론이었다.[28]

1897년 테슬라의 특허 신청은 장치보다는 방법 위주였다. 실험실에서 무선 송전의 가능성을 실험해 보였지만 실제 시제품으로 수백 킬로미터 떨어진 곳의 전기장

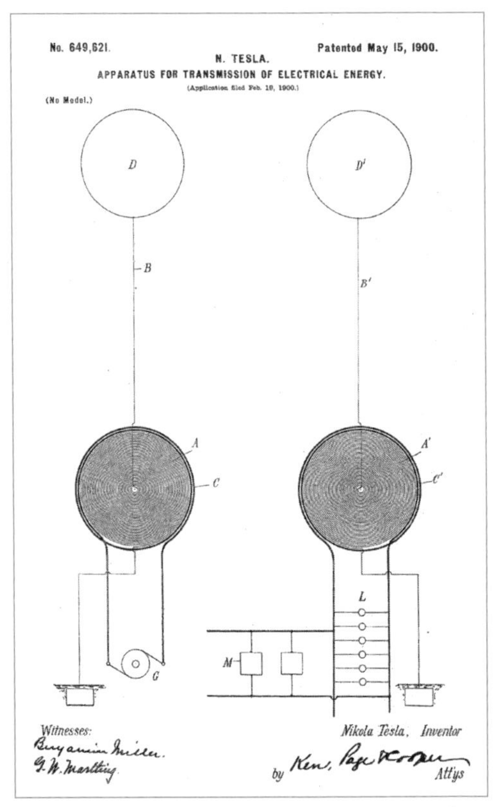

특허번호. 649,621에 실린 '전기적 에너지 전달장치' 그림

치에 전력을 공급할 수 있는지는 완전하게 검증하지 못했다. 그래서 테슬라가 장치로 자신의 방법을 실행할 수 있다고 기술한 내용은 모호할 수밖에 없었다. 예를 들어 1897년 신청한 특허에는 이렇게 기술되어 있다. "코일은 일반적으로 자석 코어 주위로 혹은 코어 없이 나선형으로 직경이 매우 크게 여러 번 감긴 형태가 필요하다."[29]

테슬라의 콜로라도 실험 이전의 1897년 특허 신청서를 자세히 읽어보면 그가 아직 전기적 공명을 자신의 시스템에서 어떻게 활용해야 할지 이해하지 못하고 있음을 알 수 있다. 그는 자신의 방법에 필요한 커다란 전압 차는 "매우 높은 주파수의 일차 전류를 이용하여 만들 수 있다."고 하면서도, "전류의 주파수는 두 터미널 사이의 전압 차가 충분히 크게 될 수 있을 정도로 한다."고 적었다.[30] 그리고 테슬라는 점차 많은 학자들이 받아들이는 전자기 복사 이론을 인정하지 않고 계속해서 기체 입자들 사이의 '전도'로 자신이 주장하는 전달 과정을 설명했다.[31]

테슬라가 무선 송전(그리고 전 세계 무선 에너지 시스템)을 가지고 씨름하는 동안 마르코니는 야심찬 목표에 성큼 다가가고 있었다. 헤르츠가 전자기 복사 이론을 증명하여 세상을 놀라게 한 이후, 마르코니는 전자기 복사를 무선 전신에 이용하는 실험을 시작했다. 그리고 그 장치를 차츰 개량하여 1898년 말에는 160킬로미터 떨어진 곳까지 무선으로 메시지를 보낼 수 있다고 선언했다.[32] 마르코니의 호언장담이 테슬라에게는 인격적 모욕으로 들렸다. 그 이탈리아인이 하는 실험은 테슬라 자신이 1893년에 이미 여러 강연에서 말했던 이론에 기초한 내용이라고 생각했기 때문이다. 1899년 3월, 마르코니가 영국해협 너머로 신호를 전송하는 데 성공하자(그렇게 주장했다), 테슬라는 자신이 "뉴욕에서 런던, 파리, 비엔나, 콘스탄티노플(이 도시는 1453년 오토만 정복 이전까지만 해도 이스탄불로 알려지기도 했지만, 터키가 우편국법령으로 외국인에게 도시의 이름을 터키식 이름으로 표시해줄 것을 공식적으로 요청한 1930년까지 테슬라와 같은 서구 엘리트들 사이에서는 '콘스탄티노플'이라는 구식 명칭으로 불리고 있었다). 봄베이(현재는 뭄바이), 싱가포르, 도쿄, 마닐라까지 2000단어를 순식간에" 보낼 수 있는 시스템을 완성 중에 있다고 주장하는 글을 《뉴욕저널》에 게재했다.[33]

테슬라는 그 이전에도 여러 차례 비슷하게 허풍을 떨었지만 현실화한 경우는 거의 없었다. 그래서 과학계의 동료들은 차츰 그의 휘황찬란한 주장을 냉소적으로 바라보기 시작했다(터프츠대학 물리천문학 교수인 돌베어는 테슬라가 놀랄 만한 말을 많이 했지만 그중 현실화된 것이 거의 없어, "마치 양치기 소년이 '늑대야!'를 외쳤을 때처럼 아무도 그의 말에 귀를 기울이지 않았다."고 말했다).

그런 식으로 테슬라는 애스토의 돈을 갖고(그리고 마르코니에게 자극받아) 1899년 초 콜로라도로 떠났다. 그곳에서 지하 전류의 특성을 발견하고 지구의 전기적 주파수를 계산하여 전 세계적 무선 전신 시스템의 길을 열 수 있을 것이라고 확신에 차 있었다.

콜로라도 비밀실험

테슬라가 콜로라도에서 한 일은 정확히 무엇일까? 그 시기는 콜로라도스프링스의 창문이 없는 비밀 실험실 사진들과 함께 미스터리로 가득 차 있다. 미스터리는 상상을 불러일으키며 테슬라 신화를 만드는 동력이 된다. 예를 들어, 많은 사람이 테슬라가 땅 속으로 박아 넣은 50와트 백열등을 이용해 송전스테이션으로부터 195킬로미터에 이르는 범위 전체를 밝혔다고 말한다.[34] 그러나 테슬라가 콜로라도에 있는 동안 그곳에서 활동 내용을 과학과 함께 살아온 인생에서 처음으로 상세하게 일기로 남겼다는 점에서 의문이 든다. 이 사실은 무선 전등이 밝힌 구역 이야기를 더욱 이상하게 만든다. 예를 들어, 테슬라는 '200개 이상의 전등을 무선으로 충분히 밝힐 수 있는 강도로 지하 전류를 보내는 데 성공했다'고만 적었다. 그러나 그는 나중에 어느 강의에서, 동일한 방법을 이용하여 "아직 산업적으로 중요성이 있는 충분한 양의 에너지를 보내지 못하고 있다."고 시인했다.[35] 그럼에도 무선 백열등의 신화는 많은 사람에게 전설의 일부가 되었다. 예를 들어, 2006년 크리스천 베일과 휴 잭맨이 주연한 스릴러 영화 〈프레스티지〉에서 음침한 음악이 흐르는 가운데 안개 자욱한 산중턱에 펼쳐지는 장면처럼…….

그렇지만 테슬라는 대부분 완전히 실패로 끝난 갖가지 실험 덕분에 전기적 공명에 대해 많은 것을 배웠다. 콜로라도 평원에 자주 내려치는 천둥 번개를 관찰하여 무선 전류가 공기 속으로 전송될 수 있는지에 대한 자신의 주장을 누그러뜨렸다. 쉽게 접근할 수 있는 낮은 높이의 공기층은 모든 증거에 비춰볼 때 전기가 통하는 완벽한 통로가 될 수 있다.[36] 그러나 그의 말에서 짐작할 수 있듯이 그는 여전히 집요하게 이러한 전류가 전자기 복사가 아니라 낮은 압력에서 분자들 사이에서 이루어지는 전도의 결과라고 주장했다.

지하 전류에 대한 생각처럼, 테슬라는 진동 전류를 땅 속으로 밀어 넣고 그 주파수만 맞게 할 수 있다면 지구 표면 전체로 퍼져 나가는 에너지의 파동을 생성해낼 것이라고 믿기 시작했다. 이러한 파동은 그 강도가 점차 증가하다가 발송지와 지구

영화 〈프레스티지Prestige〉의 한 장면

의 정반대 지점에 모일 것이었다. 테슬라는 파동이 동일한 주파수로 진동하기 때문에 이러한 반대 지점으로부터 다시 반향되어 나가면서 반대방향으로 가는 파동의 능과 골이 정확하게 교차할 것이라고 생각했다.[37] 동일한 주파수의 반대 방향 파동들이 이렇게 겹쳐지면 정재파로 알려진 파동이 만들어질 것이었다.

정재파

정재파는 항상 일정한 위치를 유지하는 전자기 에너지의 파동을 말한다. 이러한 파동은 전류, 전압, 전자기장의 세기에 관계없이 동일한 주파수의 파동이 반대 방향으로 진행할 때 만들어진다. 두 사람이 줄넘기 줄 양끝을 잡고 돌리는 장면을 생각하면 이러한 현상을 이해하기 쉽다. 두 사람이 동시성으로 같은 템포로 줄을 돌리면 줄이 공중에 매달려 정지해 있는 파동처럼 보일 것이다. 그러나 실제로 순수한 정재파를 만드는 것은 거의 불가능한데, 반향된 파동이 지나는 물질의 저항이 다르기 때문이다('신호왜곡'으로 알려진 현상이다). 대부분 전력 시스템 운영자나 전파기술자가 생성해내는 것은 부분적 정재파라 할 수 있다.

테슬라로서는 완벽한 정재파를 만들 수 없다는 것이 다행이었다. 완벽하게 공명하는 파동은 앞뒤로 반동하면서 꾸준히 자신을 강화해서, 오페라 가수가 와인 잔을 깨트리듯이 진동이 점점 강화되어 마침내 지구를 조각낼 것이기 때문이다. 그래서 테슬라는 지구 위의 우주 공간에 위치하는 공명 송신기 시스템을 생각했다. 이 송신기 각각이 공명 전류를 지구로 내려보내 전자기 에너지의 부분적 정재파를 생성하고, 간단한 장치만 갖추면 (기본적으로 길게 생긴 금속 막대이며, 땅 속으로 연결되고 튜닝이 가능한 장치다.) 지구의 어느 지점에서든 이 파동을 잡아내는 것이었다.[38]

테슬라는 자신의 무선 전송 비전을 실현해줄 방법론과 장치를 두고 씨름하며 콜로라도 시기의 나머지 시간을 보냈지만, 그의 노트를 보면 그는 자신의 이론을 확증할 증거만 계속 찾았지 반대의 증거는 무시했다는 사실이 드러난다. 예를 들어, 칼슨이 지적했듯이, 이 발명가는 유용한 양의 전력을 실제로 얼마나 멀리 보낼 수 있는지 직접 측정한 적이 없으면서도, 자신의 이론이 어떤 거리에서 증명된다면 모든 거리에 대해 확증되는 것이라 가정했다.[39]

테슬라는 자신의 이론에 대한 실험증거도 없이 콜로라도에서의 "정밀한 테스트와 측정 결과 원하는 어떤 양의 전력이라도 지구 건너편으로 보낼 수 있다는 것을 확인했으며, 손실이 있다고 해도 몇 퍼센트를 넘지 않을 것이다."라고 주장했다.[40] 그랬기 때문에 이 발명가는 1900년 1월 중순에 뉴욕으로 돌아온 다음, 전 세계적인 무선 커뮤니케이션과 무선 전력 시스템이라는 자신의 비전을 실현하기 위해 자금을 더 모으기로 마음먹었다.

숨은 이야기

테슬라는 자전적 에세이에서 5번가 실험실을 파괴한 화재가 발생할 당시에, 무선 시스템으로 높은 전압을 얻는 데는 공명이 열쇠라는 것을 처음으로 짐작하였다고 주장했다. 이 발명가는 간단하게 커다란 유도코일을 사용해도 된다는 사실을 알았지만, '상대적으로 작고 간결한 변압기'를 이용해 비대칭적으로 큰 기전력(electromotive)을 만들 수 있다고 '본능적으로 인식했다'고 주장했다. 하지만 그때는 어떤 메커니즘인지 확인하지 못했다.[41] 이처럼 본능적 인식을 자주 언급한 것은 엄격하게 과학적으로 확증되지 않았다는 의미이며, 자신의 발명 과정에 대해 이런 식의 설명은 외로운 발명가의 신화를 증폭시키는 한 요인이 되었다. 천재적 두뇌 능력으로부터 번쩍이는 생각이 저절로 솟아오르는 발명가의 신화다.

테슬라는 1897년에 무선장치에 대한 첫번째 특허 신청을 했지만, 자신의 설계에 전기적 공명을 추가한 것은 콜로라도에서 뉴욕으로 돌아온 다음이었다. 1900년 2월 19일, 테슬라는 1897년에 신청한 특허를 보완하며, 전기적 공명의 개념을 크게 확대하고 정재파의 개념도 처음으로 도입했다.[42] "전류 주파수는 임의적으로 큰 값으로 한다."는 주장은 삭제되었다. 그 대신 '공명의 최적 조건'을 얻을 수 있도록 전송코일과 수신코일의 동조 필요성을 강조했다.[43]

테슬라가 처음 신청한 특허 내용을 수정하면서 이와 같이 새롭고 중요한 사항을 추가한 것은 역사가들이 간과한 부분으로 기본적인 그의 전파 특허 날짜를 1897년 9월 2일로 잘못 기록하고 있다.[44]

이렇게 잘못 기록한 날짜와 상관없이 테슬라는 전기의 무선 송전을 고안한 최초의 발명가가 아니며 그러한 혁신의 특허를 가장 먼저 신청한 사람도 아니었다. 무선 송전의 숨은 역사는 테슬라의 콜로라도 실험보다 수십 년이나 앞서 시작했으며, 전화 발명과 관련해 얽히고설킨 이야기와 함께 진행된다.

무선이라는 마술

1860년경, 워싱턴 DC의 말론 루미스라는 치과의사이자 아마추어 전기기술자는 대기 상층부의 전류를 실험하고 있었는데, 금속 전선을 탑재하여 띄운 연으로 전기를 잡아

전화는 누가 발명했을까

아주 많은 사람이 알렉산더 그레이엄 벨이라는 스코틀랜드계 캐나다인(미국 시민권자이기도 했다) 발명가가 최초로 1876년에 자신의 조수인 토머스 왓슨에게 이런 말을 전송했다는 역사를 알고 있다. "왓슨, 이리 와 보게. 자네를 좀 봐야겠네." 벨은 바로 옆방에서 발명 연구에 열중하던 중에 배터리산을 자신의 몸에 쏟는 바람에 이런 유명한 말을 한 것이었다.[45] (이것은 왓슨의 증언이며, 왓슨은 그 일이 있은 지 거의 반세기나 지났을 때 자신의 기억에만 의존해 이 이야기를 기록했다.)[46] 사실, 전화 발명의 역사에는 수십 명의 역사적 인물이 기여하며 이와 관련된 법률 소송도 600건을 넘는다.

필립 라이스

필립 라이스(1860)

유럽의 많은 과학자는 독학으로 교사 겸 과학자가 된 독일인 발명가 필립 라이스를 전화의 첫 발명가로 간주하며 아직도 그렇게 생각하는 과학자도 많다.[47] 1859년 라이스는 전기도 빛처럼 연결선 없이도 공간을 통해 전파될 수 있음을 증명하는 실험 결과를 발표했다.[48] 그다음 해에는 음파를 막에 충돌시켜 백금의 박막에 연결된 레버를 작동해서 전기회로를 여닫는 장치를 고안했다. 라이스는 자신이 만든 이 '텔레폰'이 전선을 통해 100미터나 떨어진 곳까지 소리를 전달한다고 주장했다.[49]

라이스가 1854년에 이미 텔레폰에 대해 강의했다고 생각되는 증거도 있다. 1861년 10월 26일에는 프랑크푸르트 물리학회에서의 강연 도중 자신의 발명품이 작동되는 원리를 상세히 설명한 사실은 분명하다.[50] 그다음 해에는 좀 더 개량된 모델을 프러시아 전신회사 사장에게 시연해 보였지만 그 사장은 별 관심을 갖지 않았다.[51] 그러나 그 장치 모델은 런던, 더블린 등 여러 곳으로 보내졌다.

라이스가 만든 텔레폰이 전화와 관련된 일련의 특허소송에 증거로 채택되었을 때 몇 가지 논란을 불러일으켰지만 그 소송은 결국 벨의 승리로 귀결되었다.[52] 법정에서 라이스의 텔레폰은 소리를 전달할 수 있었지만 뚜렷하게 인지되는 음성은 아니었다.[53] 그래서 라이스의 텔레폰이 벨의 전화기보다 앞서 만들어졌다는 주장을 뒷받침하지 못했다. 장치를 발명한 사람이 아니라 다른 전기 '전문가'가 시연하여 실패처럼 보였기 때문에, 법정은 이 사실을 전화가 벨이 혼자 이룬 업적이라는 증거로 받아들였다. 사실, 라이스가 1861년에 "말이 오이 사료를 먹지 않는다."는 문장의 음성을 복제하는 장치를 성공적으로 시연해 보였지만 누구도 라이스를 법정의 증인으로 부르지 않았다.[54] 아쉽게도 그의 이러한 시연에 대한 기록은 법적 효력을 갖는 문서로 남지 못했다.

1947년에 흥미로운 한 가지 일이 있었는데, STC(영국전화회사) 엔지니어들이 라이스가 고안한 초기 형태를 약간 보완하니 '질은 우수하지만 효율성이 떨어지는' 음성 재생이 가능한 것을 확인하였다. 그러나 그렇게 확인될 당시에 STC는 AT&T(이전에는 벨 전화회사였다)와 협상 중인 상황이었다. 그래서 자신들이 발견한 증거가 벨의 전화발명 주장에 반론이 되어 협상이 파기될 것을 우려하여 STC 회장은 그 실험을 비밀로 하도록 지시했다.[55] 몇 년이 지난 다음 그 문서가 런던과학박물관에서 발견되고 나서야 회사 외부의 모든 사람도 라이스 장치 실험이 성공했다는 사실을 알게 되었다.[56]

아모스 돌베어(1865)

미국의 물리학자 아모스 돌베어는 1886년 '전기적 커뮤니케이션 양식'에 관한 특허를 취득하여 이전까지 미국에서 마르코니가 가지고 있던 전파에 관한 전체적 독점권을 깨트린 것으로 유명하다.[57] 그러나 돌베어는 1865년, 아직 오하이오 웨슬리언대학 학생일 때(벨보다 11년 앞이다) '말하는 전신(talking telegraph)'을 발명했다.[58] 영구자석으로 만든 수신기와 주석으로 만든 얇은 막을 갖춘 구조였다. 그리고 대학을 졸업한 다음에 그 장치를 재구성하고 보스턴 워싱턴가 70번지 자신의 집에서부터 10블록 정도 떨어진 가구창고(프랜시스 홈스가 소유주였다)에 연결했다.[59] 이에 벨 전화회사는 전화에 대한 벨의 배타적 권한을 주장하기 시작하며 돌베어와 홈스를 비롯해 벨의 우선권을 인정하지 않는 수십 명의 다른 사람들을 매사추세츠 연방순회법정에 특허침해로 소송을 제기했다.

아모스 돌베어

법정이 궁극적으로는 벨의 특허를 옹호하면서 돌베어에게 그 연결을 끊도록 지시했지만 기술적인 부분에서만 그렇게 결정한 것이었다. 그레이 판사는 로웰 판사와 함께, 돌베어가 벨에 앞서서 원격음성전송 장치를 구축하였다고 판결문에 명시하고, 돌베어가 자신의 변론 어디에서도 사람의 음성을 전선을 통해 전송하는 구체적 방법과 관련하여 벨에게 부여된 특허를 부정한 적이 없다고 지적했다.[60] 다른 말로 하면, 벨이 특허를 얻기 수 년 전에 돌베어가 그 기술을 이용하는 실용적 장치를 개발했음에도 법정이 부당하게 왜곡된 추론을 통해 벨에게 음성전송 기술의 특허를 승인해주었다는 것이었다.[61]

법률소송에서는 돌베어가 졌지만 《사이언티픽 아메리칸》 편집자는 돌베어 시스템이 벨의 기술을 능가하는 '중요한 장점'이라고 극찬하며, "혼탁, 끊김, 흩어짐, 울림, 등 벨의 시스템에서 심각하게 나타나는 문제가 없이 스피커에서 단어와 음성이 귀로 들려왔다."고 적었다.[62] 그러나 역사에서 잊혀져 간 다른 수많은 혁신자와 마찬가지로 돌베어도 법률적 장애물을 넘어서지 못했다. 합법성의 요건을 갖출 수 없었던 것이다. 그 편집자는 돌베어가 특허국의 규정에 좀 더 신경을 썼더라면 "말하는 전신이 벨의 특허로 폭넓게 인정되는 대신, 돌베어의 머리에 씌워지는 월계관이 되었을 것이다."라고 지적했다.[63]

안토니오 메우치(1871)

1999년 HBO에서 방송한 드라마 〈소프라노스The Sopranos〉(1999년 1월 10일부터 2007년 6월 10일까지 방영한 총 6시즌의 86개 에피소드로 구성된 미국 드라마. 미국 뉴저지주를 기반으로 하는 이탈리아 마피아의 이야기를 다루었다—옮긴이) 중에서 토니 소프라노는 안토니오 메우치가 전화를 발명했지만 벨이 그 공적을 '가로챘다'고 주장했다. 이 가공의 마피아 두목은 벨을 날강도로 매도하는데, 토니 소프라노 한 명만 이렇게 분노한 것이 아니다. 특히 이탈리아계 미국인 중에는 빈곤과 불운, 그리고 이탈리아인에 대한 편견 때문에 메우치가 정당한 역사적 평가를 받지 못하고 있다고 주장하는 사람들이 많다(2002년 뉴욕주 스태튼 아일랜드 하원의원인 비토 포셀로의 주도로 메우치의 '전화 발명에 기여한 업적이 인정되어야 한다'는 의회결의안이 통과되었다. 결의안에서는 벨의 우선권을 부인하진 않았지만 결의안 서문에서 "메우치가 1874년 이후 특허 유지를 위해 10달러를 지불할 수 있었다면 벨에게 특허가 부여되는 일은 없었을 것이다."라고 지적했다. 그러나 상원은 결의안을 투표에 회부하길 거부했다).

안토니오 메우치

안토니오 메우치는 1808년 토스카나의 중산층 가정에서 태어났다. 플로렌스기술학교(Florence Academy of Fine Arts)에서 2년 동안 화학과 기계공학을 공부했지만 더 이상 학비를 낼 수가 없어 플로렌스의 페르골라극장의 무대기술자로 취직했다.[64] 그곳에서 이 17세의 발명가는 일종의 소리관 형태의 전화를 만들어 무대와 조정실 사이 커뮤니케이션에 이용했다. 그러나 그가 이탈리아 통일운동에 관여했다는 혐의(나중에 사실로 확인되었다)로 체포된 이후, 아내 에스테레와 함께 쿠바로 망명했다.[65] 그곳에서 아내가 앓고 있던 지병인 류머티즘을 치료하기 위해 전기쇼크를 이용하는 시스템을 개발하던 중에 전기적 임펄스를 이용해 사람 목소리를 전달하는 장치를 개발하여 '말하는 전신'이라 이름을 붙였다고 한다.

1850년 메우치와 아내는 미국으로 이주하여 스태튼 아일랜드의 이탈리아인 거주지에 정착했다. 그러나 자리를 잡자마자 에스테레의 류머티즘이 악화되어 누워서만 지내야 했다. 전자기학과 음향학의 최신 연구 성과를 공부한 메우치는 곧 침실의 아내와 지하 실험실에서 대화하기 위해 전화와 비슷한 장치를 만들어 '텔레트로포노(원격tele, 전기electro, 소리fono를 합성한 단어—옮긴이)'라 이름 붙였다.[66] 그가 1857년에 작성한 노트에는, 그 장치가 진동판에서 음성을 전자기 흐름으로 바꿔주면 이것이 전선(spiral wire)을 타고 수신 진동판으로 전달되고 여기서 다시 음성이 재생되는 구조라고 설명되어 있다.[67]

이탈리아 화가 코라디는 플로렌스에서 세트 디자이너로 일할 때 메우치를 만났는데, 메우치가 설계한 장치를 그림으로 그려 이탈리아인 재력가의 투자를 얻어내는 데 도움을 주었다. 뉴욕에서 발행되는 이탈리아어 신문인 《이탈리아의 메아리*L'Eco d'Italia*》에 메우치가 상당히 공개적으로 그 발명 성과를 발표했을 때(현재 그 기사는 남아 있지 않다), 그는 스태튼 아일랜드 페리호에서 발생한 보일러 폭발로 큰 부상을 입은 상태였다. 그의 회복에 필요한 돈을 마련하기 위해, 아내 에스테레는 그의 장치뿐만 아니라 코라디가 스케치한 그 장치

그림까지 팔아야 했다.
이런 식으로 메우치는 이탈리아계 미국인 사업가들에게서 20달러를 얻었고 그들과 함께 '텔레트로포노사'를 만들었다. 1871년 12월 28일, 그는 특허 변호사를 미국 특허청에 보내(신청비용 15달러와 함께), 메우치가 '소리 전신'이라 명명한 장치에 대해 특허 예비 신청, 즉 전체 특허신청이 완료될 때까지 법률적 지위를 확보하는 절차(특허절차 보류 신청--옮긴이)를 진행했다. 그 예비 신청은 본 신청에 담게 될 내용의 상세한 사항까지는 포함하지 않았지만, "떨어진 두 지점 사이에서 소리를 주고받는 장치인 소리 전달 시스템을 장착했는데, 이것은 전기를 전달하는 전도체이기도 하다."라는 설명이 있다.[68] 그러나 그 예비신청은 3년 동안만 유효하여 1874년 12월 28일에 갱신해야 했지만 당시 큰 빚을 안고 있던 메우치에게는 갱신에 필요한 비용 10달러가 없었다(그러나 일부에서는 이와 같은 주장에 동의하지 않는다. 메우치가 1872년에서 1876년 사이 전화와 관련 없는 발명들에 대해 특허 신청을 하기 위해 이곳저곳에서 150달러나 모았기 때문이다).
1885년경, 세스 벡위스(클리블랜드 동종요법병원 설립자)가 글로브 전화회사(Globe Telephone Company)에 합류했다. 전화와 전기 장치를 생산해 판매하기 위해서였다. 그러나 얼마 안 지나 벨 전화회사는 글로브가 1876년 벨이 취득한 특허를 침해했다며 소송을 제기했다.[69] 글로브 회사는 메우치가 전화를 먼저 발명했기 때문에 벨의 특허가 무효라고 주장했다.
하지만 그 소송과 메우치의 주장은 뜻하지 않게 공직부패 사건에 휘말려버렸다. 오거스터스 갈랜드가 민주당 소속으로 1877년에서 1885년 사이 아칸소주 상원의원으로 재직할 때, 팬-일렉트릭 전화회사의 별 가치 없는 주식지분을 받았는데, 그 회사는 워싱턴 정가에 줄을 댈 기회를 찾고 있었으며 벨의 초기 경쟁 기업들 중 하나였다. 1885년 그로버 클리블랜드 대통령은 갈랜드를 연방 검찰총장에 임명했고, 그 직후에 팬-일렉트릭사 회사의 임원이 갈랜드를 찾아가서 벨 전화회사의 소송건에 공식적으로 제재조치를 내려달라고 부탁했다. 벨의 특허가 무효가 된다면 팬-일렉트릭의 주식은 크게 뛸 것이며 갈랜드도 많은 이익을 얻을 수 있었다. 갈랜드는 이처럼 이해관계가 얽힌 일에 말려들지 않으려 그 요청을 거부하고 휴가를 얻어 워싱턴을 떠나버렸다. 갈랜드가 없는 동안 그를 대리한 검찰차장 조지 젠크스는 갈랜드와 재정적으로 이해관계가 있다는 사실을 알지 못했던 것으로 보이는데 팬-일렉트릭 회사의 편에 서서 벨의 특허를 사기행위라 주장하며 그 소송을 시작했다.
갈랜드가 팬-일렉트릭이 얽혀 있다는 말이 대중의 입에 오르내리자 복잡한 스캔들로 퍼져서 팬-일렉트릭의 소송 건뿐만 아니라 벨의 특허를 취소시키려는 다른 모든 소송도 연기되어버렸다.[70] 글로브 전화회사가 제기한 소송도 여기에 포함되었다. 클리블랜드는 1888년 재선을 위한 대통령선거에서 득표수는 더 많았지만 선거인단 수에서 뒤져 백악관을 떠나야 했고, 갈랜드는 검찰총장직에서 물러난다. 새로 들어선 행정부는 결국 팬-일렉트릭 소송을 취하했고 전화 발명을 둘러싼 메우치의 주장은 미결인 상태로 남았다.

일라이셔 그레이(1876)

오벌린대학 과학교수(사실 그는 학사학위도 마치지 못했다)로 퀘이커교도인 일라이셔 그레이는 현대 음악 합성기(신시사이저)의 아버지로 알려져 있다.[71] 그러나 일부에서는 그가 전화를 발명했다고 생각한다. 알렉산더 그레이엄 벨이 그의 전화기 설계를 훔쳤다는 것이다.
1869년 그레이는 동업자 이노스 바턴과 함께 웨스턴 유니언에 전화 장비를 납품하는 회사를 설립하여, 그 회사에서 최고 기술자로 일하다 1876년부터는 발명에만 전념한다. 당시 그에게 재정을 지원한 사람은 필라델피아의 부유한 치과의사인 새뮤얼 화이트로 그레이가 음성 전신에 중요한 발명을 하면 그로부터 이익을 얻을 수 있을 것이라 기대했다.

그레이는 가변 저항을 이용해 신호를 전송하는 전화를 설계했지만 후원자인 화이트가 자신이 전신 개량에 전념하길 원한다는 것을 알고는 이를 비밀에 부쳤다. 그래서 누구에게도 그 실험에 대해 말하지 않고 있다가 1876년 2월 11일 금요일 아침, 특허변호사를 불러 '음성을 전신처럼 전달하는 장치와 방법(액체를 일종의 전달매체로 이용했다)'에 대한 특허 예비신청 초안 작성을 지시했다. 그리고 다음 주 화요일 아침(1876년 2월 14일) 그레이가 서명한 그 특허 예비신청서는 공증을 받아 미국 특허국에 제출되었다.[72]

일라이셔 그레이

그러나 벨의 특허변호사가 그레이의 예비신청서와 거의 동일한 특허신청서를 불과 몇 시간 빨리 제출했다. (역사학자인 에드워드 이븐슨에 따르면, 그레이의 변호사가 제출할 준비를 하던 특허 예비신청서 내의 액체 전달매체에 관해, 벨의 대리인이 알았다고 주장한다. 그래서 그 대리인은 그 당시 벨이 보스턴에 있어 신청서를 접수한다는 것도 알지 못했기 때문에 그와 상의하지 못한 채 벨의 특허신청서에 액체수은 전달매체에 대한 기술을 추가했다고 한다.) 정확한 시간에 대해서는 논란이 있지만, 이 사실에 대해서는 대부분의 역사가들이 동의한다. 벨의 변호사는 접수담당 서기에게 신청 사실을 기록하고 즉시 특허심의관에게 넘겨 벨이 가장 먼저 신청했음을 분명히 해달라고 요청했다.[73]

그러나 예리한 특허심사관은 비슷한 주장들이 제출된 것을 인지하고, 그레이에게 완결된 특허신청서를 제출할 시간적 여유를 주기 위해 벨의 신청서 심사를 90일 동안 연기했다. 그러나 이 조치는 꼼수였고 그 효과를 발휘했다. 벨의 변호사는 벨을 워싱턴 DC로 불렀다. 두 사람은 궁리 끝에 특허심사관인 제나스 윌버를 찾아갔다. 경쟁하는 주장들에 대해 명확히 한다는 이유였다. 윌버는 공식적으로 심사를 연기했지만, 벨이 찾아오자 그레이의 특허 예비신청서에 있던 액체 전달매체의 개념에 대해 그에게 말해주고, 벨이 그 생각을 먼저 했다는 증거를 제출하라고 요구했다.[74]

벨은 1년 전에 제출했던 신청서를 인용했다. 수은을 이용하는 회로차단기에 관한 내용이었다. 수은이 소리 전단매체로 이용된 것이 아니었지만, 벨은 전혀 관련 없는 그것을 자신의 우선권에 대한 증거라며 얼버무려 주장했고 윌버는 이를 받아들여 벨의 특허신청을 승인했다. 그레이에게 제시된 제출 마감시한보다 73일 전이었다. 그로부터 10년 후, 윌버는 선서 후 작성한 진술서에서 자신이 벨의 변호사에게 큰 신세를 졌으며(남북전쟁 기간에 그의 휘하에 있었다), 벨이 특허신청을 하기 전에 벨과 그의 변호사에게 그레이의 특허 예비신청서를 보여주었다고 인정했다.[75]

낼 수 있다고 생각했다.[76] 그러나 그는 곧, 한 연에 탑재되어 떠 있는 전선의 전류에 변화를 주면 어느 정도의 거리를 두고 떠 있는 다른 연에 탑재된 전선의 전류에 교란이 일어난다는 것을 발견했다. 그는 이러한 교란을 장거리 무선 전신의 실용적 도구로 이용할 수 있다고 생각했다.[77] 루미스는 남북전쟁이 끝날 무렵, 동일한 시스템을 만들어서 1868년 혹은 1872년(자료에 따라 다르다)에 워싱턴 DC의 여러 과학자들과 의회 의원들 앞에서 시연했다. 약 23킬로미터 떨어진 연과 신호를 주고받는 실험이었다. 여기서 실제 거리에 대한 기록도 약간씩 다르다.[78]

모스 부호로 유명한 새뮤얼 모스에게 지원한 공적 기금이 성공을 이끌자 매사추세츠 상원의원 찰스 섬너는 루미스 무선전신회사(Loomis Aerial Telegraph Company)와 협력하고 기금을 지원하는 법안을 하원에 제출했다. 루미스의 무선 시스템을 실용화하려는 목적이었다. 그러나 많은 하원의원이 그 모든 것을 사기로 판단하고 그 법안에서 정부 예산을 모두 삭감했다.[79]

루미스 무선전신회사와의 공식적 협력은 위원회에서 암초를 만났지만 루미스는 '전신 발송의 개량을 위한 방법론'에 대해 특허를 신청하고 곧 취득했다. '회로의 절반은 지구를 이용하고 지구 표면 위 높은 곳에서 연속되는 전기적 요소를 이용'하여 회로의 나머지 절반을 구성했다.[80] '전기 시스템의 전도체 중 하나의 연결을 차단하면' '반대편 혹은 대응 터미널에서 그 반응이 나타나기' 때문에, 루미스는 연결 전선이나 케이블을 사용하지 않고서도 두 터미널 사이에 통신 회로를 만들 수 있다고 가정했다.[81]

루미스가 신청한 특허는 헨리 워드라는 발명가가 3개월 전에 신청한 특허와 매우 유사했다. 워드는 루미스가 워싱턴 DC의 엘리트들 앞에서 공개적으로 시연한 내용을 들었을 수도 있다. 루미스는 연을 높이 띄우기 위해 산 정상을 이용한다고 했지만, 워드는 전기 탑 이용을 제안했다.[82] 그러나 두 사람의 신청서에 사용한 언어는 거의 동일했다. 워드는 전기를 수신하는 전기 탑을 설명하면서 "지상 전신선으로 혹은 조명, 열, 등의 목적으로 이용할 수 있다. 공중 전기를 이용하므로 이제 인조 배터리가

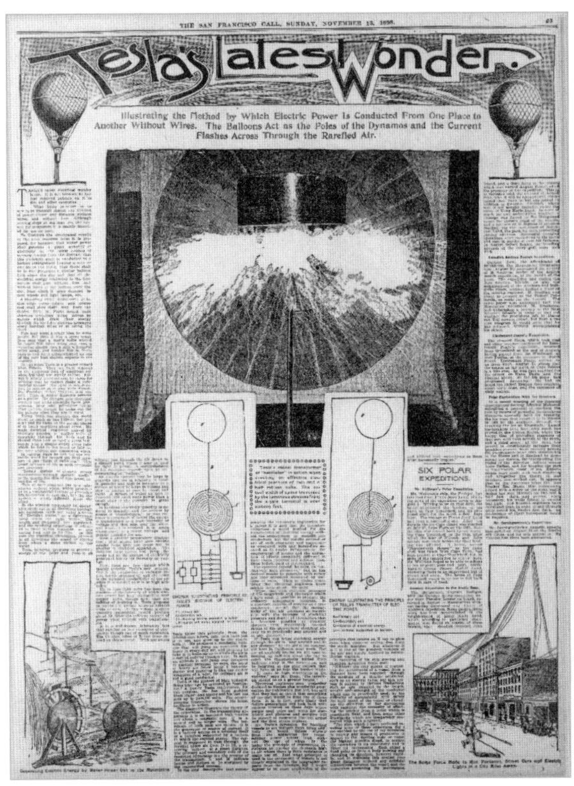

THE SAN FRANCISCO CALL, SUNDAY, NOVEMBER 13, 1898.

Tesla's Latest Wonder.

Illustrating the Method by Which Electric Power Is Conducted From One Place to Another Without Wires. The Balloons Act as the Poles of the Dynamos and the Current Flashes Across Through the Rarefied Air.

SIX POLAR EXPEDITIONS.

테슬라의 무선전송에 관한 《샌프란시스코 콜》의 기사

필요 없어진다."고 했다.[83] 루미스도 이와 비슷하게 말했다. "나도 인조배터리 없이 공중과 지하의 무료 전력을 활용하여 전신용 전류나 전기역학적 힘을 공급하며, 조명이나 난방, 그리고 동력 등의 목적에도 사용한다."[84] 어쨌든 두 발명가는 전신 시스템의 개량 방법론에 대해 특허를 신청했으며, 대기를 전도체로 활용하여 떨어진 두 지점 사이에 유용성 있는 전기를 전송하는 무선 시스템을 구상했다.

전기를 무선으로 보내는 시스템은 무선전신을 개발하는 과정에서 우연히 얻은 소득이다. 1882년 미국인 벨의 전화 특허를 침해했다며 '아메리칸 벨' 회사가 소송을 걸기 직전에, 그리고 워드와 루미스가 자신들의 특허를 신청한 때로부터 10여 년이 지난 뒤, 아모스 돌베어는 땅에 박힌 금속막대에 연결된 전화를 이용해 무선전신 신호를 쿼터마일(400미터) 이상 보낼 수 있다는 것을 시연했다.[85] 유도코일의 한쪽 끝을 축전기에 연결하고 다른 끝은 땅에 연결했다. 칼슨은 돌베어가 터프츠대학에 있는 자신의 실험실에서 근처의 자기 집까지 전화 신호를 보낼 수 있었다고 말한다.[86]

1863년 3월 24일, 이 젊은 교수는 '전기적 통신 양식'에 관한 특허를 신청했다. 땅에 박힌 터미널들 사이에 큰 전압 차를 만들어 두 개 이상의 지점 사이에 전선이나 다른 전도체를 사용하지 않고 전류를 보내서 작동하는 방식이었다.[87] 돌베어는 자신의 특허가 원칙적으로 '전화 장치'로 볼 수 있지만, "결과에서 보듯이 지하전류를 이용할 수 있는 전기장치라면 어디에도 응용될 수 있다."고 했다.[88] 그러므로 그 미국인 교수는 자신이 개발한 방법론이 유용한 양의 전기를 무선으로 보낼 수 있다는 것을 알았을 뿐만 아니라, 테슬라가 무선 전송 방법론에 관한 특허 신청을 완료한 때보다 14년 정도나 앞서 그 방법론에 대한 특허를 받은 것이다. 칼슨은 테슬라가 그의 5번가 실험실에서 무선 설비를 구성할 때 돌베어의 특허를 참조했을 것으로 추정했다.[89] 사실이 어떠하든, 법률적 기준에서 보면 돌베어가 1882년 신청한 특허는 그로부터 한참 후에 테슬라가 신청한 전기의 무선 송전 방법과 본질적으로 동일한 것이었다. 테슬라에게 무선 전송 발명가라는 명예를 안겨준 것과 동일한 환상적 주장을 돌베어가 하지 않았다고 하더라도, 역사적 증거로 볼 때 돌베어는 테슬라에 앞서 무선송전의 방법을 생각했을 뿐만 아니라 그에 대한 특허를 가장 먼저 신청한 것이 분명하다.

레이더에 관하여

레이더(RADAR)는 전파탐지와 위치 확인(RAdio Detecting And Ranging)의 영문 머리글자를 따서 만든 단어다. 사물에 반사되어 돌아온 전자기파를 해석하여 사물까지의 거리와 방향 및 가속도를 확인하는 시스템이다. 일반적으로 전파를 이용하며 마이크로파를 사용하기도 하는데 이것은 전파가 적외선이나 자외선 복사처럼 공기나 물에 쉽게 흡수되거나 산란하지 않기 때문으로, 감지되는 사물의 반사표면에 부딪쳐 산란될 때까지 비교적 일정하게 유지된다.

1900년 6월에 《센추리 메거진》의 기사에서 테슬라는 처음으로 정재성 전자기파(stationary electromagnetic wave)를 이용해 '움직이는 물체의 상대적 위치나 경로를 확인'할 수 있을 것이라 제시했는데, 현대의 레이더와 매우 비슷한 개념이다.[90] 그러나 테슬라가 《전기실험》에 게재한 기사에서 처음으로 잠수함을 찾아내는 방법을 기술한 것은 1917년 8월이었다. 고주파의 농축된 전파를 발사하여 금속 선체에서 반사되어 되돌아오는 전파를 형광스크린에서 감지하는 방법이 포함되었다.[91] 그래서 많은 사람이 테슬라가 레이더를 발명했다고 주장한다. 전기작가인 마가렛 체니는 레이더 개발이 전 세계적으로 진행되었다고 말하면서도 "레이더와 관련된 국제적 성취에는 테슬라의 생각이 큰 역할을 했다."고 지적한다.[92]

크리스티안 휼스마이어

1886년에 이미 하인리히 헤르츠는 고형 물체가 전파를 반사하는 실험을 시연해 보였다. 그리고 1897년에는 러시아 해군의 물리학자인 알렉산더 포포프가 두 대의 선박 사이에서 전파 전송 실험을 하면서 두 선박 사이를 지나는 제3의 선박에서 간섭이 일어나는 것을 감지했다. 당시 포포프는 이 현상을 멀리 있는 물체를 감지하는 데 이용할 수 있을 것이라고 지적했지만, 테슬라와 마찬가지로 그 생각을 실현시키는 연구를 이어가지 않았다.[93] 하지만 1904년에 독일 발명가 크리스티안 훌스마이어가 신호를 보내는 쌍극자 안테나와 반사되어 오는 신호를 잡아내는 움푹한 접시형 기구로 구성된 장치를 만들어, 반사 전파를 감지하는 방법을 독일과 네덜란드에서 공개적으로 시연했다. 그는 독일 해군이 이 장치를 이용하면 선박 간 충돌을 막을 수 있을 것으로 생각했지만 해군 당국은 아무런 관심도 보이지 않았다.[94] 그러나 같은 해, 훌스마이어는 독일과 영국에서 그 장치에 대한 특허를 취득했는데, 테슬라가 그와 같은 현상에 대해 설득력 있는 설명을 제시한 때로부터 13년 전이었다.[95] 제2차 세계대전이 절정으로 치달을 무렵 전쟁에서 이 장치를 활용할 수 있다고 생각하고, 독일, 프랑스, 이탈리아, 네덜란드, 소련, 미국, 영국, 그리고 일본의 과학자와 발명가들은 각자 여러 가지 시스템을 개발했으며 이것이 현대의 레이더로 발전하게 된다.[96] 테슬라는 적절한 주파수를 정의하지 않은 채 정재성 전자기파에 대해 말했지만, 물리학과 학생인 우다 신타로와 교수 야기 히데쓰구가 마이크로파를 이용해 물체의 위치를 확인하는 데 성공하며 가장 앞서 나갔다. 1926년 일본 도호쿠대학 대학원생으로 야기 교수의 조교였던 우다는 최초로 마이크로파 안테나 설계에 대한 특허를 취득했으며 이것이 오늘날까지 이용되는 많은 레이더 설계의 토대가 되었다.[97] 다른 대학원생 조교와 마찬가지로 우다도 지도교수와 공동 명의로 《일본 제국 아카데미》에 그 발명에 대한 논문을 발표했다.[98] 그러나 두 사람이 함께 수행한 실험에 대해 발표하도록 초청받은 사람은 야기 한 명이었다. 그래서 그 발명은 '야기 안테나'로 알려지고 우다의 역할은 거의 묻혀버렸다.

신타로 우다

야기(우다) 안테나는 제2차 세계대전 중에 연합군이 항공 레이더로 널리 이용했지만, 일본에서는 제국 해군의 내부 암투 때문에 그 발명이 무시되었다. 사실, 1942년 싱가포르 전투에서 영국인 레이더 기술자를 포로로 생포했는데 그의 노트에 '야기 안테나'라고 적혀 있었다고 한다. 그를 심문하여 그 기술 이름이 도호쿠대학 교수의 이름이라고 밝히기 전까지 일본군 당국자들 중 그 설계에 대해 아는 사람은 거의 없었다.[99]

"인류가 점차 발전해온 것은…… 창조적 뇌의 가장 중요한 산물이다.
발전의 궁극적 목적은 물질세계를 정신이 완벽하게 지배하여,
자연의 힘을 인류의 필요에 종사시키는 것이다. 이것은 발명가에게 어려운 과제이며,
발명가를 이해하지 못하고 아무런 보상도 해주지 않는 경우도 흔히 있다."
-니콜라 테슬라, 《나의 발명들》(1919)

7
테슬라에 관한 진실

1903년 1월 17일 테슬라가 파산 직전의 상태에서 필사적으로 실험에 매달려 있을 때, 오빌 라이트와 윌버 라이트 형제는 공기보다 무거운 기계를 띄워서 조정하며 최초의 유인 동력 비행에 성공했다. 라이트 형제의 비행에 이와 같이 몇 가지 조건을 수식어로 붙이는 것은 그들이 최초로 유인 비행기를 발명하고 비행에 성공했다는 사실이 확실하지 않기 때문이다.[1]

1849년 이전의 어느 날, 영국 엔지니어인 조지 케일리 경이 3엽 글라이더에 10세 소년을 태워 보내는 유인비행을 선보였다(4년 후, 79세의 케일리는 브롬프턴 데일에서 자신의 손자(그의 젊은 마부라는 이야기도 있다)를 태워 날렸고, 그 글라이더는 180미터를 비행한 후 추락했다고 한다). 라이트 형제가 역사적인 비행에 성공하기 2년 전인 1901년에는 《브리지포트 헤럴드》 기자를 포함한 여섯 명이 코네티컷에서 독일인 발명가 구스타브 화이트헤드(독일 이름은 바이스코프)가 비행하는 장면을 목격했다고 주장했다. 구스타브 자신이 제작한 '나는 자동차' 콘도르 21호를 타고 지상 15미터 높이로 2.4킬로미터나 비행했다고 한다.[2]

그 이전에도 이처럼 하늘을 난 사람들이 있었지만 라이트 형제는 결정적인 한 가지를 개선했다. '날개 휘기(wing warping)'라는 것으로, 날개 끝에 연결된 여러 개의 케이블과 도르래를 이용하여 날개를 비틀고 구부려 특이한 형태로 만드는 방법이다.

이와 같이 구부리면 비행기가 경사진 형태로 턴을 하면서 바람 속에서 측방 안정을 유지할 수 있기 때문에 비행에 획기적 발전을 이루었다. 그러나 최초 비행보다 9개월 전인 1903년 3월에 형제는 이러한 측방 통제의 방법뿐만 아니라 측방 통제 그 자체의 개념에 대해서도 특허를 신청했다. 발명가들이 비행기에서 측방 안정을 구현하기 위해 생각할 수 있는 모든 기전이 다 대상이 될 정도로 포괄적인 내용을 담은 특허 신청이었다. (실제로 라이트 형제가 신청한 특허 대상은 매우 포괄적이어서 "동체 평면의 위나 아래 다른 위치로 움직일 수 있는 측면 말단 부위를 가진 편평한 보통의 비행기에서, 비행 방향의 수평축에 대해 일어나는 그와 같은 움직임, 그리고 여러 각도로 움직일 수 있는 측면 말단부와 이 부위가 그렇게 움직일 수 있게 하는 수단……"으로 기술되었다. 라이트 형제가 1903년 3월 23일에 신청하여 1906년 5월 22일에 승인된 특허서류 참고.)

1903년부터 1906년, 즉 라이트 형제의 특허 승인이 완료된 시기에는 다른 몇몇 발명가도 독자적으로 비행기 구조를 혁신했는데 그중 일부는 라이트 형제가 만든 것보다 훨씬 우수했다. 예를 들어 오토바이 엔지니어인 글렌 커티스는 조종 가능한 엔진을 만들기 시작하면서 비행기의 몸통 아래에 이착륙 기어를 장착할 생각을 했으며, 또 측방 안정성을 유지할 수 있는 완전히 다른 방법을 고안했다. 파일럿은 양 날개의 플랩(flap)을 올리거나 낮추어서 비행기의 롤링을 통제하고, 라이트 형제가 채택한 방법을 이용할 때보다 훨씬 더 큰 경사각으로 턴할 수 있었다. 날개의 플랩은 매우 효과적으로 기능하기 때문에 현대의 항공기 제작사들이 측방 안정성 확보를 위해 필수적으로 채택하는 방법이 되었다.[3]

라이트 형제에게 승인된 특허가 매우 포괄적인 내용을 담고 있지만 커티스를 옭아맬 수는 없었다. 그는 항공기 설계와 생산을 계속하여, 라이트 형제가 연방법원 뉴욕서부지원에 특허침해 소송을 제기한 1909년까지 뉴욕항공협회에 판매했다. 그 소송 사건은 헤이즐 판사가 담당했는데, 그는 제2 순회항소법원의 판결을 뒤집어 위상차 교류 모터 구조와 관련하여 테슬라의 특허권을 인정한 바로 그 판사였다.[4] 헤이즐은 라이트 형제의 특허권을 그대로 지속하기 위해 미국 법률체계에 새롭고 강력

구스타브 화이트헤드와 비행 자동차 21호(1901)

한 개념을 도입했다. 특허에 명기된 방법을 이용한 경우만이 아니라 그 방법과 '동등한' 어떤 다른 방법을 채택할 때도 침해가 될 수 있다.[5]

그 소송사건에서 헤이즐이 내린 판결은 미국 항공산업의 혁신을 크게 저해하는 결과를 초래했다. 왜냐하면 그동안 유럽은 특허권 행사가 엄격하지 않아 계속 비행기 설계를 혁신했다. 특히 독일은 월등히 우수한 비행기를 많이 개발하여 생산했다. 미국과 연합국은 제1차 세계대전에 이르러서야 국제 안보의 이름으로 개입한 군의 도움을 받아 독일의 항공산업을 따라잡을 수 있었다. 특허 풀(patent pool)을 설치한 발명가들은 이곳에서 기존의 설계를 개량하고 모든 생산자는 이윤의 일부를 보장받았다. 그럼에도 헤이즐 판사의 판례는 미국 항공산업을 크게 후퇴시켜서 독일이 패전과 그에 따른 경제적 어려움이 있었지만, 1939년 또다시 전쟁을 일으킬 때까지 미국을 앞서 있었다. 하지만 지금까지도 라이트 형제는 비행기를 발명하고 현대적인 유인비행의 기적을 선도한 사람으로 칭송받고 있다.

신화의 증폭

보통 사람들이 말하는 라이트 형제 이야기처럼, 니콜라 테슬라와 관련한 신화도 그 사람 자체만큼이나 복잡한 역사 기록을 속기로 써내려 간 것과 비슷하다. 법적 분쟁의 근거인 과학적 의미나 그에 영향을 준 정치적·사회적 세력에 대한 이해 없이 복잡한 특허분쟁의 결과에만 의존하여 작성된 속기록이다.

승자가 혁신의 역사를 기록하는 것은 아니지만 승자를 중심으로 그 역사가 기록되는 것은 분명하다. 오랫동안 테슬라도 마찬가지였다. 일생이 끝나갈 때쯤 그는 많은 친구와 명성의 대부분 그리고 모든 재산을 잃었다. 한때 아이작 뉴턴과 비슷하게 과학의 거장으로 칭송받은 테슬라였지만 역사의 연대기에서 그의 이름은 거의 지워졌다. 최소한 미국에서는 그랬다. 테슬라의 일생을 샅샅이 추적하여 방대한 전기를 발간한 칼슨은 이 발명가가 20세기 후반에 상대적으로 잊혀진 이유는 자본주의와 외국인에 대한 반감 그리고 포퓰리즘이라고 했다. 즉, 그는 사업에 성공한 적이 없으며, 미국에서 출생하지 않은 이민자였다. 그리고 홀로 빛났지만 은둔으로 점철된 그의 생활은 대중에게 삐뚤어지고 나약한 인물로 보이게 했다.[6]

테슬라가 세상을 떠난 직후, 퓰리처상 수상 작가인 존 오닐은 《방탕한 천재: 니콜라 테슬라의 생애*Prodigal Genius: The Life of Nikola Tesla*》라는 제목으로 이 발명가에 대해 방대한 전기를 처음으로 썼다. 널리 읽히고 상업적인 성공을 거둔 책이다. 1959년과 1961년에는 아이들을 위해 축약판으로 테슬라 전기 2종이 발간되었다. 1964년에는 헌트와 드래퍼가 테슬라의 콜로라도 시절부터 사진도 곁들여 좀 더 광범위하고 상세하게 기록했다.[7] 1964년 이후에 외국에서 몇 종의 전기가 출판되긴 했지만, 미국에서는 1989년에 마가렛 체니가 테슬라에 대해 매우 독창적으로 서술한 《테슬라: 시간을 넘어선 인간*Tesla: Man Out of Time*》(2002년 양문에서 《니콜라 테슬라》로 번역 출간)을 발간하기 전까지는 누구도 테슬라에 대한 이야기를 쓰지 않았다.

그러나 그 이후, 테슬라의 전기가 영미권에서 최소한 14종이 출판되었다. 마크 세이퍼가 펴낸 방대한 전기 《마법사: 니콜라 테슬라의 생애와 그의 시대, 한 천재의 삶에 대한 기록*Wizard: The Life and Times of Nikola Tesla, Biography of a Genius*》, 그리고 칼슨이 최근 출판한 《테슬라: 전기시대의 발명가*Tesla: Inventor of the Electric Age*》가 가장 대표적인 책이다(발명가로서 혹은 인간적인 실패를 다룬 테슬라의 전기가 늘어나고 있긴 하지만 대부분 찬양 일색이다).

칼슨에 따르면 대중문화에 테슬라가 재등장한 것은, 이전까지 사라져 있던 것이 사실이라면, 아이러니하게도 그의 국외자적 위치 때문이라고 한다.[8] (1989년에만 해도 마가렛 체니는 테크노크라트 신세대들이 테슬라의 생애와 발명에 열광하고 시대를 앞서간 천재로 공경하는 것을 보고 "매우 놀랍다."고 표현했다. "지금은 《월스트리트저널》이나 《뉴욕타임스》에서 그에 대해 혹은 그의 추종자들에 미친 영향을 다루는 기사가 빠지는 날은 거의 찾아보기 어렵다.") 1970년대 초의 에너지 위기 이후, 미국의 저항문화가 그를 적극 받아들인 것은 토머스 에디슨이나 J. P. 모건 같은 '성취를 이룬 인물'들에게 테슬라가 배척당했다고 생각했기 때문이다. 칼슨은 테슬라가 초기에 뉴욕 전기엔지니어들이 속한 상류사회에 소속되고자 하는 열망이 놀랄 만한 기술혁신을 만드는 데 일조했다고 말한다.[9] 그러나 이러한 사회에 편입된 다음에는 그의 정신 속 깊이 위치한 발명가적 본능이 더 큰 동력원이 되었을 것이라 추측했다(그의 내면이 무질서하다고 느끼던 세계의 질서를 재편성하려는 욕구다).[10]

테슬라에게 창조의 원동력이 된 게 무엇이든, 사람들은 흔히 그를 누구의 영향도 받지 않고 '자신만의 능력으로' 혁명적인 신기술을 인식한 고독한 천재로 생각한다. 하지만 테슬라가 생각해낸 것들 중 많은 것이 새로운 생각이 아니라는 증거도 많다. 즉, 테슬라가 생각해낸 새로운 개념이, 그보다 훨씬 먼저 다른 사람이 생각한 내용을 토대로 재구성하였거나 다른 많은 사람이 관여한 혁신 과정의 산물일 뿐이라는 것이다.[11]

예를 들어, 칼슨은 테슬라의 교류 모터를 도입함으로써 각종 설비에 직류 대신 교류를 이용하게 되었으며, 조명에만 쓰던 전기가 모든 산업과 소비자에게 확산되었다고 결론 내렸다.[12] 그러나 테슬라가 자신의 모터 설계에 대해 특허를 신청한 날보다 훨씬 전인 1887년까지 이미 최소한 15개 이상의 기업에서 1만 대가 넘는 전기모터를 생산하고 있었다는 사실에 비추어보면, 칼슨의 이러한 주장은 그대로 받아들이기 어렵다.[13] 테슬라가 자신의 놀라운 발명을 공개하기 전에 이미 전기를 산업계와 소비자가 이용하기 시작한 것은 분명하다. 그리고 테슬라가 다상 교류 모터에 대한 자신의 첫번째 특허를 획득한 1888년 5월경에는 이른바 전류전쟁에서 교류 주창자들이 이미 승리를 거둔 상황이었다. 칼슨은 그 밖에도, 테슬라의 교류 모터 초기 설계에서는 최소한 두 개의 교류발전기와 직류 시스템의 구리선이 이중으로 필요했기 때문에 테슬라의 비즈니스 파트너와 그들이 접근한 모든 생산업체도 그 구조로는 실용성이 없을 것으로 보았다고 한다. 그러므로 테슬라의 발명 덕분에 산업계와 소비자가 전기를 주된 동력으로 사용하게 되었다는 일부의 주장은 과장된 것이라 볼 수 있다.

칼슨은 테슬라가 다상(polyphase) 전력이라는 '개념'을 도입한 것도 이와 마찬가지로 중요한 혁신으로 간주했다. 교류 전력을 효율적으로 먼 곳까지 보낼 수 있게 되었기 때문이다.[14] 그러나 1884년에 열린 토리노 전기박람회 때 이미 골라르와 깁스는 단상(single-phase) 전송 회로에서 77킬로미터 떨어진 곳으로 전력을 보내는 변압기 구조를 선보인 바 있다.[15] 그리고 1년 후 갈릴레오 페라리스(토리노 박람회를 조직한 사람)는 다상, 위상차(out-of-phase) 전류를 이용해 회전 자기장을 생성할 수 있는 것을 알았다. 그로부터 1년 후, 간츠웍스의 엔지니어들은 최초의 장거리 단상 교류 전송 시스템을 설치하여, ZBD 변압기를 이용해 체르키에서 약 27킬로미터 떨어진 로마까지 고압 전력을 보내는 데 성공했다.[16] 다상 전력은 교류 전송 효율성을 높였지만, 테슬라가 1888년 12월 분상(split-phase) 구조를 소개하기 전에 이미 전기 엔지니어들 대부분은 교류 전력이 우수한 것으로 판단하고 있었음이 분명하다.

테슬라가 생각한 핵심이 다상 전력 송전이었다면 그 개념을 테슬라가 처음으로 구상했는지 혹은 누구의 영향도 받지 않고 오로지 혼자서 구상한 것인지 분명하지 않다. 테슬라 자신이 말한 것처럼 1882년 부다페스트 공원을 산책하던 중 유레카를 외친 순간이 있었다 하더라도 그가 다상 교류 모터를 처음 언급한 때는 그로부터 6년이나 지난 1888년 4월 자신의 특허를 담당한 변호사 제임스 페이지와 대화할 때였다. 어떤 의도와 목적에서든, 테슬라가 이렇게 자신이 구상한 개념을 밝히기 전에 그가 처음 설계한 구조대로 모터를 생산하려는 사람은 한 명도 없었다.

테슬라가 페이지 변호사와 이야기한, 그러나 정확한 시간을 묻는 질문에 페이지가 확실하게 대답하지 못한 바로 그 시간에 페라리스는 토리노에서 왕립과학원 회원들에게 다상 송전에 관한 자신의 획기적인 논문을 발표하고 있었다. 페라리스의 발표가 있은 지 8개월의 시간이 지난 다음에야 테슬라는 그 구조 설계에 대한 특허를 신청했다. 칼슨이 '현재 우리가 전력을 생산하고 소비하는 방식의 길을 열었다'고 주장하는 특허다.[17] 교류 전력 송전이 확립되는 과정에 그가 어떤 역할을 했든 그 길을 연 사람은 테슬라가 아니라 유럽의 다른 여러 발명가들였으며, 테슬라가 한때 그랬던 것처럼 그들도 역사에서 희미한 존재로 남아 있다.

발명과 혁신

1942년 프랭클린 루스벨트 대통령은 윌리 러틀리지 아이오와대학교 법대학장을 연방대법관으로 지명했다. 러틀리지는 부임하자마자 '마르코니 무선 전신' 사건에 의견을 제시해야 했다. 러틀리지는 프랑크푸르터 대법관에 동조하여 부분적으로 반대 의견을 제시했는데, 테슬라의 전파 특허가 마르코니의 특허와 맞물리지 않는다는 것이 다수 의견이었다. 러틀리지는 프랑크푸르터와 마찬가지로, 특정 기술을 20세기 기준으로 명확한 기술혁신에 해당하는지 조사하는 데는 반대했다. 그 대신 그는 마르코니의 특허를 처음 승인한 특허 담당 공무원의 '조심스럽고 사려 깊게 현시점에서 하는 판단'을 중시했다.[18] 러틀리지가 마르코니의 손을 들어준 판정은 철저한 실용주의에 근거한 것이었다. 마르코니는 상업적으로 활용 가능한 무선 전신을 처음

러틀리지 연방대법관

으로 만든 사람이다. 그가 만든 장비는 즉각적으로 큰 성공을 거두었다.

러틀리지는 반대의견을 자세히 제시하였는데 마르코니가 낙타 등에 빨대 한 개를 꽂아 이익을 빨아냈지만 그의 성공은 테슬라를 포함한 다른 많은 엔지니어와 발명가가 낙타 등에 자신들의 짐꾸러미를 쌓아둔 덕분이었다고 지적했다.

> 마르코니 등의 발명가들이 실제적이고 유용한 성과를 얻기 위해 했던 것 이상으로, 생각이 갑자기 크게 도약할 여지는 없었다. ……발명이란, 비유하자면 과학의 전체적 분위기 속에서 맴돌다가 태어날 시간을 기다리고 있다 제대로 손만 대면 되지만 그 지점이 아직 발견되지 않았다. 마르코니가 손을 댄 것이다.[19]

러틀리지는 크게 기여한 바 없이 특허를 보호받게 된 문제에 대해, 미국의 특허법 체계가 마르코니의 특허 주장을 옹호하고 있다고 지적했다.

당시에는 알지 못했겠지만 러틀리지는 발명과 혁신이 뒤섞인 장애물에 걸렸던 것이다. 이것은 오늘날에도 기술의 발전을 이해할 때 혼란을 겪는 문제다. 노스웨스턴대학 켈로그경영대학원의 혁신담당 교수였던 쿠츠마르스키는 이렇게 말한 바 있다. "발명과 혁신은 서로 깊숙이 얽혀 있기 때문에 그 둘 사이를 구분하기는 어렵다."[20] 경제학 용어로 표현하면, 새로운 아이디어나 디자인 혹은 물건을 만들어내는 등의 순수한 창조가 발명이라면, 혁신은 이미 발명된 아이디어, 디자인 혹은 물건에 가치를 더하는 것이다. 알렉산더 그레이엄 벨은 전화를 '발명'했다고 하지만, 사실은 판사가 그 주장에 넘어갔다고 생각할 수 있지만, 그는 사람들이 먼 곳에서 열리는 라이브 콘서트를 듣는 데 그 물건을 주로 사용할 것이라 생각했다. 그러나 사람들이 전화를 서로 이야기를 주고받는 데 사용했을 때는 그들 스스로가 전화의 혁신과정에 관여하고 있는 것이다.

발명과 혁신의 차이는 워낙 미묘한 사항이어서 미국의 특허법도 이를 혼동할 때가 자주 있다. 실제로, 테슬라의 다상 교류 모터 특허를 두고 법률이 엇갈린 이유가 바로 여기에 있다. 전파 특허권의 주인을 결정하는 문제를 두고 대법원의 의견이 5대 3으로 나뉜 이유도 마찬가지다. 혁신과 마찬가지로 발명의 과정도 점진적으로 기존의 지식을 토대로 할 때가 많다. 고립된 상황에서 혼자만의 생각이 만들어낸 결과는 거의 없다. 그렇기 때문에 거의 동시에 여러 발명가가 비슷한 생각을 하는 상황이 많다.[21] 위대한 정신들은 거의 비슷하게 생각하는데 그 이전부터 있던 동일한 작업을 토대로 하기 때문이다.

미국의 특허법은 엄격한 발명 대신 혁신을 촉진하는 데 초점을 맞추고 있으며, 이 두 가지 모두에서 직관이 중요하게 작용하는 것으로 평가하는 삐걱거리는 도구다. 어떤 번쩍이는 영감과 생각으로 혁신과 발명을 구분할 수 있다고 보며 이러한 세속적 잣대를 지속시키려 한다.[22] 그렇지만 이 둘을 쉽게 분리할 수 있는 것은 아니다. 명쾌하지 못한 특허법 때문에 역사적 의미를 제대로 평가하지 못하는 것이다. 혁신의 역사는 특허소송의 판결만이 아니라 그 이전에 이루어진 모든 것으로 구성되는 것이다.[23]

테슬라가 자신의 '진동 코일(oscillating coil)'과 무선 '전기에너지 전송 시스템' 특허를 신청했을 때 그는 과연 발명과 혁신 중 어느 쪽을 한 것일까? 그 대답은 어느 쪽도 아닌 동시에 양쪽 모두인, 엉성하기 짝이 없는 미국의 특허법률 체계 때문에 갈가리 찢어진다. 테슬라가 발명하고 혁신한 그의 유도코일과 무선 전송 시스템이 하나의 사건이 아니라 점진적인 과정이라는 증거는 그의 특허신청 역사에서 찾아볼 수 있다. 전기적 진동, 공명, 그리고 전자기 복사의 배경을 이루는 개념은 제임스 맥스웰이 1865년에 그의 획기적인 논문을 발표한 이후, 그리고 하인리히 헤르츠가 1891년에 맥스웰의 이론을 실험적으로 증명한 이후에 '전체적인 분위기 속에서 맴돌고' 있었다.

테슬라의 첫번째 특허는 나중에 진동변압기가 되는데, 이것은 감긴 코일들 사이에 커다란 스파크갭을 추가한 것에 불과한 매우 간단한 구조로, 1840년대부터 나와 있던 유도코일의 변형이었으며 비실용적일 수도 있었다. 이와 같은 혁신은 1887년에 헤르츠가 전자기파를 검출하려고 고안한 장치를 모방한 것이다. 이 독일인이 맥스웰의 이론을 증명한 1891년까지는 공개되지 않은 장치지만, 그는 1887년 12월에 이미 발표를 위해 헬름홀츠에게 논문을 보냈다. 테슬라가 헤르츠의 연구를 알고 있었음은 의심의 여지가 없다. 테슬라가 1890년에 헤르츠의 실험을 반복한 사실이 알려졌기 때문이다.[24]

헤르츠의 장치는 부분적으로만 작동했다. 그의 공명주파수에 대한 개념이 1893년에 가서야 테슬라의 유도코일에 채택되기 때문이다. 테슬라는 그 현상을 전도의 방식으로 전파되는 에너지파로 잘못 해석했다. 이 발명가는 죽을 때까지 전자기장이 이동하려면 아직 발견되지 않은 '에테르'라는 물질이 필요하다고 믿었으며 양자역학을 노골적으로 배척했다.[25]

테슬라는 전자기 복사를 잘못 이해하여 무선 송신에 지하전류를 이용할 생각을 하였는데, 공짜 에너지를 신봉하는 사람들이 채택하는 이와 같은 개념은 거의 전적으로 테슬라에서 비롯되었다. 그러나 지하전류를 이용하여 전기에너지를 전송하는 실제 사례는 일찍이 1836년 스타인하일이 이미 입증했는데, 테슬라가 무선 전송 시스템에 관한 자신의 첫번째 특허를 신청한 때보다 60년이나 앞섰다. 특허 신청을 할 때에도 테슬라는 공명주파수의 핵심 개념인 정상파에 대해 완전히 이해하지 못한 상태였다.

많은 사학자가 무선 전송과 관련한 테슬라의 '발명' 시기를 1897년 특허 때로 본다. 그는 뉴욕을 떠나 콜로라도로 가기 전에 특허 신청을 했다. 하지만 이는 1900년에야 그가 전기적 공명을 얻는 데 필수적인 요소를 추가하여 자신의 특허를 변경했다는 사실을 간과한 것이다. 이것은 콜로라도에서 돌아온 다음이다. 테슬라가 처음 고안한 장치는 윌리엄 워드와 말론 루미스가 40년 전에 시연한 구조에 약간의 변형을 가한 것이었으며, 1863년 아모스 돌베어가 1863년에 특허를 얻은 무선전화와 거의 같았다. 돌베어는 자신의 무선 장치구조가 전화를 혁신한 것으로 간주하면서도 그 장치가 전기에너지, 나아가 고압 전기도 전송할 수 있다는 사실을 잊지 않았다

테슬라는 분명히 돌베어보다 더 크게 생각했다. 지구의 공명파를 통한 전 세계적인 송전과 커뮤니케이션 시스템이라는 생각은 크고 무모하면서도 낭만적이었다. J. P. 모건을 비롯한 여러 재정후원자들이 테슬라의 이와 같은 야망을 파괴하는 공작을 꾸몄다는 것이 현재 떠도는 신화다. 그 시스템에서 나오는 에너지의 양을 측정할 수 없었기 때문이라는 것이다. 이러한 신화에 근거해서 테슬라 광팬들은, 그의 '전 세계적 시스템'이 공짜 에너지가 나오는 일종의 화수분이어서 탐욕스러운 자본주의 구조에 위협이 되었다고 생각한다.[26]

그러나 모건이 테슬라의 야망을 재정적으로 충분히 뒷받침해주었다 하더라도 그의 무선 전력 시스템은 실패했을 것이다. 지구 속의 공명파가 분산되지 않기 때문에 전력 생산지점에서 지표면의 어느 지역까지라도 효율적으로 전송할 수 있다고 한 테슬라의 가정은 잘못이다. 칼슨은 테슬라의 가설을 물 풍선에 비교했다. 테슬라는 지구가 압축되지 않는 액체로 가득 찬 풍선처럼 작동한다고 가정했다.[27] 한쪽 구멍에 물을 밀어 넣으면 다른 쪽 구멍으로 삐져나올 것이다. 그러나 지구는 그렇지 않고, 눈으로 가득 찬 것처럼 작동하여 밀어 넣으면 더 빽빽해져서 단단한 얼음 구처럼 된다. 그러므로 테슬라가 생각한 것처럼 지구 속으로 전기파를 밀어 넣으면 분산의 문제를 극복할 수 없다. 윌리엄 브라운의 연구진이 1967년에 베르너 폰 브라운의 로켓에 탑재할 태양열 발전 인공위성을 설계하면서 그리고 그 이후 많은 과학자들이 한 지점에서 다른 지점으로 보내는 무선 송전 기술을 개발할 때도 부딪쳤던 문제와 동일한 것이다

해군이 테슬라의 전파설계 특허 사용료를 지불하지 않은 것처럼 그에게 여러 가지 불운이 닥친 것은 사실이지만 실패를 초래한 책임은 주로 자신에게 있었다. 그의 첫번째이자 아마도 가장 큰 재정적 실수는 웨스팅하우스와 협상하면서 각각의 모터 마력당 로열티 2.5달러를 포기하는 데 동의한 것이다. 웨스팅하우스 자체가 1890년에 심각한 재정 위기에 처해 있었기에 로열티를 지불하면 파산할지도 모른다는 점을 감안한 행동이었다. 그러나 테슬라는 이를 한꺼번에 모두 포기하지 않고 로열티 지불을 낮추거나 연기할 정도의 협상 상식은 있었다. 그 대신 테슬라는 자신의 발명품으로 웨스팅하우스가 횡재를 한 다음에 앞으로 자신이 발명할 것들에 대해 서는 돈다발을 안겨줄 것이라 믿었다. 물론 웨스팅하우스에 기대한 이러한 후원은 이루어지지 않았다.

테슬라는 좀 더 검소하게 생활할 수 있었다. 애스토에게 얻은 돈을 콜로라도에 가서 전력 무선 전송 시스템 개발이라는 결국 아무런 도움이 되지 않은 실험에 쏟아부었다. 그렇게 하지 않고, 뉴욕에 머물면서 교류 조명 분야에서 그가 개발한 혁신을 상업화했다면 애스토의 투자를 좀 더 제대로 활용할 수 있었을 것이다. 콜로라도로 탈출하기로 한 결정 때문에 그가 기존에 확보한 특허로 끌어들일 수 있었던 투자를 날려버렸을 뿐만 아니라 애스토와의 관계도 단절되었으며 잠재적 투자자들에게 테슬라는 위험한 투자처로 낙인찍히는 결과를 초래했다.

테슬라 추종자들은 이 발명가의 어려운 재정상황이 한 이타주의적 천재가 자신의 아이디어에서 이익을 찾기보다는 그 아이디어를 완벽히 하는 데만 관심을 둔 나머지 재정적으로 무능해진 결과가 아니라는 점을 명심해야 한다. 이와 같이 낡아빠진 찬사는 이 발명가를 경제적 현실에 초연하게 살아간 인물로 그리려는 역사가나 추종자로부터 비롯되었다. 그를 제외한 나머지 사람들은 그 실제 세계 속에서 허우적거리며 살아간다(때로는 희생양을 요구하는 곳이다). 테슬라는 분명히 자신에게 돌아올 경제적 이득을 더 크게 만들기 위해 자신이 분상 모터를 설계했다는 증거를 감출 정도로(그는 이렇게 주장했다) 재정적으로 분별력이 있었다. 그리고 모터 설계의 우선권

아르키메데스가 욕조에 들어가 목욕하는 중에 일어난 통찰, 진짜 유레카의 순간이다.

주장을 뒷받침하기 위해 유럽 여행을 계획할 만큼 경제적 관념도 있었다.[28] 칼슨은 나아가 테슬라가 자신의 혁신 설계를 판매하기 위해 과장하고 쇼를 벌이기도 했다고 말한다. 이를 위해 직접적인 방법과 간접적인 방법을 모두 동원했다고 말한다. 극단의 광대 뺨치는 테슬라의 쇼맨십이 이상주의적이며 순진한 발명가들이 가지는 특징이라 말하기는 어렵다.

버나드 칼슨은 테슬라와 모건 사이의 긴장관계를 이용해서 모든 발명가와 그들에 대한 투자자 사이의 관계를 연구했다. 그리고 자신에게 떠오른 생각을 완전하게 인식하지 못하는 발명가들은 자신에게 떠오른 영감을 전달하기 위해, 전적으로 그렇게 되지는 않더라도 환상으로 돌아서는 경향이 있다고 주장한다. 칼슨은 이렇게 말한다.

"한 가지 이상적 생각을 다른 사람에게 전달할 때 발명가들은 자신들에게도 그것이 불명료하다는 사실을 마주한다. 그들이 그 이상적 생각을 완전히 이해할 수 없다면 친구나 후원자, 특허심사관, 그리고 고객에게 어떻게 그 생각을 설명할 수 있을까?"[29]

법률과 유산

이제 먼 길을 돌아왔다. 발명과 혁신의 과정에는 불분명한 부분이 많으며, 실제로는 이러한 부분이 전체를 좌우할 때가 많다. 물이 넘치는 욕조 속의 아르키메데스와 비슷하다. 발명과 혁신 과정에서는 새롭지도 실제적이지도 않은 아이디어를 이리저리 굴려볼 때가 많으며, 위대한 아이디어가 맴돌고 있는 '전체적인 과학의 분위기' 속에서 온갖 상상력이 난무한다. 그러나 칼슨과 마크 트웨인이 정확하게 인식했듯이 불명료함이란 특허법 체계에는 어울리지 않는 개념이다. 실제로 인류의 진보가 딛고 선 어깨 위로 위대한 정신은 쏟아져 나오지만, '살짝 숟가락만 올려놓은' 사람이 혼자 모든 단물을 다 빨아먹는 법률 체계다.

역사는 특허 법률이 아니며 또 그래서도 안 된다. 불분명함을 인정해야 할 부분이 있으며, 이 책도 그러한 불명확성에 관한 이야기다. 프랑크푸르터 판사가 한 세기 전에 지적한 바와 같이, 21세기를 만들고 있는 기술의 발전을 가져 온 거대한 변혁의 물결이 미국 특허법 체계를 구시대의 유물로 만들었다. 가장 중요한 것은 역사를 기록한 과정에 의문을 제기한 것이다. 그러한 기록은 법률적 승리로 합법성이 부여되었지만 실제 사람들의 생생한 경험을 거의 반영하지 못하기 때문이다. 테슬라의 삶과 업적을 좀 더 상세히 조사하여 기술적 혁신들, 즉 형광등에서부터 전화까지, 그리고 비행기에서 레이더까지, 어떤 특별히 위대한 정신이 홀로 이룬 성취가 아니라 여러 사색가가 이룬 종합적 산물임이 밝혀진다면, 우리 사이에 회자될 역사는 이러한 사실을 인정할 것이다.

혁신의 역사를 기록하는 방법을 바꾸기 위해 니콜라와 같은 거인의 기억을 통째로 바꾸려는 우상파괴주의자가 될 필요는 없다. 그보다는 발명과 혁신의 얽히고설킨 과정을 좀 더 제대로 이해하는 작업이 중요하다. 한 개인의 자아가 부풀려지고 특성이 왜곡되는 경우가 많은 과정이다. 환상의 시작에 불과한 발명의 신줏단지를 깨트리라는 것이 아니며, 인간이 가진 여러 불완전성을 인식하고 이를 인정해야 한다는 것이다. 그들도 우리와 다름없이, 시행착오 속에서 실패와 성공을 거듭하며 앞으로 나아가는 인류의 일원이기 때문이다.

캐나다 온타리오에 있는 퀸 빅토리아 공원의 테슬라 동상

후기 | 테슬라와 관련된 다섯 가지 신화

이 책의 중요한 주제는 니콜라 테슬라를 외로운 천재 발명가로 받드는 신화를 지속시키기 위해 역사학자들이 특허 논쟁의 결과만 중시하고 그와 반대되는 분명한 증거는 간과한다는 것이다. 그러나 테슬라 일대기를 쓰는 작가에게 이 같은 신화의 모든 책임을 물어서도 안 된다. 대부분 그들이 펴낸 일대기들은 뉘앙스를 더 중시하고 명확한 결론을 내리지 않지만 역사적 사실만큼은 정확하게 서술하고 있기 때문이다.

테슬라를 연구할 때 엄격한 잣대를 적용하는 사학자들은 대부분 테슬라를 맹목적으로 추종하지 않는다. 나도 테슬라 숭배자의 모임인 인터넷 포럼에 가입해서 그들이 여러 가지 유토피아적인 '무료' 에너지 판타지를 논의하는 모습을 보았다. 그러나 나는 이들이 비록 선한 의도는 있어도 테슬라에 대해서 거의 읽어보지 못했다는 사실을 금방 알 수 있었다. 대부분 의심스럽거나 진부한 미사여구를 단순하게 되풀이할 뿐이었다. 에디슨과 모건과 관련된 이야기도 많고, 사악한 재력가들이 테슬라의 발명을 좌절시키느라 혈안이 되었다고 분개하는 사람도 있었다.

물론 이러한 포럼에도 테슬라 연구서 등을 많이 읽은 사람이나 전기엔지니어들이 몇 명씩 꼭 포함되어 있다. 이 사람들은 갖가지 전기이론을 동원하여 과장되고 왜곡되어 전해지는 여러 이야기를 상식 수준에서 올바로 알려주려고 애를 쓴다. 이들을 위해 나는 테슬라와 관련된 다섯 가지 신화에 대해 납득할 만한 대답을 제시한다.

이러한 포럼에서 가장 자주 목격한 신화들이다.

신화 1. 니콜라 테슬라가 교류를 '발명'했다

테슬라와 관련해 가장 자주 되풀이되는 신화는 그가 교류를 발명했다는 주장이다. 거리에서 지나가는 사람을 붙잡고 물어보면 테슬라에 대해 조금이라도 들어본 적이 있다는 사람들은 대부분 이렇게 알고 있다. 테슬라라는 이름이 교류와 연결된 데는 이유가 있는데 바로 19세기 말의 선구적 발명가들이 장래의 전류 형태를 두고 치열한 싸움을 벌인 악명 높은 '전류전쟁'과 얽힌 이야기 때문이다. 그러나 사실 그렇게 극적으로 전개되지는 않았다.

- 최초의 전자기 생산장치(발전기)는 테슬라가 태어나기 30년 전에 이미 발명되었다. 하지만 거의가 기계적 회전운동으로 손으로 돌려 교류를 생산했다. 그러나 전기장비는 대부분 화학적 배터리로 작동하기 때문에 교류는 아무런 소용이 없었다. 사실 테슬라가 전기에 대해 배우기 시작할 때만 해도 발전기에는 교류를 좀 더 실용적인 직류로 전환해주는 정류자라는 장치가 있어야 했다.
- 테슬라가 교류 전력의 모터 특허를 얻기 전에 대부분의 전기 시스템은 조명에 이용되었으며 직류를 기반으로 했다. 그렇지만 테슬라가 모터를 연구할 때쯤에는 교류 전력을 이미 널리 사용하고 있었다. 웨스팅하우스사는 교류 시스템을 판매하고 있었는데, 이는 테슬라가 자신의 시스템에 대한 특허를 얻기 5년 전에 골라르와 깁스가 설계한 변압기를 이용하는 시스템이었다. 웨스팅하우스는 "좀 더 중앙집중식 전력 장치를 판매했다. 미국 내 다른 모든 전기회사는 직류 전력 시스템에 몰두했지만 우리 시스템은 교류 전력을 토대로 했다."고 주장했다.

신화 2. 에디슨은 자신의 이해가 걸린 직류를 지키기 위해 테슬라를 방해했다

탐욕스럽고 책략에 능한 에디슨이 순진하고 착한 니콜라 테슬라를 상대로 싸움을 벌였다는 것이 전류전쟁을 피상적으로 바라보는 대부분의 시각이다. 에디슨은 효율성이 떨어지는 직류에 많은 투자를 했기 때문에 거짓과 갖은 술수를 동원하여 테슬라와 그의 교류 시스템을 헐뜯었다. 그리고 테슬라의 교류 시스템이 결국 승리했지만 에디슨의 방해로 말미암아 테슬라가 그 발명에서 아무런 이익을 얻지 못했다고 한다. 이처럼 선과 악이 싸우는 마니교 같은 이야기로 역사를 단순화할 수 있지만 진실은 이렇게 흑과 백으로 나눌 수 있는 것이 아니다.

- 전류전쟁은 테슬라가 교류 시스템 특허를 신청하기 훨씬 전부터 진행되었다. 1885년에만 해도 웨스팅하우스는 교류 전력 시스템을 절찬리에 판매하고 있었는데, 이것은 골라르와 깁스가 고안한 변압기를 사용해 탁월한 전기엔지니어였던 윌리엄 스탠리가 설계한 시스템이었다.
- 테슬라의 시스템이 등장하기 전에도 에디슨과 웨스팅하우스는 톰슨과 치열한 경쟁을 하고 있었는데, 그는 고등학교 동창인 휴스턴과 함께 톰슨-휴스턴 전기회사를 설립하여 자신들이 설계한 상업적 교류 전력 시스템을 생산하고 판매하여 큰 성공을 거두었다.
- 에디슨이 교류 전력을 깎아내리기 위해 벌였다는 방해공작은 테슬라가 1888년에 자신의 교류 전력 시스템 설계를 완성하기 전에 있었다. 에디슨은 1886년에 이미 고압 교류 전력의 위험성을 공개적으로 비난하고 나섰으며, 헤럴드 브라운을 고용하여 사형집행 도구로 전기의자를 고안하기도 했다. 톰슨은 에디슨이 교류의 위험성을 강조하는 말을 듣고 1887년 미국전기엔지니어협회(AIEE)에서 교류를 널리 채택하면 공공의 안전이 위협받을 수 있다는 주제로 강연도 했다.
- 에디슨이 막기 위해 애를 썼지만 기본적 전력 형태는 교류가 되고 테슬라의 시스템을 널리 채택되었다. 테슬라가 교류 전력을 사용할 때마다 마력 단위로 로열티를 받았다면 수백만 달러를 넘어 수십억 달러도 가능했을 것이다. 그러나 1891년 테슬라의 재정지원자인 웨스팅하우스가 개인적으로 재정이 파탄나자

테슬라와의 계약이 웨스팅하우스를 파산 위기로 몰았다. 테슬라는 자신의 교류 시스템을 계속 생산할 수 있도록 로열티를 완전히 포기했다. 에디슨이 했던 일보다 이처럼 웨스팅하우스와의 협정이 테슬라를 빈곤에 빠트린 더 큰 원인이었다.

신화 3. 니콜라 테슬라는 놀라운 발명 업적으로 노벨상을 받았다

아직도 많은 사람이 테슬라가 교류 전력 발명의 업적으로 노벨상을 받았다고 주장한다. 다른 버전의 신화에서는 테슬라가 자신의 적인 에디슨과 공동으로 수상하게 되었다는 말을 듣고는 수상을 거부했다고 주장한다. 전파 발명의 공로자로 마르코니와 공동으로 노벨상을 수상하게 되었는데 테슬라가 거부했다는 또 다른 버전도 있다. 어떤 버전이든 모두 틀린 이야기다. 테슬라가 전기 발전에 큰 기여를 한 것은 사실이지만 노벨상을 받은 적은 없다.

- 1915년 11월 6일 런던의 로이터 뉴스국 기자는 1915년 노벨상이 소비자 전기 시스템 발전에 기여한 공로로 에디슨과 테슬라가 공동으로 수상하게 되었다고 발표했다. 《뉴욕타임스》는 이를 받아 신문 1면에 대문짝만하게 실었다. 그러나 그다음 주 노벨위원회는 X선을 이용해 결정구조를 분석하는 업적을 이룬 헨리 브래그(아버지) 경과 로런스 브래그(아들)를 노벨물리학상 공동수상자로 결정했다고 발표했다. 공동수상이면 에디슨이나 테슬라가 노벨상을 거부할 것이라는 정보를 접하고 노벨위원회가 수상자를 변경했을 것이라 추정한 사람들이 많았지만, 노벨 재단은 그와 같은 소문을 '어리석은' 이야기라며, 수상자가 거부해도 노벨상은 수여된다고 지적했다.
- 영국 런던 왕립학술원의 자료에 따르면 1915년 노벨물리학상 위원회의 과학자 19명 중 어느 누구도 테슬라를 후보자로 추천하지 않았다.
- 테슬라가 1915년 노벨상을 받았다는 주장의 상당 부분은 잘못된 주장을 그대로 기사화한 생각 없는 기자의 책임이다. 1915년 12월 8일자 《뉴욕타임스》는 테슬

라의 무선 송전탑을 알리는 기사에서 테슬라를 '1915년 노벨물리학상을 수상한 발명가'로 표현했다.

신화 4. 니콜라 테슬라가 전력의 무선 송전 기술을 완성했다

테슬라가 범세계적 전력 무선 송전 시스템을 구축하는 방법을 개발하자, 탐욕스러운 월스트리트 자본가들이 그 시스템 때문에 자신들에게 수백만 달러의 비용이 발생할 것을 알고는 테슬라의 프로젝트를 파괴하고 그의 명성을 깎아내리는 공작을 꾸몄다는 주장은 테슬라 추종자들 사이에 널리 회자되는 신화다. 이에 동조하는 사람들은 무선 송전과 관련된 물리학적 지식이 거의 없으면서도 테슬라의 시스템이 완성되었다면 잘 작동했을 것이라고 생각한다. 사실, 테슬라의 무선 송전 비전은 완성되었더라도 엄청난 고비용에다 효율성도 형편없었을 것이다.

- 일부 세계 정상급 전기엔지니어들을 비롯한 테슬라의 제자인 알렉산더 마린식 박사와 로버트 골카, 그리고 릴랜드 앤더슨 등은 테슬라의 증폭 변압기를 연구한 후 그의 범세계적 무선 송전 계획이 전적으로 비현실적인 것이라고 결론 내렸다. 지구가 특별히 효율적인 전기전도체가 아니라는 것이 중요한 이유였다. 지구는 밀도가 매우 다양하여 전기파를 분산시키고 공명주파수를 차단하는 경향이 있기 때문에 테슬라의 시스템에 필수적인 정재파 형태를 만들기가 불가능하다.
- 테슬라는 콜로라도스프링스에서 그와 같은 무선 송전 시스템 실험에 성공하지 못했으며, 그곳에서 완성한 몇 가지 실험도 잘못 해석한 것으로 보인다. 전기전자엔지니어학회 원로회원인 릴랜드 앤더슨은 테슬라가 콜로라도스프링스에서 검출했다고 주장하는 정재파는 지구 반대편 지점에서 반향된 공명주파수가 아니라, 테슬라의 탑에서 전송된 파가 테슬라 실험실과 평원 사이에 있는 파이크스산에서 반향된 것일 가능성이 크다고 결론 내렸다.

- 무선 송전은 분명히 가능하지만 분산 때문에 대책 없이는 어렵다. 전파신호가 송신탑에서 멀어질수록 약해지듯이 전자기파도 전원에서 거리 제곱의 비율로 분산된다. 다시 말하면, 전자기 에너지는 팽창하는 구의 형태이며 그 반지름은 복사파가 나오는 지점에서부터 거리다. 전자기파에 의해 전송되는 에너지는 팽창하는 구의 표면에 균등하게 분포하기 때문에 특정 지점에서의 에너지 크기는 '역제곱의 법칙'에 따른다. 즉, 전원에서의 거리 제곱의 비율로 줄어든다. 그러므로 송전탑은 구의 표면 전체에 해당할 만큼의 에너지를 끊임없이 내보내야만 특정 반지름의 구 표면 어딘가의 전기 장비가 에너지를 얻을 수 있다. 이것은 현재 이용되는 가장 비효율적인 송전선보다 더 심한 에너지 낭비다.

신화 5. 모건은 테슬라가 전 세계에 무료로 에너지를 공급하려는 계획을 무산시켰다

테슬라는 영향력이 큰 자본가들과 대립했는데, 그들은 전 세계 전기 송전이라는 테슬라의 비전을 계량화하기 어렵다고 생각했기 때문이라는 신화도 있다. 모건은 테슬라의 워든클리프 송전탑에 가장 큰 투자를 했지만 테슬라의 꿈을 파괴하는 음모의 주동자 역할을 했다고 간주된다. 테슬라 추종자들은 모건이 한때 워든클리프 송전탑 재정을 끌어들였지만, 테슬라 시스템이 가져올 영향을 알고는 방해했다고 주장한다. 그러나 이것은 전적으로 사실이 아니다.

- 테슬라는 대서양을 사이에 두고 유럽과 아메리카 바닷가에 각각 하나씩 무선 송전탑 두 개를 건설할 자금을 확보하기 위해 모건에게 접근했다. 그 재력가에게 바다를 항해하는 증기선에 신호를 보내고 뉴욕 증권거래소에서 즉시 주가정보를 얻을 수 있게 해줄 것이라 유혹했다. 테슬라는 처음에 그 시스템 건설비용이 10만 달러 정도면 충분하다고 제안했다. 오히려 모건이 그 추정 비용을 너무 적다고 생각하여 워든클리프에 세울 송신탑 한 개 비용으로 15만 달러를 주기로 했다. 모건은 테슬라가 목적에 맞게 돈을 사용하지 않고 그 자신의 다른 연구

프로젝트에 돈을 써버리곤 한다는 것을 알았다. 그래서 그는 테슬라에게 15만 달러의 용도를 엄격히 하고 더 달라고 해서는 안 된다고 못을 박았던 것이다.

- 테슬라는 즉시 전 세계 무선 전신 시스템 계획을 실행했는데 여기에는 워든클리프에 18에이커(73,000제곱미터)에 달하는 면적의 모델 도시를 건설하는 계획도 포함되어 있었다. 상점과 공공건물, 2500명을 넘는 노동자들이 거주할 주택 등을 갖춘 도시였다. 10만 달러로 송전탑을 건설할 수 있을 것이라 말했지만 테슬라가 계산하기에 전 세계적 송전이 가능한 탑은 높이가 180미터가 되어야 했으며, 이는 당시 미국 내의 어떤 건축물보다 높았다. 그처럼 어마어마한 건축에 필요한 비용은 45만 달러로 크게 불어났다.
- 모건은 처음 추정한 비용 이상의 지출을 거부하면서도 테슬라가 새로운 투자자를 끌어들여 차액을 조달할 수 있게 했다. 그렇게 되면 모건에게 돌아갈 이익이 훨씬 줄어들 것이지만 이를 허용했다. 테슬라는 수년 동안 이렇게 실현 불가능한 주장을 막무가내로 펼치자, 이제 아무도 관심을 가져주는 사람이 없었다. 모건이 정말로 테슬라의 계획을 망치려 들었다면 그 사업에 자신이 가진 지배력을 행사하고 테슬라가 더 이상 자금을 요청하지 못하게 했을 것이다.

No. 645,576.

Patented Mar. 20, 1900.

N. TESLA.

SYSTEM OF TRANSMISSION OF ELECTRICAL ENERGY.

(Application filed Sept. 2, 1897.)

(No Model.)

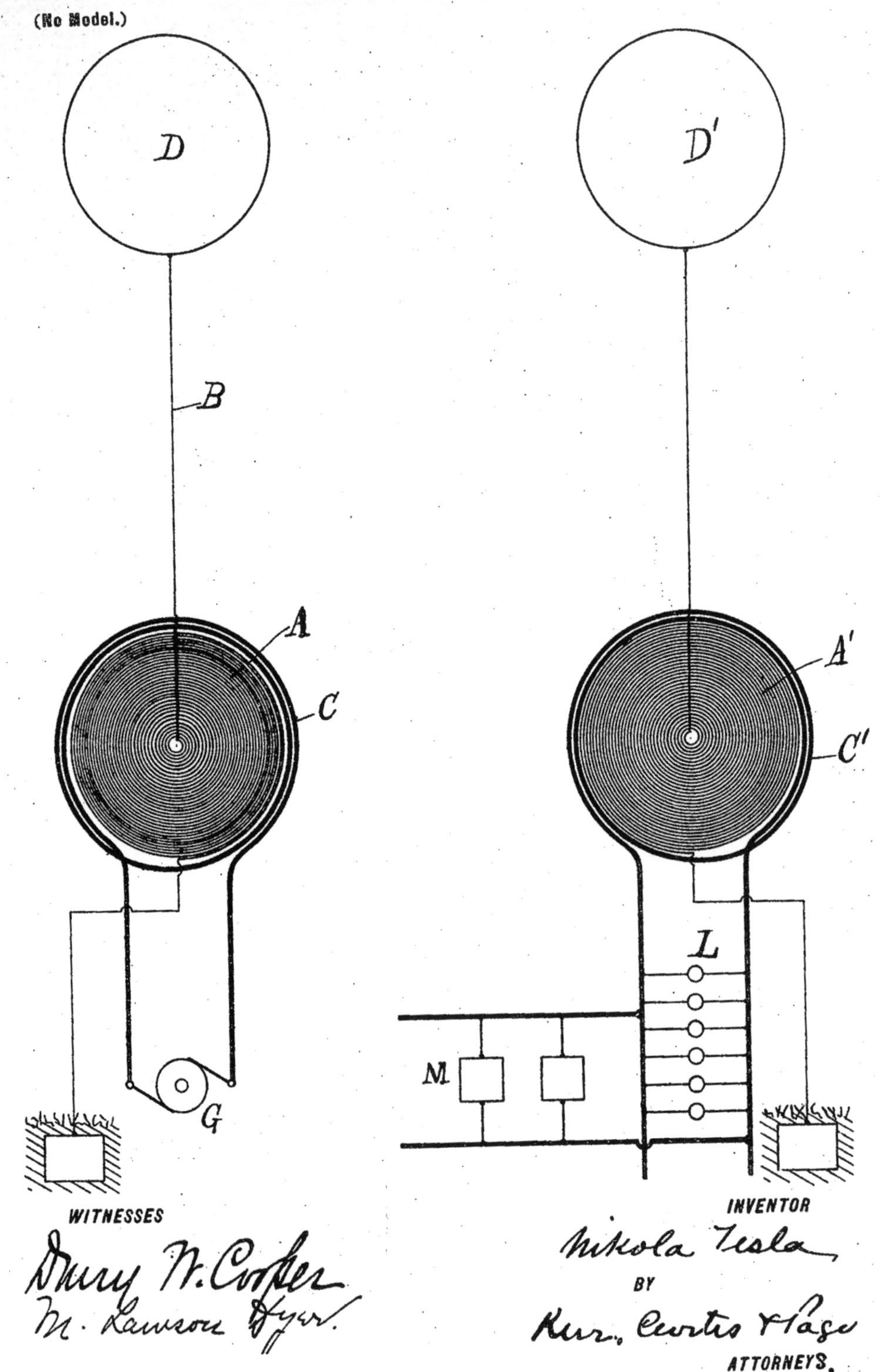

후주(後註)

머리말

1. Edwin Armstrong quoted in Hugo Gernsback, "Nikola Tesla: Father of Wireless, 1856-1943," *Radio Craft*, February, 1943.
2. C. E. L. Brown. Reasons For the Use of the Three-Phase Current in the Lauffen-Frankfurt Transmission, *Electrical World*, 11/7/1891, p. 346.
3. Tesla's Split-Phase Patents, *Electrical Review*, April 26, 1902, p. 291; *Wizard*, pp. 24-26.
4. Leland Anderson. "John Stone Stone on Nikola Tesla's Priority in Radio and Continuous Wave Radiofrequency Apparatus," *The Antique Wireless Review*, vol. 1, 1986.

1. 고독한 천재의 신화

1. Nikola Tesla, System of transmission of electrical energy, U.S. Patent No. 645,576, filed September 2, 1897, and issued March 20, 1900.
2. Margaret Cheney and Robert Uth, *Master of Lightning*(New York: Barnes & Noble Books, 1999), 68.
3. 같은 책.
4. "Tesla Sues Marconi on Wireless Patent: Alleges That Important Apparatus Infringes Prior Rights Granted to Him," *New York Times*, August 4, 1915, 4.
5. Judge Harlan Stone(1943). *Marconi Wireless Telegraph Co. of America v. United States*, 320 U.S. 1, 15–16.
6. 같은 책.
7. Christopher A. Harkins, "Tesla, Marconi, and the Great Radio Controversy: Awarding Patent Damages Without Chilling a Defendant's Incentive to Innovate," *Missouri Law Review* 3, no. 745(Summer 2008), 760–61.
8. David Kline, "Do Patents Truly Promote Innovation?" *IPWatchdog*, April 15, 2014, http://www.ipwatchdog.com/2014/04/15/do-patents-truly-promote-innovation/id=48768/.
9. 같은 글.
10. Walter G. Park and Douglas C. Lippoldt, "Technology Transfer and the Economic Implications of the Strengthening of Intellectual Property Rights in Developing Countries," *OECD Trade Policy Working Papers*, no. 62 (2008), http://nw08.americanedu/~wgp/park_lippoldt08.pdf.

11. Carliss Baldwin and Eric von Hippel, "Modeling a Paradigm Shift: From Producer Innovation to User and Open Collaborative Innovation," *Harvard Business School working paper 10-038*(November 2009), 5, http://www.hbs.edu/faculty/Publication%20Files/10-038.pdf.
12. Andrew W. Torrence and Bill Tomlinson, "Patents and the Regress of Useful Arts," *Columbia Science and Technology Law Review* 10, no. 130(March 15, 2009), http://stlr.org/archived-volumes/volume-x-2008-2009/torrance/.
13. Dean Keith Simonton, *Scientific Genius: A Psychology of Science*(New York: Cambridge University Press, 1988), http://books.google.com/books?id=cUm4piWluecC&dq=simonton+chance+-configuration+of+genius&-source=gbs_navlinks_s 참조.
14. Jeff Dance, "5 Reasons Why Collaboration Contributes to Innovation," *Freshconsulting.com*, September 27, 2008, http://www.freshconsulting.com/5-reasons-why-collaboration-contributes-to-innovation/.
15. Joshua Wolf Shenk, "The End of 'Genius,'" *New York Times*, July 19, 2014, http://www.nytimes.com/2014/07/20/opinion/sunday/the-end-of-genius.html?_r=0.
16. Alfonso Montuori and Ronald E. Purser, "Deconstructing the Lone Genius Myth: Toward a Contextual View of Creativity," *Journal of Humanistic Psychology* 35(1995): 69, 79, http://jhp.sagepub.com/cgi/content/abstract/35/3/69.
17. 같은 책, 74.
18. M. Lemley, "The Myth of the Sole Inventor," *Michigan Law Review* 110(2012): 709, 714.

2. 현대의 천재, 테슬라의 신화

1. Nikola Tesla, *My Inventions*, ed. David Major (San Bernardino, CA: The Philovox), 2013, 7. First published 1919.
2. W. Bernard Carlson, *Tesla: Inventor of the Electrical Age*(Princeton: Princeton University Press, 2013), 17-18.
3. 같은 책, 15.
4. Tesla, *My Inventions*, 10-11.
5. Carlson, *Tesla*, 33.
6. 같은 책, 26.
7. Tesla, *My Inventions*, 24.
8. Carlson, *Tesla*, 30.
9. 같은 책, 32.
10. Tesla, *My Inventions*, 32.
11. 같은 책, 18.
12. Margaret Cheney, *Tesla: Man Out of Time*(New York: Simon & Schuster, 1981), 39.
13. Tesla, *My Inventions*, 33.
14. 같은 책, 33.
15. Cheney, *Tesla*, p. 131
16. 같은 책, 40.
17. Carlson, *Tesla*, 46.
18. Cheney, *Tesla*, 40.
19. Carlson, *Tesla*, 50.
20. Tesla, *My Inventions*, 35.
21. Nigel Cawthorne, *Tesla: The Life and Times of an Electric Messiah*(New York: Chartwell, 2014), 141.
22. Carlson, *Tesla*, 247.
23. 같은 책, 132.
24. 같은 책, 240.
25. D. Petkovich(1927), "A Visit to Nikola Tesla," *Politika*, April 27, 4.
26. Cheney, *Tesla*, 115.
27. Seifer, *Wizard*, 414.
28. Hunt, I. and Draper, W.(1964). *Lightning in His Hands: The Life Story of Nikola Tesla*, Belgrade: Tesla Museum, A-398.

29. Seifer, *Wizard*, 131-32.
30. Carlson, *Tesla*, 292.
31. 같은 책, 242.
32. 같은 책, 243.
33. 같은 책, 361-62.
34. Mark J. Seifer, *Wizard: The Life and Times of Nikola Tesla: Biography of a Genius*(New York: Citadel, 1998), 414-15.
35. Carlson, *Tesla*, 65.
36. 같은 책, 66.
37. Cawthorne, *Tesla*, 24.
38. Cheney, Tesla, 48, and John J. O'Neill, *Prodigal Genius: The Life of Nikola Tesla*(Kempton, IL: Adventures Unlimited Press, 2008), 60 참조.
39. Seifer, *Wizard*, 31.
40. Carlson, *Tesla*, 49, 69, note 31.
41. Seifer, *Wizard*, 30.
42. Cheney, *Tesla*, 49; Carlson, *Tesla*, 69-70; Cawthorne, *Tesla*, 24-25 참조.
43. Valone, Thomas(2002). *Harnessing the Wheelwork of Nature: Tesla's Science of Energy*, Adventures Unlimited Press: Kempton(IL), 53.
44. Tesla, *My Inventions*, 71.
45. Carlson, *Tesla*, 70.
46. 같은 책, 73 and note 42.
47. Cawthorne, *Tesla*, 30.
48. Carlson, *Tesla*, 73.
49. Cheney, *Tesla*, 57.
50. Seifer, *Wizard*, 42-43.
51. 같은 책, 46.
52. 같은 책, 47.
53. Elihu Thomson, System of Electric Distribution. U.S. Patent 335,159, filed March 19, 1883, and issued February 2, 1886.
54. Elihu Thomson, "Novel Phenomenon of Alternating Currents," paper presented before the American Institute of Electrical Engineers, May 18, 1887.
55. Jack Foran, "The Day They Turned the Falls On: The Invention of the Universal Electric Power System," University of Buffalo Library Project Cases, 2013, http://library.buffalo.edu/libraries/projects/cases/niagara.htm.
56. Seifer, *Wizard*, 133-134.
57. "Nikola Tesla and His Wonderful Discoveries," *New York Herald*, April 23, 1893.
58. J. F. Patten, "Nikola Tesla," *Electrical World*, April 14, 1894, 489.
59. W. T. Stephenson, "Electric Light for the Future," *Outlook*, March 9, 1895.
60. Seifer, *Wizard*, 115.
61. 같은 책, 148.
62. "Is Tesla to Signal the Stars?" *Electrical World*, April 4, 1896.
63. Tesla, *My Inventions*, 48, 50.
64. 같은 책, 50.
65. Cheney, *Tesla*, 144.
66. Seifer, *Wizard*, 183.
67. 같은 책, 191.
68. "Tesla at 79 Discovers New Message Wave," *Brooklyn Eagle*, July 11, 1935.
69. Seifer, *Wizard*, 210.
70. 같은 책, 211.
71. 같은 책, 213, 218.
72. Carlson, *Tesla*, 264.
73. Seifer, *Wizard*, 214.
74. Cawthorne, *Tesla*, 82.
75. 같은 책, 86.
76. Seifer, *Wizard*, 220.
77. "Talking with the Planets," *Colliers*, February 9, 1901.
78. Julian Hawthorne, "And How Will Tesla Respond to Those Signals From Mars?" *Philadelphia North American*, 1901.
79. "Mr. Tesla's Science," *Popular Science Monthly*, February 1901, 436-37.
80. Seifer, *Wizard*, 223.

81. 같은 책, 244.
82. 같은 책, 238.
83. Peter Krass, "He Did It!(The Creation of U.S. Steel by J. P. Morgan)," *Across the Board 38*, no. 3(May 2001): 27.
84. Seifer, *Wizard*(1989), 248.
85. 같은 책, 249.
86. 같은 책, 250.
87. 같은 책, 252. 세이퍼는 테슬라와 모건이 1900~1904년 사이에 주고받았던 여러 편지를 기초해 구성했다.
88. 같은 책, 254-55.
89. Carlson, *Tesla*, 316.
90. 같은 책, 319.
91. Seifer, *Wizard*, 261.
92. Carlson, *Tesla*, 323.
93. 같은 책, 333-4.
94. 같은 책, 344.
95. 같은 책, 345.
96. Seifer, *Wizard*, 300.
97. Carlson, *Tesla*, 357.
98. 같은 책, 357-58.
99. 같은 책, 353.
100. 같은 책, 355.
101. 같은 책, 360.
102. 1905년 2월 17일 테슬라가 모건에게 보낸 편지, Carlson, *Tesla*, 361, note 70 참조.
103. Seifer, *Wizard*, 323.
104. Carlson, *Tesla*, 371.
105. 같은 책, 372-73.
106. 같은 책, 374-75.
107. Seifer, *Wizard*, 401
108. Carlson, *Tesla*, 377.
109. 같은 책, 376.
110. 같은 책, 377.
111. Seifer, *Wizard*, 390.
112. 같은 책, 391.
113. Margaret Cheney and Robert Uth, *Tesla: Master of Lightning*(New York: Barnes & Noble, 1999), 127.
114. Seifer, *Wizard*, 370.
115. 같은 책, 397.
116. 같은 책, 398.
117. Cheney and Uth, *Lightning*, 125.
118. Carlson, *Tesla*, 379.
119. W. H. Secor, "Tesla's View on Electricity and the War," *Electrical Experimenter 5*(August 1917).
120. Carlson, *Tesla*, 379.
121. "Tesla at 78 Bares New 'Death Beam,'" *New York Times*, July 11, 1934.
122. Carlson, *Tesla*, 381-82.
123. Carlson, *Tesla*, 379.
124. Cheney and Uth, *Lightning*, 135.
125. Seifer, *Wizard*, 443.
126. Carlson, *Tesla*, 389.
127. Cheney and Uth, *Lightning*, 133.
128. Seifer, *Wizard*, 443.
129. Carlson, *Tesla*, 389.
130. Fiorello La Guardia, "Eulogy to Nikola Tesla," presented on New York radio, January 10, 1943, http://www.teslasociety.com/eulogy.htm.
131. "Nikola Tesla Dead," *New York Sun*, January 1943.

3. 전기 이해하기

1. Arran Frood, "Riddle of Baghdad's Batteries," *BBC News*, February 27, 2003, http://news.bbc.co.uk/2/hi/science/nature/2804257.html.
2. P. T. Keyser, "The Purpose of the Parthian Galvanic Cells: A First-Century A.D. Electric Battery Used for Analgesia," *Journal of Near Eastern Studies* 52, no. 2(April 1993), 81-98, http://personalpages.to.infn.it/~bagnasco/Keyser1993.pdf.
3. Keyser, "Galvanic Cells," 83.

4. Bruno Maddox, "Three Words That Could Overthrow Physics: 'What Is Magnetism?'" *Discover*(May 2008), http://discovermagazine.com/2008/may/02-three-words-that-could-overthrow-physics.
5. *Encyclopedia Britannica*, 11th ed.(vol. 2), s.v. "Arago, Dominique François Jean."
6. J. J. O'Connor and E. F. Robertson, "Michael Faraday," School of Mathematics and Statistics, University of St. Andrews, Scotland, May 2001, http://www-history.mcs.st-andrews.ac.uk/Biographies/Faraday.html.
7. Nicholas Gerbis, "How Induction Cooktops Work," How Stuff Works, last modified December 9, 2009, accessed September 17, 2014, http://home.howstuffworks.com/induction-cooktops2.htm.
8. 전기현상에 대해서는 캘리포니아 에너지환경연구소의 일렉트릭 그리드 프로젝트의 공동책임자인 알렉산드리아 폰 메이어 박사의 도움을 받았다. 더 자세한 것은 Alexandra von Meier, *Electrical Power Systems: A Conceptual Introduction*(Hoboken, NJ: John Wiley & Sons, 2006)을 참조해라.

4. 다상 교류 모터

1. "The Importance of Electric Motor Drives," What-When-How.com, The-Crankshaft Publishing, http://what-when-how.com/eletric-motors/the-importance-of-electric-motor-drives.
2. Harry Bruinius, "A Superstorm Sandy Legacy: Gas Pumps That Work When Power Is Out," *The Christian Science Monitor*, October 28, 2013, http://www.csmonitor.com/Environment/2013/1028/Asuperstorm-Sandy-legacy-Gas-pumps-that-workwhen-power-is-out.
3. Zachary Shahan, "Electric Motors Use 45% of Electricity, Europe Responding," Clean Technica.com, June 16, 2011, http://cleantechnica.com/2011/06/16/electric-motors-consume-45-of-global-electricity-europe-responding-electric-motor-efficiency-infographic.
4. "Tesla's AC Induction Motor Is One of the Ten Greatest Discoveries of All Time," Tesla Memorial Society of New York, Hall of Fame, http://www.teslasociety.com/hall_of_fame.htm.
5. Aleksandar Culibrk, "Most Significant Inventions," Tesla 150th Anniversary: Liberating Energy, http://www.b92.net/eng/special/tesla/life.php?nav_id=36495.
6. Nikola Tesla, Electro-Magnetic Motor, U.S. Patent 381,968, filed October 12, 1887, and issued May 1, 1888.
7. Alexandra von Meier, *Electric Power Systems: A Conceptual Introduction*(Hoboken, NJ: John Wiley & Sons, 2006), 85.
8. R. Victor Jones, "Samuel Thomas von Sömmering's 'Space Multiplexed' Electrochemical Telegraph(1808-1810)," *From Semaphore to Satellite*(Geneva: International Telecommunications Union), http://people.seas.harvard.edu/~jones/cscie129/images/history/von_Soem.html.
9. David Nye, *Electrifying America: Social Meanings of New Technology*(Cambridge, MA: MIT Press, 1990) 참조.
10. O'Connor and Robertson, "Michael Faraday."
11. "Hippolyte Pixii Biography(1808-1835)," How Products are Made: Geradrus Mercator to James Eumsey, http://www.madehow.com/inventorbios/91/Hippolyte-Pixii.html.
12. Carlson, *Tesla*, 37.

13. "Magneto-electric machine by Pixii," Museo Galileo, http://catalogue.museogalileo.it/object/ MagnetoelectricMachineByPixii.html.
14. Tesla, *My Inventions*, 33.
15. Carlson, *Tesla*, 44-5.
16. Tesla, *My Inventions*, 33.
17. 같은 책, 33.
18. Cheney, *Tesla*, 43.
19. Carlson, *Tesla*, 50.
20. Tesla, *My Inventions*, 35.
21. 같은 책, 35.
22 Carlson, *Tesla*, 52.
23. 같은 책, 52.
24. Seifer, *Wizard*, 28.
25. Carlson, *Tesla*, 51 footnote 40.
26. Tesla, *My Inventions*, 37.
27. Seifer, *Wizard*, 63.
28. 같은 책, 101.
29. Walter Baily, "A Mode of Producing Arago's Rotation," *Philosophical Magazine: A Journal of Theoretical, Experimental and Applied Physics* (June 28, 1879) 286.
30. Judge William Kneeland Townsend, Westinghouse Electric & Manufacturing Company v. New England Granite Company, 103 F. 951, 36(August 29, 1900).
31. Marcel Deprez "On the Electrical Synchronism of Two Relative Motions and Its Application to the Construction of a New Electrical Compass," *Reports of the French Academy of Sciences*(1881).
32. Townsend, *New England Granite*, 31.
33. 같은 책, 40.
34. 같은 책, 44.
35. Carlson, *Tesla*(2013), 96.
36. Nikola Tesla, Electrical Transmission of Power, U.S. Patent 511,559; and System of Electrical Power Transmission, U.S. Patent 511,560; both filed December 8, 1888, and issued December 26, 1893.
37. Carlson, *Tesla*(2013), 97.
38. 같은 책, 97-8.
39. 같은 책, 98.
40. 같은 책, 98.
41. Judge Albert Thompson, Westinghouse Electric & Manufacturing Company v. Dayton Fan & Motor Company, 106 F. 724, 6-7(1901).
42. 같은 책, 13.
43. Judge Henry Franklin Severens, Dayton Fan & Motor Company v. Westinghouse Electric & Mfg. Company, 118 F. 562(1902).
44. 같은 책, 25.
45. 같은 책, 33.
46. Judge William Kneeland Townsend, Westinghouse Electric & Manufacturing Company v. Catskill Illuminating & Power Company, 121 F. 831(February 25, 1903).
47. *Complete Dictionary of Scientific Biography*, s.v. "Galileo Ferraris," http://www.encyclopedia.com/topic/Galileo_Ferraris.aspx.
48. "Galileo Ferraris: Physicist, Pioneer of Alternating Current Systems," Engineering Hall of Fame, Edison Tech Center, 2011, http://www.edisontechcenter.org/Galileo-Ferraris.html.
49. "Biography of Galileo Ferraris," Great Scientists, Incredible People: Biographies of Famous People, 2013, http://www.incredible-people.com/biographies/galileo-ferraris.
50. Carlson, *Tesla*, 104.
51. 같은 책, 107.
52. 같은 책, 104.
53. Townsend, *Catskill*, 9.
54. 같은 책, 11.
55. Judge Colt, Westinghouse Electric & Manufacturing Company v. Stanley Instrument Company, District Court, Massachusetts(-

March 11, 1903).
56. Judge John Raymond Hazel, Westinghouse Electric & Manufacturing Company v. Mutual Life Insurance Company, 129 F. 213 (1904).
57. 같은 책, 215.
58. 같은 책, 216.
59. 같은 책, 217.
60. 같은 책, 218.
61. 같은 책, 219.
62. 같은 책, 219.
63. 같은 책, 219.
64. Seifer, *Wizard*, 51.
65. Carlson, *Tesla*, 112-13.
66. Seifer, *Wizard*, 49-50.
67. 같은 책, 50.
68. Hazel, *Mutual Life*, 216.
69. Carlson, *Tesla*, 131.
70. Seifer, *Wizard*, 66 note 2.
71. William Stanley, "The Expiration of the Tesla Patents," *Electrical World and Engineer*, May 6, 1905.
72. Carlson, *Tesla*, 130.
73. 같은 책, 130.
74. 같은 책, 129-30.
75. Seifer, *Wizard*, 150.
76. 같은 책, 178.
77. Ronald Schatz, *The Electrical Workers: A History of Labor at General Electric and Westinghouse, 1923–60*(Urbana: University of Illinois Press, 1983), 5.
78. William Stanley. "Expiration of the Tesla Split-Phase Patents," *Electric World and Engineer*, July 7-December 29, 1910.
79. Stanley, "Tesla Patents," 828.
80. Seifer, *Wizard*, 163.
81. 같은 책, 266.
82. Carlson, *Tesla*, 239.
83. Stanley, "Tesla Patents," 828.

5. 변압기와 테슬라 코일

1. *Encyclopedia Britannica*, s.v. "Joseph Henry," accessed October 5, 2014, http://www.britanicca.com/EBchecked/topic/261387/Joseph-Henry.
2. Nicholas Callan, "A Description of an Electromagnetic Repeater, or of a Machine by Which the Connection between the Voltaic Battery and the Helix of an Electromagnet May Be Broken and Renewed Several Thousand Times in the Space of One Minute," *Sturgeon's Annals of Electricity* 1(1837), 229-30, http://books.google.come/books?id=SXgMAAAAYAAJ&pg=PA@@(&lpg= PA229#v=onepage&q&f=false.
3. A. Frederick Collins, *The Design and Construction of Induction Coils*(New York: Munn & Co., 1908), 98.
4. Amin Sayed Saad, "Transformer Theory," *Electrical Power System and Transmission Network*, accessed October 15, 2014, http://www.sayedsaad.com/fundmental/index_transformer.htm,.
5. J. C. Maxwell, "A Dynamical Theory of the Electromagnetic Field," *Philosophical Transactions of the Royal Society of London* 155(1865), 459-512, http://upload.wikimedia.org/wikipedia/commons/1/19/A_Dynamical_Theory_of_the_Electromagnetic_Field.pdf.
6. J. J. O'Connor, and E. F. Robertson, "James Clerk Maxwell," School of Mathematical and Computational Sciences, University of St. Andrews, November 1997, http://web.archive.org/web/20110128034939/http://www-groups.dcs.stand.ac.uk/~history/Biographies/Maxwell.html.
7. Heinrich Hertz, "On Electromagnetic Waves in Air and Their Reflection," *Weidemann's Annual* 34(1888): 610.

8. Cheney and Uth, *Lightning*, 35-6.
9. Edvard Csanyi, "What Is the Best Transformer Coolant?" *Electrical Engineering Portal, April 2012*, http://electrical-engineering-portal.com/what-is-the-best-transformer-coolant.
10. von Meier, *Electric*, 172.
11. "Sulfur Hexafluoride," *Science Daily*, 2014, http://www.sciencedaily.com/articles/s/sulfur_hexafluoride.htm.
12. Nikola Tesla, Electrical Transformer or Induction Device, U.S. Patent 433,702, filed March 26, 1890, and issued August 5, 1890; System of Electric Lighting, U.S. Patent 454,622 A, filed April 25, 1891, and issued June 23, 1891; Electro Magnetic Motor, U.S. Patent 455,067 A, filed January 27, 1891, and issued June 30, 1891; Method of and Apparatus for Electrical Conversion and Distribution, U.S. Patent 462,418 A, filed February 4, 1891, and issued November 3, 1891; Electro Magnetic Motor, U.S. Patent 464,666 A, filed July 13, 1891, and issued December 8, 1891.
13. Slingo, W. and Brooker, A.(1900). *Electrical Engineering for Electric Light Artisans*, London: Longmans, Green & Company, 607. http://www.worldcat.org/title/electrical-engineeringfor-electric-light-artisans-and-students-embracing-those-branches-prescribed-in-the-syllabus-issued-by-the-city-and-guilds-technical-institute/oclc/264936769.
14. Gribben, J.(2004). *The Scientists: A history of science told through the lives of its greatest inventors*, Random House, 424-32.
15. ___(1896). "Mr. Moore's Etheric Light: The Young Newark Electrician's New and Successful Device," *New York Times*, October 2. http://query.nytimes.com/gst/abstract.html?res=9400E1DE-133BEE33A25751C0A9669D94679ED7CF.
16. ___(2013). "Who invented the fluorescent light bulb?" *Answers.com*. http://wiki.answers.com/Q/Who_invented_the_fluorescent_light_bulb.
17. M. W.(2010). "Who invented the fluorescent lamp? Myths about Nikola Tesla and Agapito Flores," *Edison Tech Center*. http://www.edisontechcenter.org/WhoInventedFluorLamp.html.
18. Encyclopedia Brittanica(2013). "Peter Cooper Hewitt," *Encyclopaedia Britannica*. http://www.britannica.com/EBchecked/topic/264522/Peter-Cooper-Hewitt?anchor= ref196631
19. Carlson, *Tesla*, 123-24.
20. Cawthorne, *Electric Messiah*, 55.
21. Carlson, *Tesla*, 124.
22. Cheney and Uth, *Lightning*, 45.
23. Tesla, *My Inventions*, 56.
24. Cheney and Uth, *Lightning*, 45.
25. Tesla, *My Inventions*, 50.
26. Nikola Tesla, Electrical Transformer or Induction Device, U.S. Patent 433,702, filed March 26, 1890, and issued August 5, 1890.
27. Nikola Tesla, Method and Apparatus for Electrical Conversion and Distribution, U.S. Patent 462,418 A, filed February 4, 1891, and issued November 3, 1891.
28. 같은 글.
29. Nikola Tesla, Coil for Electro Magnets, U.S. Patent 512,340 A, filed July 7, 1893, and issued January 9, 1894. http://www.google.com/patents/US512340.
30. Carlson, *Tesla*, 144.
31. 같은 책, 87.
32. 같은 책, 88.
33. 같은 책, 88.
34. 같은 책, 61.

35. 같은 책, 61.
36. "Otto Titusz Blathy," *Biographies of Famous People*, http://incredible-people.com/biographies/otto-titusz-blathy/.
37. Carlson, Tesla, 60. [Osana Mario, "Historische Betrachtungen über Teslas Erfindungen des Mehrphasenmotors und der Radiotechnik um die Jahrhundertwende," in *Nikola Tesla-Kongress für Wechsel-und Drehstromtechnik*, proceedings of a conference held at the Technical Museum in Vienna, 6-13 September 1953, (Vienna: Springer-Verlag), 6-9. 참조]
38. Seifer, *Wizard*, 27.
39. Carlson, *Tesla*, 145.
40. Seifer, *Wizard*, 83.
41. Carlson, *Tesla*, 146.
42. Seifer, *Wizard*, 86.
43. "Fleming, John Ambrose(FLMN877JA)," *A Cambridge Alumni Database*, University of Cambridge, http://venn.lib.cam.ac.uk/cgi-bin/search.pl?sur=&suro=c&fir=&firo=c&cit=&cito=c&c=all&tex=%22FLMN887JA%22&sye=&eye=&col=all&maxcount=50.
44. Seifer, *Wizard*, 90 note 33.
45. William Spottiswoode, "Description of a Large Induction Coil," *The London, Edinburgh, and Dublin Philosophical Magazine* 3 no. 15(January 1877), 30.
46 "Leyden Jar," How Stuff Works, http://science.howstuffworks.com/leyden-jar-info.htm.
47. J. Stone, *Marconi Wireless Telegraph Company of America v. United States*, 320 U.S. 1(1943), 53-4.
48. Seifer, *Wizard*, 92.
49. 같은 책, 95.
50. 같은 책, 95.
51. Nitum, "Biography of Otto Titusz Blathy," nitum.wordpress.com, October 5, 2012, https://nitum.wordpress.com/tag/Bláthys-other-inventionsinclude-the-induction-meter/.
52. Seifer, *Wizard*, 95.
53. Weinstein, E.(2007). "Hemholtz, Hermann von (1821-1894)," *ScienceWorld*. http://scienceworld.wolfram.com/biography/Helmholtz.html.
54. Heinrich Hertz and Daniel Evan Jones, *Electric Waves: Being Researches in the Propagation of Electric Action with Finite Velocity Through Space*(London: Macmillan & Co, 1893) 참조.
55. Seifer, *Wizard*, 95-6.

6. 무선 송전

1. Brown, William C.(1984). "The History of Power Transmission by Radio Waves," *IEEE Transactions on Microwave Theory and Technique*, v.32:9, September, 1236.
2. Brown, *Transactions*, 1234.
3. 같은 책, 1231.
4. 같은 책.
5. Jaeger, M.(2012). "Tesla and wireless energy: the power that could have been," *Washington Times*, July 15. http://communities.washingtontimes.com/neighborhood/energy-harnassed/2012/jul/15/GreaterThanEnergy_TeslaWireless_1000/.
6. 같은 책.
7. Schroeder, H.(1923). *History of Electric Light*, Washington, D.C.: Smithsonian Institution, foreword. http://archive.org/stream/historyofelectri00schr/historyofelectri00schr_djvu.txt.
8. Blanchard, J.(1941). "History of Electrical Resonance," *Bell System Technical Journal*, v.20:4, October, 419. https://archive.org/details/bstj20-4-415. According to Blanchard,

Michael Pupin recounted the story during a meeting of the American Institute of Electrical Engineers.

9. 같은 책, 420-1.
10. Sibakoti, M. J. and Hambleton, J.(2011). *Wireless Power Transmission Using Magnetic Resonance*, Cornell: Ithaca, NY, December, 1. http://www.academia.edu/8143067/Wireless_Power_Transmission_Using_Magnetic_Resonance.
11. Carlson, *Tesla*, 178-9.
12. 같은 책, 179.
13. 같은 책, 209.
14. 같은 책.
15. Prescott, G. B.(1860). *History, Theory and Practice of the Electric Telegraph*, 398-400. http://earlyradiohistory.us/1860stei.htm.
16. 같은 책.
17. Carlson, *Tesla*, 211.
18. 같은 책, 251.
19. 같은 책, 189.
20. 같은 책.
21. 같은 책, 194-95.
22. 같은 책, 207.
23. Seifer, *Wizard*, 140.
24. Carlson, *Tesla*, 218-19.
25. 같은 책, 225-27.
26. U.S. Patent 645,576 A. "System of transmission of electrical energy," filed September 2, 1897; granted March 20, 1900. http://www.google.com/patents/US645576.
27. 같은 책.
28. 같은 책, 2.
29. 같은 책.
30. 같은 책.
31. 같은 책.
32. Carlson, *Tesla*, 259.
33. ___(1899). "Tesla Says…" *New York Journal*, April 30.
34. Carlson, *Tesla*, 188-89.
35. 같은 책.
36. Cheney, *Tesla*, 177.
37. 같은 책, 187-88.
38. 같은 책.
39. Carlson, *Tesla*, 300-01.
40. Tesla, *My Inventions*, 56.
41. 같은 책, 52.
42. U.S. Patent 649,621. "Apparatus for transmission of electrical energy," filed February 19, 1900, specification forming part of Letters Patent No. 649,621 dated May 15, 1900. http://www.google.com/patents/US649621.
43. 같은 책, 1.
44. Cheney and Uth, *Master of Lightning*, 67 참조.
45. Bethune, B.(2008). "Did Bell Steal the Idea for the Phone(Book Review)," *Maclean's, February 4*. http://www.thecanadianencyclopedia.com/en/article/did-bell-steal-the-idea-for-the-phone-book-review.
46. 같은 책.
47. Thompson, S. P.(1883). Phillip Reis: inventor of the telephone: A biographical sketch, with documentary testimony, translations of the original papers of the inventor and contemporary publications, *London: E. & F.N.* Spon., 182. http://www.archive.org/stream/philippreisisinven00thomrich_djvu.txt.
48. Munro, J.(1883). *Heroes of the Telegraph*, 216. http://books.google.com/books?id=XtMmww1xGqkC.
49. ___(2003). "Bell 'did not invent the telephone'",BBC News-Science/Nature, December 1. http://news.bbc.co.uk/1/hi/sci/tech/3253174.stm)
50. Thompson, *Phillip Reis*.
51. Legat, V.(1862). *Reproducing sounds on extra galvanic way, Rutgers, The Thomas Edison Papers*, Document #TI2459, Litigation Series.

Http://edison.rutgers.edu/NamesSearch/glocpage.php3?gloc=TI2&.

52. Casson, H. N.(1910). *The History of the Telephone*, Chicago: McClurg., 95. http://inventors.about.com/gi/dynamic/offsite.htm?site=http://etext.lib.virginia.edu/toc/modeng/public/CasTele.html.
53. 같은 책, 96.
54. ___(2014). "Timeline of the Telephone," Wikipedia, October 29. http://en.wikipedia.org/wiki/Timeline_of_the_telephone.
55. Shulman, S.(2009). *The Telephone Gambit: Chasing Alexander Graham Bell's Secret*. New York: W.W. Norton & Company, 125.
56. 같은 책.
57. U.S. Patent 350,299. "Mode of Electrical Communication," filed March 24, 1882, granted October 5, 1886. http://www.google.com/patents/US350299.
58. Berman, B.(2014). *Zoom: From Atoms and Galaxies to Blizzards and Bees: How Everything Moves*. Google eBook., June 24.
59. *American Bell Telephone Company v. Amos E. Dolbear et. al.*, Circuit Court of the United States, District of Massachusetts, Bill of Complaint, Doc. #1626, filed October 10, 1881, 10. https://archive.org/stream/americanbelltel00masgoog#page/n22/mode/2up.
60. Gray, J.(1883). *American Bell Telephone Company v. Amos E. Dolbear et. al.*, Circuit Court of the United States, District of Massachusetts, Opinion of the Court, January 24, 5-6. https://archive.org/stream/americanbelltel00masgoog#page/n506/mode/2up.
61. 같은 책, 6.
62. ___(1881). "A New Telephone System," *Scientific American*, June 18. http://www.mchine-history.com/DolbearTelephonicSystem1881.
63. 같은 책.
64. Basilio, C.(2003). "Antonio Meucci inventore del telefono," *Notiziario Tecnico Telecom Italia*, v.12: 1, December, 109. http://www.museoaica.it/Museo_Aica/esplora/fili/pdf/12_Muecciday3.pdf.
65. 같은 책.
66. Meucci, S.(2010). *Antonio Meucci and the Electric Scream: The Man who Invented the Telephone*, Boston: Branden Books, 72-73.
67. 같은 책.
68. Meucci, A.(1871). "Sound Telegraph," U.S. Patent Caveat No. 3335, filed December 28, 1871. http://files.meetup.com/202213/MeucciMarch07.pdf.
69. *American Bell Telephone Co. v. Globe Telephone Co.*, 31 Fed. Rep. 729(Circuit Court, S. D. New York, July 19, 1887).
70. Kennedy, R. C.(2001). "On this Day," *New York Times on the Web Learning Network*. http://www.nytimes.com/learning/general/onthisday/harp/0213.html.
71. ___(2013). "Elisha Gray," *IEEE Global History Network*. http://www.ieeeghn.org/wiki/index.php/Elisha_Gray.
72. Bellis. M.(2014). "Elisha Gray's Patent Caveat: Transmitting Vocal Sounds Telegraphically," *About.com-Famous Inventors*. http://inventors.about.com/od/gstartinventors/a/Elisha_Gray_2.htm.
73. Shulman, S.(2008). *The Telephone Gambit*. New York: W.W. Norton, 71.
74. Baker, B. H.(2000). *The Gray Matter: The Forgotten Story of the Telephone*. St. Joseph, MI: Telepress, A43-A44.
75. Evenson, A. E.(2000). *The Telephone Patent Conspiracy of 1876: The Elisha Gray - Alexander Bell Controversy*, North Caroline: McFarland, 167-171.

76. Southwest Museum of Engineering, Communications and Computation (SMECC) (2007). "Mahlon Loomis - First Wireless Telegrapher," *Mahlon Loomis.* http://www.smecc.org/mhlon_loomis.htm.
77. 같은 책.
78. Compare SMECC to Bagg, E. N.(1913). "Wireless Telegraph's Pioneer," *Western New England Advertiser*, v.3, 27.
79. SMECC, *Mahlon Loomis.*
80. Loomis, M., U.S. Patent 129,971 A. "Improvement in telegraphing," filed July 30, 1872, 1. http://www.google.com/patents/US129971.
81. 같은 글.
82. Ward, L.W., U.S. Patent 126,356 A. "Improvement in collecting electricity for telegraphing," filed April 30, 1872. http://www.google.com/patents/US126356.
83. 같은 글, 2.
84. Loomis, *Improvement in Telegraphing*, 1.
85. Sauer, A., et. al.(2000). "Dolbear, Amos Emerson, 1837-1910," *Concise Encyclopedia of Tufts History*, Tufts Digital Library, http://dl.tufts.edu/catalog/tei/tufts:UA069.005.DO.00001/chapter/D00047.
86. Dolbear, A., *Tesla*, 139.
87. U.S. Patent 350, 299. "Mode of electric communication," filed March 24, 1882, granted October 5, 1886. http://www.google.com/patents/US350299.
88. 같은 글, 2.
89. Carslon, *Tesla*, 139.
90. Cheney, *Tesla*, 259.
91. Secor, H. W.(1917). "Tesla's Views on Electricity and the War," *The Electrical Experimenter*, v.5:4, August, 229. http://electricalexperimenter.com/n4electricalexperi05gern.pdf.
92. Cheney, *Tesla*, 265.
93. Kostenko, A. A., et. al.(2001). "Radar prehistory, Soviet side: three-coordinate L-band pulse radar developed in Ukraine in the late 30's," before the *Antennas and Propagation Society International Symposium*, IEEE, v.4, July 8-13, 44-47.
94. Holmann, M.(2007). "Christian Hulsmeyer, the inventor," Radar World. http://www.radarworld.org/huelsmeyer.html.
95. German Patent DE165546(April, 1904); British Patent 16556(September 23, 1904).
96. Watson, R. C.(2009). *Radar Origins Worldwide: History of Its Evolution in 13 Nations Through World War II*, Tafford Publishing 참조.
97. Japanese Patent #69115. http://www.aktuellum.com/circuits/antenna-patent/patents/69115-A.gif.
98. Yagi, H. and Uda, S.(1926). "Projector of the Sharpest Beam of Electrical Waves," *Proceedings of the Imperial Academy*, v.2:2, 49-52. https://www.jstage.jst.go.jp/article/pjab1912/2/2/2_2_49/_article.
99. IEEE Antennas and Propagation Society (1998). *International Symposium of the Institute of Electrical and Electronics Engineers, National Radio Science Meeting*, Atlanta. 26-27. http://books.google.com.my/books?cd=8&id=MgpWAAAAMAAJ&dq=yagi+singapore&focus=searchwithinvolume&q=yagi+singapore.

7. 테슬라에 관한 진실

1. Brittany Hayes, "Innovation & Infringement: The Wright Brothers, Glenn H. Curtiss, and the Aviation Patent Wars," U.S. History Scene, June 7, 2012, http://www.ushistoryscene.com/uncategorized/wrightbrotherspatentwars; Eleanor Knowles, "First Manned Flight, Brompton Dale," Engineer-

ing Timelines, accessed January 2015, http://www.engineering-timelines.com/scripts/engineeringItem.asp?id=546.

2. Victoria Wollaston, "The Wright Brothers Were NOT the First to Fly a Plane...," *Daily Mail*, May 20, 2013, http://www.dailymail.co.uk/sciencetech/article-2327286/The-Wright-Brothers-NOTfly-plane-German-pilot-beat-years-earlier-flyingcar-claims-leading-aviation-journal.html.
3. Joe Nocera, "Greed and the Wright Brothers," *New York Times*, April 18, 2014, http://www.nytimes.com/2014/04/19/opinion/nocera-greed-andthe-wright-brothers.html?_=0.
4. Darin Gibby, *Why Has America Stopped Inventing?*(New York: Morgan James Publishing, 2011), 192.
5. 같은 책, 193.
6. Carlson, *Tesla*, 397-98.
7. Inez Hunt and Wanetta Draper, Lightning in *His Hand: The Life Story of Nikola Tesla*(Thousand Oaks, CA: SAGE, 1964).
8. Carlson, *Tesla*, 398.
9. 같은 책, 409-10.
10. 같은 책, 411.
11. 같은 책, 413.
12. 같은 책, 402.
13. 같은 책, 87.
14. 같은 책, 402.
15. Philip Torchio, "Distributing Systems from the Standpoint of Theory and Practice," *Transactions of the International Electrical Congress*(1905): 573.
16. David Rushmore and Eric Lof, *Hydro Electric Power Stations*, 2nd ed.(New York: John Wiley & Sons, 1923), 5.
17. Carlson, *Tesla*, 402.
18. J. Wiley Blount Rutledge(dissenting in part), *Marconi Wireless Telegraph Co. of America v. United States*(1943), 320 U.S. 1, 75.
19. 같은 책, 65-66.
20. Thomas Kuczmarski, "Innovation Always Trumps Invention," Businessweek, January 19, 2011, http://www.businessweek.com/innovate/content/jan2011/id20110114_286049.htm.
21. Tim Worstall, "Using Apple's iPhone to Explain the Difference Between Invention and Innovation," Forbes, April 20, 2014, http://www.forbes.com/sites/timworstall/2014/04/20/using-apples-iphone-to-explain-the-difference-between-invention-and-innovation/.
22. Lemley, *Michigan Law Review*, 714.
23. 같은 책.
24. Carlson, *Tesla*, 122.
25. Marc Seifer, *Transcending the Speed of Light: Consciousness, Quantum Physics & the Fifth Dimension*(New York: Inner Traditions, 2008) 참조.
26. David Jerale, "Myths and Rumors Persist in the Tale of Legendary Inventor Nikola Tesla," *The Libertarian Republic*, September 12, 2013, http://thelibertarianrepublic.com/evil-capitalists-prevent-nikola-tesla-creating-free-energy/#.VMKMZyvF8sw.
27. Carlson, *Tesla*, 363.
28. 같은 책, 406-408.
29. 같은 책, 406.

(No Model.)

N. TESLA.

DYNAMO ELECTRIC MACHINE.

No. 390,721. Patented Oct. 9, 1888.

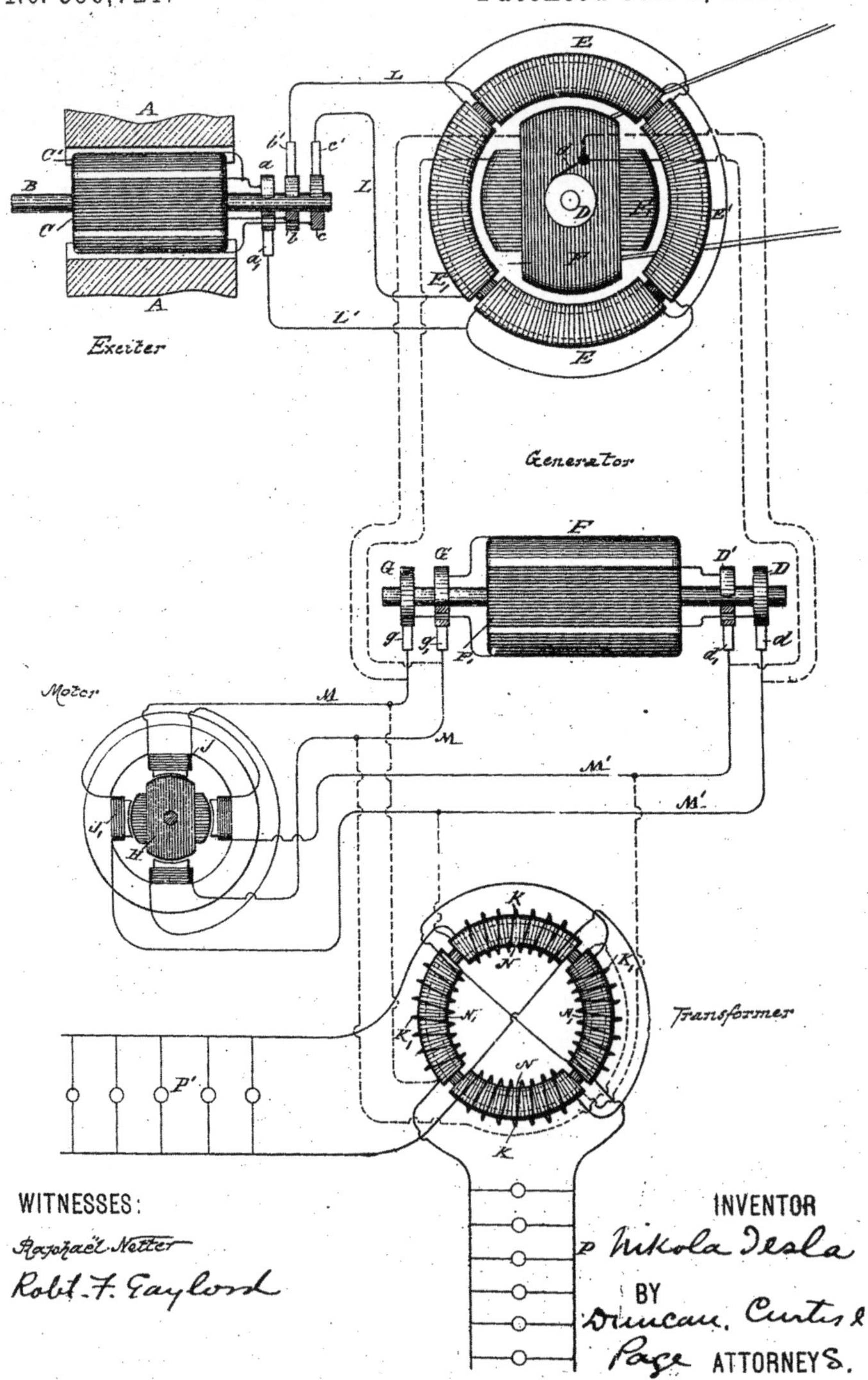

WITNESSES:

Raphaël Netter

Robt. F. Gaylord

INVENTOR

Nikola Tesla

BY

Duncan, Curtis & Page ATTORNEYS.

사진 제공

© AKG Images
202, 207

Alamy
© DIZ Muenchen GmbH, Sueddeutsche Zeitung Photo: 79(상); © Mary Evans Picture Library: 170(상); © Photos 12: 168; © picture-library: 204; © The Print Collector: 111

Art Resource
© Francois Duhamel/Touchstone/Warner Bros/The Kobal Collection: 191

© The Book Shop, Ltd.
148

© Corbis
212

Dickinson State University
Theodore Roosevelt Digital Library: 138

Courtesy Everett Collection
The Advertising Archives: 25

Getty Images
© Hulton Archive: 86; © NY Daily News Archive: 66; © The Ring Magazine: 37; © Royal Photographic Society: 123; © David E. Scherman/The LIFE Picture Collection: 18; © Science & Society Picture Library: 44, 117, 127, 156(좌); © Time Life Pictures: 63

Library of Congress
17, 22, 39(하), 41, 42, 43, 47, 57, 64, 200

Murray State University Special Collections & Archives
174

Nikola Tesla Museum
27, 67, 79(우)

Courtesy Old Oregon Photos
50

Courtesy Planet Smethport Project
89

Private Collection

6, 12, 24, 39(상), 47, 54, 60, 61, 77, 78, 82, 108, 128, 134, 146, 150, 181, 186

Marc Seifer Archives
70

Science Source
Library of Congress: 125; © Sheila Terry: 151

Shutterstock
© Ali Ender Birer: 99

Smithsonian Institution
15; Kenneth M. Swezey Papers, Archives Center, National Museum of American History: 80, 143, 204

© Stan Sherer
88

© SuperStock
36

Tohoku University Archives
203

University of Innsbruck
Dept Experimental Physics: 94

United States Patent and sTrademark Office
59, 71, 72, 129, 165, 188, 228, 242, 254

Wellcome Library, London
88(중상), 91, 93, 154~155, 156(우), 159, 171

Courtesy Wikimedia Foundation
85, 92(상), 168, 170(하), 194, 195, 196, 198, 217; Victor Blacus: 178(우); Ctac: 111; Florian Klien: 32; Tamorlan: 33

Timeline
Clockwise from top left: © Science & Society Picture Library/Getty Images; Florian Klien/Courtesy Wikimedia Foundation; Courtesy Wikimedia Foundation; © Science &Society Picture Library/Getty Images; © RIA Novosti/Science Source; Private Collection; Kenneth M. Swezey Papers, Archives Center, National Museum of American History/Smithsonian Institution; Smithsonian Institution Libraries, Kenneth M. Swezey Papers, Archives Center, National Museum of American History/Smithsonian Institution; Private Collection; Kenneth M. Swezey Papers, Archives Center, National Museum of American History/Smithsonian Institution; Library of Congress; © Science & Society Picture Library/Getty Images; © SuperStock; Wellcome Library, London; Courtesy Wikimedia Foundation
Front cover: © Private Collection

감사의 글

위대한 발명이 고립된 어떤 한 사람만의 생각과 노력만으로 이루어지는 경우는 거의 없다는 것이 이 책의 가장 중요한 주제다. 그리고 이것은 뛰어난 책을 만들 때도 적용된다(최소한 논픽션 저작물들에서는 분명하다). 이 책을 명저로 혹은 괴팍한 저서로 평가할지는 비평가의 몫이지만 만드는 과정은 다르지 않다. 여기에 실린 단어 하나마다, 사진 한 장마다, 그리고 담긴 생각들에는 많은 사람이 전적으로 혹은 부분적으로 기여했다.

가장 먼저, 레이스포인트 출판사(Race Point Publishing)의 제프 맥로린에게 감사의 뜻을 전한다. 그는 발명에 대한 관점을 나와 공유하고, 니콜라 테슬라의 일대기를 이미 알려진 사실로만 구성하지 않고 이러한 관점을 중심으로 구성할 수 있도록 인내를 가지고 지켜보았다. 상업적 이익에 얽매이지 않고 가치 있는 지적 작업을 지원하는 출판인은 매우 드문데, 제프가 그중 한 사람이다.

그랙 오비아트와 에린 캐닝에게도 크게 감사한다. 이들은 책이 나오기까지 편집, 색인 등 실무적인 작업을 담당했다. 사진은 구하기 힘들고 찾아도 이미 인쇄된 매체에 실린 것이 대부분이었기 때문에, 스테이시 스탬보가 끈질긴 노력으로 질 좋은 사진을 확보해주었다. 그녀에게도 감사한다. 원고를 정리한 히더 로디노는 중요한 정보와 생각을 많이 제공해주었으며, 메러디스 헤일의 꼼꼼한 교정을 거쳐 책이 나왔다.

전기의 과학을 단순명료하게 표현하기는 어려운데 이러한 문제를 이해하고 있는 기초전기공학 교수가 알렉산드라 폰 마이어다. 그녀는 캘리포니아 에너지환경연구소에서 전력망 프로그램의 공동 책임자로 일하고 있으며, 이 책에서 사용한 여러 가지 비유 중 많은 내용을 그의 저서에서 차용했다. 그녀는 송전과 관련된 전기공학적 기초를 내게 가르쳐주었으며, 그녀에게서 얻은 지식은 이 책의 기술적 서술에 중요한 역할을 했다. 크게 감사드린다.

롭 필라우드와 필립 바네프스키는 특허 분야의 전문가들로, 특허법률과 관련된 나의 질문에 빠르고 정확하게 대답해주었다. 스테파니 캉기아노도 감사의 인사를 받아야 한다. 그는 전화 발명과 관련하여 안토니오 무치에 대해 자세히 설명해주었다.

마지막으로, 테슬라 전기작가들에게 감사드린다. 그들의 저서는 이 책의 토대가 되었다. 그들 각자가 오랜 시간에 걸쳐 이루어놓은 1차적 연구를 통해 나는 가장 유용한 자료 출처를 확인하고 이 책을 빠르게 만들 수 있었다. 그리고 그들의 저서 전체들 통해(아마 의도하지 않았겠지만) 존재하는 불일치는 내가 탐구해야 할 영역과 지금도 지속되고 있는 발명가의 신화(이를 무너뜨리기 위해 필요한 것들도 함께)를 시사해주었다. 그들 중에서도 마크 세이퍼는 이 책의 서문을 써주었다. 그의 독창적 저서 《마법사: 니콜라 테슬라의 생애와 그의 시대》는 거의 20년에 걸친 각고의 연구 결과물로서, 테슬라의 생애를 가장 정확하고 폭넓게 서술한 책으로 인정받고 있다.

마가렛 체니의 《테슬라: 시간을 넘어선 인간》은 테슬라의 생애와 관련된 가장 풍부한 이야기를 싣고 있는 훌륭한 책이다. 그리고 버나드 칼슨이 최근에 쓴 《테슬라: 전기시대의 발명가》는 테슬라의 발명과 관련해 기술적으로 가장 뛰어난 설명뿐만 아니라 비판의 소재들도 제공해준다. 이 책은 비판과 갈등을 단순히 소개하는데 머물지 않으며 이러한 비판에 균형 있게 대응한다는 점에서 참으로 훌륭하다. 그는 일생 동안 테슬라와 과학의 역사, 그리고 기술 전반을 연구했으며, 내가 닮고 싶고 독자에게 추천할 만한 학자다.

찾아보기

N. TESLA.

TURBINE.

APPLICATION FILED JAN. 17, 1911.

1,061,206. Patented May 6, 1913.

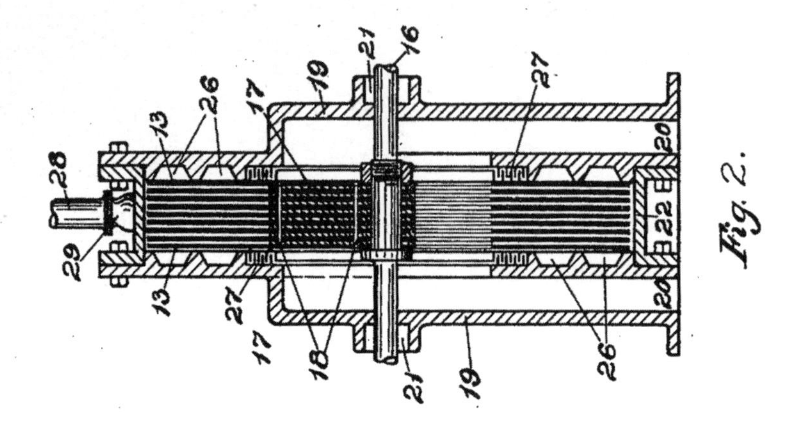

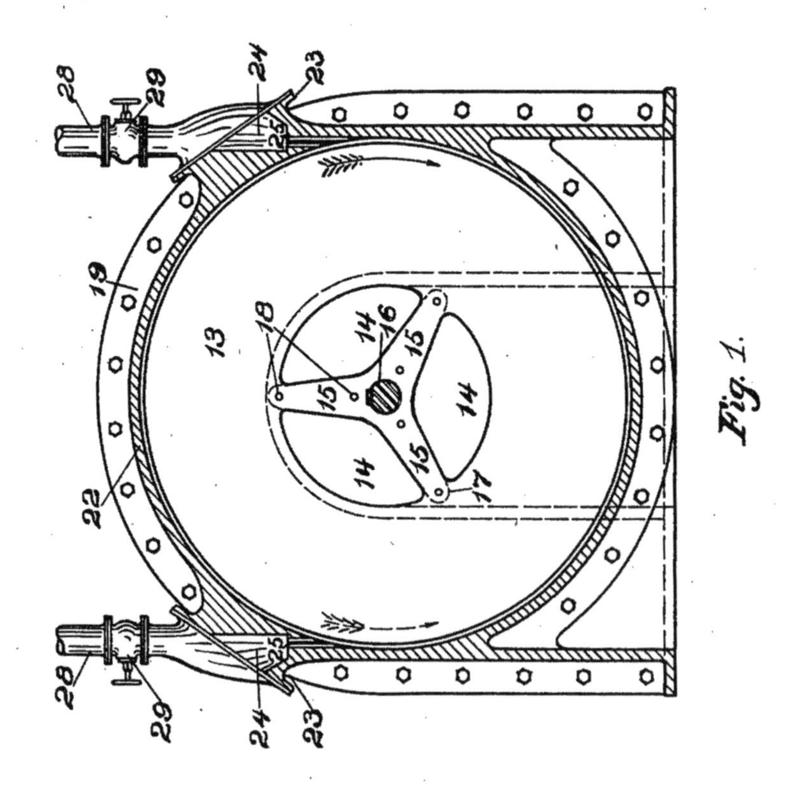

Witnesses:

R. Diaz Buitrago

Wm. Bohleber

Nikola Tesla, Inventor

By his Attorneys

Kerr Page Cooper & Hayward

테슬라에 관한 진실

초판 찍은 날 2018년 2월 27일
초판 펴낸 날 2018년 3월 10일

지은이 크리스토퍼 쿠퍼
옮긴이 진선미

펴낸이 김현중
편집장 옥두석 | 책임편집 임인기 | 디자인 이호진 | 관리 위영희

펴낸 곳 (주)양문 | 주소 서울시 도봉구 노해로 341, 902호(창동 신원리베르텔)
전화 02. 742-2563-2565 | 팩스 02. 742-2566 | 이메일 ymbook@nate.com
출판등록 1996년 8월 17일(제1-1975호)

ISBN 978-89-94025-69-8 03400